中国轻工业“十三五”规划教材
高等学校专业教材

现代人造革/合成革制造技术

陈　意　范浩军　颜　俊　等　编著

中国轻工业出版社

图书在版编目（CIP）数据

现代人造革/合成革制造技术/陈意等编著. —北京：
中国轻工业出版社，2025.6
ISBN 978-7-5184-4264-5

Ⅰ.①现… Ⅱ.①陈… Ⅲ.①人造革—生产工艺
Ⅳ.①TS565

中国国家版本馆 CIP 数据核字（2023）第 085669 号

内 容 简 介

本书内容大致可分为两大部分，第一部分由第 1～3 章组成，分别介绍了聚氯乙烯人造革、聚氨酯合成革与超细纤维合成革的制造原理、传统工艺、技术存在的共性问题以及相关清洁生产关键材料、技术的最新研究进展；第二部分即本书的第 4 章，介绍了功能型人造革、合成革的制造原理与技术。

本书适合作为制革、制鞋专业本科、研究生教材，也可作为人造革、合成革及相关材料专业工程技术人员参考用书。

责任编辑：杜宇芳
策划编辑：杜宇芳　　责任终审：李建华　　封面设计：锋尚设计
版式设计：霸　州　　责任校对：晋　洁　　责任监印：张京华

出版发行：中国轻工业出版社（北京鲁谷东街 5 号，邮编：100040）
印　　刷：三河市万龙印装有限公司
经　　销：各地新华书店
版　　次：2025 年 6 月第 1 版第 2 次印刷
开　　本：787×1092　1/16　　印张：11
字　　数：270 千字
书　　号：ISBN 978-7-5184-4264-5　定价：58.00 元
邮购电话：010-85119873
发行电话：010-85119832　　010-85119912
网　　址：http://www.chlip.com.cn
Email：club@chlip.com.cn

251075J1C102ZBQ

前　言

自20世纪30年代初聚氯乙烯仿革制品问世至今，人造革、合成革产业化生产已有90余年历史，伴随着各种新材料、新技术、新装备的不断应用，其产品定义也在不断更新。基布的使用从机织布到针织布再到无纺布，成膜树脂从聚氯乙烯、丙烯酸到聚氨酯，所用纤维也从普通涤纶、锦纶、黏胶纤维等发展到藕状纤维、超细纤维等功能性差别化纤维。在产品风格上，人造革、合成革已完成了从低档到高档、从仿形到仿真的发展过程，不仅产量得到了快速增长，性能也越来越接近天然皮革，形成了对天然皮革的重要补充，在人类的日常生活中占据着十分重要的地位。

尽管相关制造技术已相对成熟，在过去的10余年间，传统人造革、合成革产业与纺织、涂料、环境、功能材料等行业高度交叉、深度融合，并向新兴高端领域延伸，涌现出了一大批新材料、先进制造技术和功能多样的新革种。这是在市场需求日新月异、节能减排约束趋紧等多重压力和困境下，人造革、合成革行业自我进化、不断完善、超越传统线性增长路径的必然结果，对广大工程技术人员和科技工作者具有重要的启示作用，也是启发本书编撰、出版的重要原因。

本教材为四川大学立项建设教材，从人造革、合成革、超细纤维合成革制造原理出发，分析了传统工艺、技术存在的共性问题，在总结国内外相关研究最新进展和国家重点研发计划项目（2017YFB0308600）成果基础上编写而成。全书由四川大学陈意教授统筹、策划并负责全书审阅工作。本书的具体编写工作如下：第1、4章由四川大学陈意教授编写；第2章由四川大学范浩军教授、旭川化学（苏州）有限公司陈小卫高工、惠州赛力珑新材料有限公司吴长林高工共同编写；第3章由四川大学颜俊副教授、侯德隆博士共同编写。陕西科学大学的官小玉博士、电子科技大学的章培昆博士、温州大学的田赛琦博士、四川大学的文嘉婷、何亚洲等人也参与了第4章部分章节的编写，在此表示感谢。

本书内容来自编者们平日阅读的各种国内外专著、文献资料和编者们自己的学习、科研心得，为此特向这些专著、文献资料的作者表示真挚的谢意。尽管每位编者在各自的研究领域都有较为丰富的研究经历，但所从事的研究工作和收集的相关资料仍不能覆盖该学科的所有前沿领域，书中难免会出现以偏概全和错漏之处，尚祈读者不吝赐教，以便该书再版时更臻于完美。

陈意

2022年3月于四川大学

目　　录

第一章　人造革制造原理与现代清洁生产技术

聚氯乙烯人造革是由聚氯乙烯树脂（PVC）、增塑剂、热稳定剂、发泡剂、填料、颜料等组成的混合物按一定的方式与基布结合而得到的一种仿皮革塑料制品。PVC 人造革是第一代仿革材料，其外观近似天然皮革，具有色泽鲜艳、质地较轻、强度高、耐磨、耐折、耐酸碱等优点，加上成本低廉、加工方便，在人们日常生产和生活中得到了广泛的应用。例如，PVC 人造革可用于制造箱包、体育用品（足球、篮球等）、沙发座椅、汽车/游艇/房车内饰、地板、壁纸、篷布等。

目前，PVC 人造革的生产方法主要有两种，即转移涂层法和压延法。

第一节　人造革制造原理

一、转移涂层工艺

在 20 世纪 90 年代前，PVC 人造革生产以直接涂刮法为主。然而，直接涂刮导致胶料渗入基布的量较多，因此成革手感较差，且人造革的表面质量受基布影响较大。为解决这一问题，1991 年前后，PVC 人造革制造技术逐步向新的生产工艺——离型纸转移涂层法转型。这种方法是将糊状胶料涂覆在离型纸上，经塑化后与基布贴合，最后将离型纸剥离，经表面处理后得到 PVC 人造革。

与直接涂刮法相比，离型纸转移涂层法具有如下特点：

① 基布与涂层贴合时，胶料渗入基布的量较少，因而成革手感较好；

② 对基布的选择面更广，可选用组织疏松、伸缩性大（针织布）或强度低（某些非织造布）的基布；

③ 人造革的表面质量受基布影响小，可通过选用不同质地、光泽、纹路的离型纸控制成革表面质量；

④ 生产设备较简单，工艺易掌握，产品质量好，生产时受胶料黏度及涂层厚度的限制较少，对生产增塑剂含量多的薄型革尤为相宜；

⑤ 虽然离型纸可重复使用，但目前离型纸制造技术被国外垄断，价格较高，因此转移涂层法成本较直接涂刮法高。

（一）主要原材料

1. 树脂

离型纸法使用的 PVC 树脂以乳液法 PVC 树脂为主，聚合度约为 1300。作为面层，PVC 树脂的相对分子质量应适当高一些，以保证强度和耐磨性。由于聚氨酯（PU）树脂的手感和外观等方面性能优于 PVC 树脂，许多 PVC 人造革以 PU 为面层，被称为半 PU 革。作为发泡层，一般使用乳液法 PVC 树脂，相对分子质量稍低，以利于发泡。发泡层与基布之间通常使用粘接树脂进行粘接，粘接层可采用 PVC 树脂，但目前以 PU 树脂为粘接层的居多。

2. 增塑剂

以邻苯二甲酸二异辛酯（DOP）为主，配合邻苯二甲酸二丁酯（DBP），可加入辅助增塑剂氯化石蜡、M50等。若要求耐寒，可加入癸二酸二辛酯（DOS）。

3. 热稳定剂

多使用复合液体稳定剂，如液体钡-镉-锌、液体钡-锌、液体钾-锌等，也可采用有机锡类稳定剂（如二月桂酸二丁基锡）或混合的硬脂酸盐。

4. 发泡剂

主要使用偶氮二甲酰胺（AC）发泡剂，用量3～5份（以PVC质量为计量基准），有时也用偶氮甲酰胺甲酸钾（AP）发泡剂。

5. 基布

离型纸转移涂层法对基布质地、强度等要求较低，各种基布均可使用，包括伸缩性大、组织疏松的针织布。

（二）生产工艺

离型纸法人造革以泡沫人造革为主，其生产线如图1-1所示。

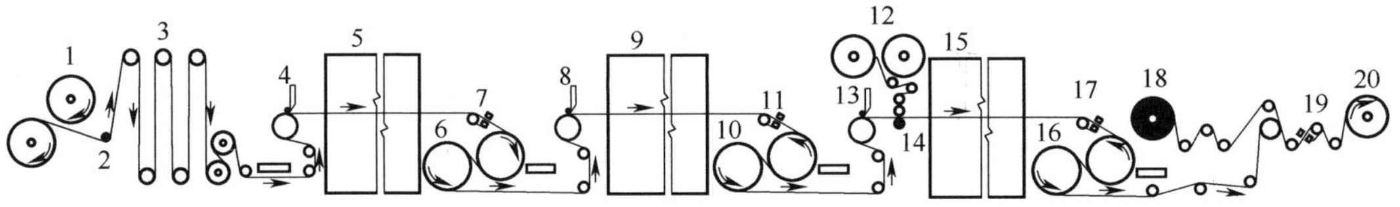

1—离型纸退卷机；2—压纸辊；3—储纸机；4—第一涂刮机；5—第一烘箱；6—冷却辊；7—离型纸导辊；8—第二涂刮机；9—第二烘箱；10—冷却辊；11—离型纸导辊；12—基布退卷机；13—第三涂刮机；14—贴合辊；15—第三烘箱；16—冷却辊；17—离型纸导辊；18—人造革收卷机；19—离型纸导辊；20—离型纸收卷机。

图1-1　离型纸法PVC泡沫人造革生产线示意图

其生产过程简述如下：首先配好各层胶料，然后离型纸放卷，经储纸机在第一涂刮机涂刮面层，进入第一烘箱凝胶塑化，冷却后进入第二涂刮机涂刮发泡层，进入第二烘箱进行预塑化（不发泡），冷却后进入第三涂刮机涂刮粘接层，然后与基布贴合（湿贴）进入第三烘箱塑化发泡，冷却后人造革与离型纸剥离，分别卷取，此工艺称为三涂三烘。在湿贴工艺中，胶料容易渗入基布，为避免这一不足，现在还有一种半干贴法，即在涂刮粘接层后，进入短烘箱烘至半干然后与基布贴合，再进入烘箱塑化发泡，此时生产线上共有4个烘箱，称为三涂四烘。三层结构的PVC人造革，发泡层完整，产品比较厚实，工艺也易于掌握。

二层结构的人造革生产采用二涂三烘。在涂刮发泡层后，通过一个温度较低的短烘箱，使发泡层呈半凝胶状态，出烘箱后立即和基布贴合。贴合后，进入烘箱进行塑化发泡，然后冷却，剥离。

二、压延工艺

压延法PVC人造革是在压延软质PVC薄膜的过程中引入基布，使薄膜和基布牢固地贴合在一起，再经过后加工（如压花、发泡等）制成的一种人造革。压延法PVC人造革也可分为发泡的泡沫革和不发泡的普通革。压延法 PVC 人造革特别适用于制造箱包革、家具革和地板革，其优点是可以使用廉价的悬浮法 PVC 树脂，所用的基布比较广泛，加工能力强，生产速度快，产品质量好，生产连续。缺点是设备庞大、生产线长、占地面积也大、投资高、生产技术复杂、维修复杂，仅适合本身有压延机的厂家使用。

（一）主要原材料

1. 树脂

多选用悬浮法 SG3、SG4 树脂。发泡层可选用相对分子质量较低的 SG5 树脂。目前，为降低成本，许多厂家在压延法人造革制造过程中大量使用 PVC 回收料。

生产牛津革时可采用加入弹性好、相容性好的橡胶或类似橡胶的塑料进行改性，如丁腈橡胶（NBR）、二元乙丙橡胶（EPR）、三元乙丙橡胶（EPDM）、甲基丙烯酸甲酯/丁二烯/苯乙烯共聚物（MBS）等。使用改性树脂的牛津革产品手感舒适，外观有橡胶感，其弹性、柔性、强度、耐磨性等大为提高。改性树脂用量为 10～20 份。

2. 增塑剂

以 DOP 和 DBP 为主，用量一般为 60～70 份。在选择增塑剂时主要考虑两点：一是压延时温度较低，塑化困难，为保证塑化完全，应选择增塑剂效率高的增塑剂和增加主增塑剂的用量，主增塑剂的用量应占所加增塑剂总量的 50%以上，辅助增塑剂尽量不用。二是发泡人造革要经过压延工序和发泡工序两次受热，要选择热损耗小、挥发性低的增塑剂。

3. 热稳定剂

多选用金属皂类或复合液体稳定剂，也可使用有机锡类。选择时要注意热稳定剂对发泡剂的活化作用，不能使 AC 发泡剂的分解温度过低，使其在未发泡前发生分解。

4. 发泡剂

选用 AC 发泡剂，用量 3～5 份。AP 发泡剂由于发泡温度较低，在原料配混和压延工段可能会分解而不采用。

5. 填料

填料的细度要求在 320 目以上，一般情况下填充剂的用量不宜超过 40 份，用量过大对发泡和加工都不利；同时，填料添加过多，成革力学强度下降严重。

6. 润滑剂

润滑剂的作用是降低物料之间的摩擦力，减弱熔融物对加工机械金属表面的黏附性，从而降低熔体的流动阻力、降低熔体黏度、提高熔体流动性、提高表面光泽度。在压延法生产人造革时，润滑剂的作用主要是防止熔料包辊，金属皂类热稳定兼有润滑剂的作用，此外还可使用硬脂酸，用量一般为 0.1～0.5 份。

7. 基布

压延革用的基布比较广泛，如帆布、针织布及非织造布等均可使用，也可用玻璃布（地板革）和纸基材料（壁纸）。

（二）生产工艺

压延法 PVC 人造革的生产工艺顺序及生产线上的设备布置与 PVC 薄膜压延成型时完全相同（图 1-2）。不同之处只是在压延机的前面加有基布预处理设备和贴合装置，如

图 1-3 所示。

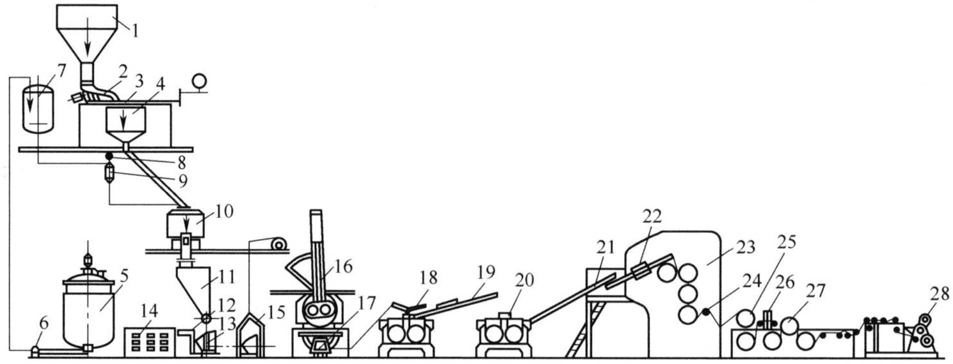

1—主原料树脂贮仓；2—振动加料；3—自动计量；4—计量料斗；5—各种助剂辅料混合器；6—输送泵；
7—辅料中间贮仓；8—传感器；9—各种辅料计量；10—高速混合机；11—输料斗；12—计量秤；
13—料斗车；14—烘箱；15—送料吊车；16—密炼机；17—送料斗；18—开炼机；19—输料带；
20—开炼机；21—箱料带；22—金属检测仪；23—压延机；24—剥离导辊；25—压花辊；
26—测厚装置；27—冷却辊；28—卷取。

图 1-2　聚氯乙烯薄膜成型用压延机生产线设备布置示意图

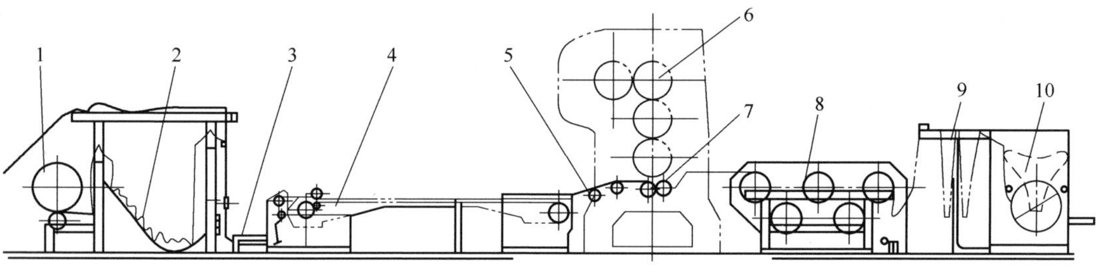

1—布捆；2—储布机；3—操作台；4—扩幅机；5—预热辊；6—四辊压延机；
7—贴合辊；8—冷却辊；9—张力调节装置；10—卷取。

图 1-3　压延法人造革生产线部分设备（针织布为基布）示意图

压延法生产过程简述如下：将 PVC 树脂、增塑剂、稳定剂、填料、润滑剂等按配方要求，准确计量后投入高速混合机中混合，然后再经密炼机和开炼机等进行混炼。预塑化后输送至压延机辊筒上压延成薄膜，然后与经过预处理（底涂、预热等）的基布贴合，再经冷却、卷取得到 PVC 普通人造革。若生产 PVC 泡沫革，则将前面压延法得到的半成品卷取，然后再移到专用的发泡设备上，按半成品加热→贴膜→烘箱加热发泡→压花→冷却→卷取的工序进行。

三、半 PU 人造革工艺

半 PU 人造革是以聚氨酯为面层，聚氯乙烯为底层的 PU/PVC 复合型人造革，兼有聚氨酯与聚氯乙烯两种人造革的特点，此种人造革具有近似天然皮革的外观，表面滑爽，手感好，强度高，耐酸、耐碱、耐溶剂性强，可用于鞋料、箱包、沙发等。

半 PU 人造革通常采用离型纸转移涂层法制造，典型工艺流程如图 1-4 所示。

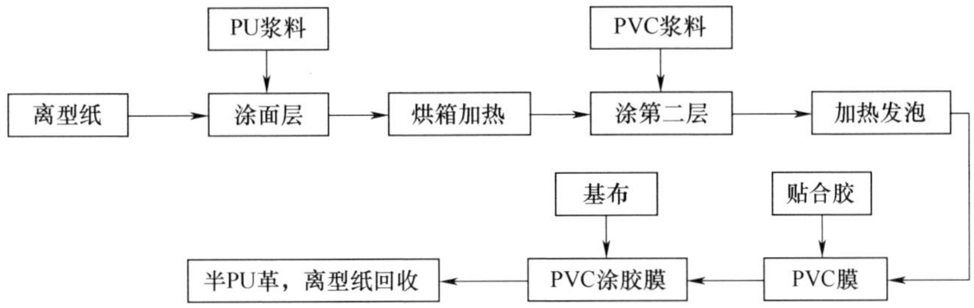

图 1-4　典型的半 PU 人造革生产工艺流程示意图

第二节　传统制造技术存在的共性问题

经过大半个世纪的发展与改进，PVC 人造革的制造工艺目前已相对成熟，其存在的共性问题主要集中在以下几方面：

一、增塑剂的毒性和迁移性

增塑剂是 PVC 人造革制造过程中用量最大的助剂，其添加量一般为 50～70 份（以 PVC 质量计）。2016 年全球增塑剂消费总量突破 700 万 t，其中亚洲地区消费量最大，约有 420 万 t。能用于 PVC 人造革制造的增塑剂种类繁多，毒性差别较大。一般认为，邻苯二甲酸酯类、氯化烃类、磷酸酯类增塑剂的毒性较高，其使用成为了影响 PVC 人造革生态等级提升的关键。

邻苯二甲酸酯类增塑剂由于其成熟的生产工艺及优异的增塑性能，成为了目前用量最大、使用范围最广的一类增塑剂，占全球增塑剂总用量的 95%。近年来，随着研究的不断深入，邻苯二甲酸酯类增塑剂的安全问题成为了行业关注的热点。这主要是因为有 10%的邻苯二甲酸酯类增塑剂被用于医疗器械制造，如在传统血袋和医疗管中分别含有质量分数为 30%～40%和 80%的 DOP（邻苯二甲酸二辛酯）。经研究证实，DOP 会从医疗器械中通过迁移作用扩散到环境中，并通过口、呼吸道、静脉输液、皮肤等途径进入人体。早在 20 世纪 60 年代，就有学者在使用 DOP 增塑的血袋中发现有 DOP 渗出，将其置于 4℃放置 24 天后测得每品脱血液中含有 6mg DOP。1972 年，有学者测得在 4℃下，在含 DOP 的血袋中，DOP 每天的迁移量为 2.5mg/L。当时认为 DOP 对人体无害，因此并没有引起人们的重视。但到了 1980 年，国际癌症机构通过啮齿类动物实验发现 DOP 存在一定的生物毒性。实验显示，邻苯二甲酸酯会对子宫内胎儿产生致畸、致突变作用。EMA 等人的研究发现，怀孕期间的雌性老鼠接触邻苯二甲酸酯可能会导致死胎，也可导致胎儿畸形，如腭裂、骨骼变形等。除此之外，邻苯二甲酸酯还会导致肝肿瘤，具有致癌性。David 及 Elcombe 等人的实验发现，老鼠在接触含高剂量 DOP 的食物后，会导致其干细胞增殖，产生肝肿瘤。Rao 等人用含 DOP（含量 20g/kg）的饲料喂养 14 只雄性大鼠 108 周，其肿瘤发生率为 78.5%（11/14），而对照组仅为 10%（1/10）。在此之后，越来越多的安全机构对邻苯二甲酸酯类增塑剂的生物毒性进行了研究，发现该类增塑剂是一类环境雌激素物质，可干扰内分泌，使男子精液量和精子数量减少，精子运动能力降低，精子形态异常，是造成男子（尤其是男童）生殖问题的“罪魁祸首”。

邻苯二甲酸酯类增塑剂的另一个问题是生物适应性。有研究表明，以该类增塑剂制备的血袋与血液接触后，血液中的白蛋白和球蛋白会被血袋表面吸收，血液质量降低。同时，邻苯二甲酸酯类增塑剂还会对环境造成危害。该类增塑剂进入环境后难以降解，易于富集，被植物吸收后甚至会危害植物。例如，将吸收了 DOP 的黄瓜在紫外线中照射后会出现危害黄瓜生长的植物毒素。

然而，对于邻苯二甲酸酯类增塑剂的毒性问题，目前存在较多争议。法国癌症研究所用含 0.05% DOP 的饲料饲喂四代大白鼠，结果表明无致畸性和致癌性。美国环境卫生署科学研究所用更大剂量的 DOP 喂养雄性小白鼠和雄性大鼠，发现其输精管退化，前肢下垂体细胞肥大。

有关专家就邻苯二甲酸酯类增塑剂引起的“风波”表示，邻苯二甲酸酯可以通过代谢排出体外，微量摄入不必过分恐慌。世界卫生组织规定 DOP 的每日耐受摄入量为 0.025mg/kg。专家解释说：“这意味着，体重 60kg 的人，如果终生每天摄入 1.5～8.5mgDOP，才可能导致明显的健康损害。”专家也同时指出，大量摄入邻苯二甲酸酯类增塑剂可能干扰内分泌，影响生殖和发育。

尽管存在争议，各国家和地区对于邻苯二甲酸酯类增塑剂的使用十分谨慎。欧盟 REACH 法规明确限制了儿童用品中邻苯二甲酸酯类增塑剂的使用量，我国也出台了众多法规标准对邻苯二甲酸酯类增塑剂的使用进行限制。2003 年 1 月，欧盟议会和欧盟理事会通过了 RoHS 指令，指令中规定了六种邻苯二甲酸酯类增塑剂（包括邻苯二甲酸二辛酯、邻苯二甲酸二异壬酯、邻苯二甲酸二丁酯、邻苯二甲酸二异癸酯、邻苯二甲酸二正辛酯、邻苯二甲酸丁苄酯）的最大限量。同时，美国、日本、韩国、泰国等也相继出台了类似规定。邻苯二甲酸酯类增塑剂产品在加工过程中会挥发至空气中，在 PVC 制品中也具有渗出性和迁移性，通过与人体接触进入人体，对人体有潜在危害性。2011 年 5 月，在中国台湾地区发现饮料等食品中添加邻苯二甲酸酯类增塑剂的事件，使增塑剂的安全性问题进入大众视野，普通民众对增塑剂环保安全的关注也越来越多。2015 年 12 月 11 日，欧盟发布 G/TBT/N/EU/329 号通报，确认四种邻苯二甲酸酯，即邻苯二甲酸二（2-乙基己）酯、邻苯二甲酸二丁酯、邻苯二甲酸丁苄酯和邻苯二甲酸二异丁酯具有内分泌干扰特性，它们对人类健康的影响与生殖毒性同样值得关注。

我国的增塑剂生产自 20 世纪 50 年代开始起步。经历半个多世纪的发展，我国已经成为亚洲地区增塑剂生产和消费最多的国家。虽然近些年来我国增塑剂产品的产量及品级均有很大的提高，但存在产品结构不合理、工业增塑剂使用种类单一的问题。长期以来，我国主要使用的增塑剂种类为 DOP、邻苯二甲酸二异壬酯（DINP）等邻苯类增塑剂。中国作为全球制造业和产品出口大国，70%以上的出口产品都涉及 RoHS 指令。据保守统计，中国出口欧盟的玩具约有 60%使用了 PVC 原料，其中供 3 岁以下儿童使用的占 50%。欧盟及俄罗斯先后从进口自中国的塑料玩具中检测出邻苯二甲酸二异壬酯及邻苯二甲酸二辛酯。因此，禁令已直接影响到我国玩具的出口。造成这种局面的原因是多方面的，一是从 20 世纪末，增塑剂的旺盛需求刺激着国内增塑剂产业的发展，国内生产增塑剂的装置规模不断扩大，但大多是生产邻苯二甲酸酯类等一些被国外淘汰的产品，而过快的发展也造成了邻苯类增塑剂大量过剩。二是我国增塑剂行业标准出台严重滞后，虽然国内已经出台了相关限制邻苯二甲酸酯类增塑剂的法规，如 GB 24613—2009《玩具用涂料中有害物质限量》中规定玩具中 DOP、邻苯二甲酸丁基苄酯（BBP）、DBP 的使用总量不能超过 0.1%，DINP、DOP 使用总量不能超过 0.1%，但相较于发达国家还存在限制程度不高及监管力度不够的问题。在国外已经严格限制邻苯增塑剂使用的背景下，我国大多数 PVC 人造革企业为了降低成本，生产上仍大量使用 DOP 等增塑剂。三是新型增塑剂开发也晚于国外，国内企业虽对新型增塑剂持较大兴趣，但支持及推广力度不够。

除邻苯类增塑剂外，氯化烃类塑化剂（氯化石蜡）因价格便宜，在 PVC 人造革制造中也被大量使用。这种增塑剂因含有感光物质（荧光物质）而毒性较高。2000 年美国发布的“Toxic Release Inventory”（《有毒物质排放清单》）中已将氯化石蜡列为“已知的人类致癌物”(Known Human Carcinogen)。

磷酸三甲苯酯作为另一种常用主增塑剂，具有很好的阻燃性、防霉性、耐磨性，挥发性低，主要用于聚氯乙烯电缆料、人造革、运输带、薄板、地板料等。一般认为，磷酸三甲苯酯有毒，对中枢神经有毒害作用，不可用于食品和医药包装材料、奶嘴、儿童玩具等。

除增塑剂引起的毒性问题外，软质 PVC 制品在二次加工和使用过程中，其中的增塑剂（尤其是环氧值较低的环氧脂肪酸甲酯、氯化石蜡等）组分会发生不同程度的迁移、抽出。耐抽出性或耐迁移性是指增塑剂在制品使用过程中不断从基体向制品表面迁移，并通过空气、水、油等介质向环境中扩散。造成增塑剂迁移的主要原因是增塑剂与 PVC 的共混体系是一个热力学不相容体系，仅依靠增塑剂与 PVC 分子链间的偶极吸引力不足以维持体系稳定存在，因此增塑剂会从树脂基体迁出。增塑剂的迁出会造成 PVC 制品的性能下降，引起制品软化、发黏等问题。例如，软质 PVC 制品用一般溶剂型胶黏剂粘贴时，制品内部的增塑剂往往会迁移到胶接层，引起粘接强度急剧下降，造成粘接不牢或脱胶等问题。此外，增塑剂的迁移还会造成 PVC 制品表面及接触物的污染，更为严重的是会给周围环境及人体健康带来一系列问题。由于缺少增塑剂分子设计方面的理论指导，目前国内出现的一些新型增塑剂大多仍存在迁移性差的问题。因此，如何改善、提升增塑剂的耐抽出性和耐迁移性成为增塑剂研究的热点和难点。

二、高温发泡能耗高

PVC 人造革发泡后，形成了微细闭孔结构的泡沫层，从而具有轻便、厚实、丰满、手感柔软的特点。同时，泡沫革相对密度较低，不仅能降低成本，还可弥补填料加入导致的产品密度增加和力学性能下降的缺陷。

PVC 分子间作用力大，软化和熔融温度较高，纯 PVC 一般需要在 160～210℃时才可塑化加工。对发泡 PVC 而言，原则上讲，凡不与聚合物发生化学反应并能在特定条件下产生无害气体的物质都可作为发泡剂。生产上使用最多的是化学发泡剂，主要有以下几种：①偶氮类发泡剂；②亚硝基类发泡剂；③酰肼类发泡剂；④碳酸盐类发泡剂。其中偶氮二甲酰胺（AC）是最常用的发泡剂，其受热分解机理如图 1-5 所示。

AC 发泡剂是橘黄色结晶粉末，细度达到 200 目（74μm）以上，熔点 230℃，分解温度 195～210℃。标准发气量为 200～300mL/g，分解后产生的气体主要是 60%～73%（体积分数，下同）的氮气、22%～32%的一氧化碳和 3%～5%的二氧化碳。分解后的白色残余物的组成取决于发泡剂分解时的介质，主要成分是氰化二甲酰胺、三聚氰酸和脲唑，这些物质可增强 PVC 的热稳定性。

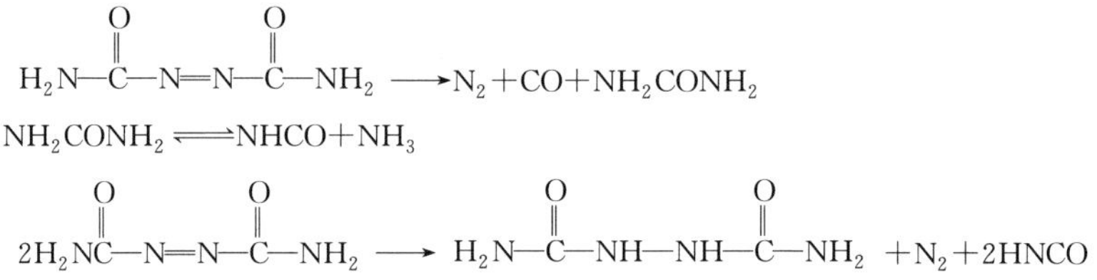

图 1-5　AC 发泡剂受热分解机理示意图

AC 发泡剂特点是价格低，发气量高，分解温度窄，不会提前发泡，产生的气泡均匀、致密；分解后的残留物无臭、无暗色斑点、无毒，广泛应用于 PVC 泡沫人造革的生产。

AC 发泡剂的分解温度为 216℃，发泡温度通常介于 210～220℃，如此高的发泡温度，严重推高合成革产业的能耗，同时还会导致 PVC 的部分分解以及导热油的使用寿命下降；另外，AC 发泡剂的分解区间窄、突发性较强，容易造成革身鼓泡或并泡等现象。

三、表面处理剂和粘接胶的废气污染

在某些 PVC 人造革的制造过程中，为提高 PVC 涂层与基布间的剥离强度，需要贴合胶粘接 PVC 膜和基布层，需求量为 80～100g/m，即 0.8～1.0t/万 m。传统的贴合胶（黏合胶）以溶剂型 PU 胶或聚氯乙烯胶为主，有机溶剂易燃易爆、有毒、易挥发、气味大，使用时清理不方便，易造成环境污染，因此开发水性贴合胶是人造革发展的必然要求。

除黏合层外，无论用何种方法生产的 PVC 人造革都需进行表面增色、改色、增光、消光等表面处理，俗称“表处”。所用的表面处理剂为溶剂型的丙烯酸树脂或 PU 树脂，使用溶剂有丁酮、甲苯、环己酮、DMF 等。

丙烯酸型表面处理剂固含量为 10%～14%、黏度为 100～300mPa·s，目前价格为 10～12 元/kg。丙烯酸型表面处理剂的表面处理工艺为：120 目辊起刀表面处理＋100 目落刀表面处理（加少量油墨），上浆量为 30～40g/m^2，70～85℃干燥，干燥速度为 30～50m/min。

PU 型表面处理剂固含量为 12%～16%、黏度为 200～400mPa·s，目前价格为 22～28 元/kg。PU 型表面处理剂的表面处理工艺为：100 目辊落刀表面处理＋130 目落刀表面处理（加少量色砂），上浆量为 25～30g/m^2，90～110℃干燥，干燥速度为 20～30m/min。

从上面配方和工艺不难看出，溶剂型的表面处理剂固含量低，每万米 PVC 革需丙烯酸类表面处理剂 300～400kg，聚氨酯表面处理剂 250～300kg，溶剂排放量大，污染严重。

有机废气（VOC）对人体和环境的危害主要体现在两个方面。一方面，VOC 中的有些物质会对人体和环境造成直接危害。例如，厂区 VOC 的含量高会对人们的视觉和听觉等感官神经造成损害，长期处于这类环境中甚至会引起神经质或忧郁症；再例如，*N*,*N*-二甲基甲酰胺能够刺激人的咽部和肺部，引起呼吸困难、头疼、胸闷，甚至引发肺气肿等。另一方面，VOC 还会对大气环境造成更为严重的间接危害，即众多环保学者更加关注的 VOC 所导致的光化学污染。光化学污染烟雾中的代表成分是臭氧、过氧乙酰硝酸酯和甲醛等；光化学污染的产生机理在于大部分 VOC 降解的半衰期较短（一般在几个小时至 3 个月），在受到紫外线的催化作用时，发生分解或化学反应，并与氮氧化物通过下述反应过程产生臭氧。

产生光化学污染有 3 个条件，即挥发性有机化合物（VOC）、氮氧化物及阳光的照射。当空气中臭氧浓度达到 $(0.2\sim0.3)\times10^{-6}$ 时，人就会感到不适。因而，地表面空气层中的臭氧是有害的，它不利于植物生长，有害于人类健康。小部分 VOC 降解速度慢，通过地表空气层进入中/高空气层与臭氧反应，产生氧气，使保护地球的高空臭氧层受到破坏。高空中的臭氧层能够吸收和屏蔽来自宇宙空间的各种有害射线，对保护地球上的生存环境是有利的，而 VOC 会对高空臭氧层产生破坏作用。

第三节　清洁生产关键材料及技术

一、环保增塑剂及内增塑

（一）环保增塑剂

由于邻苯二甲酸酯类增塑剂存在致癌风险，各国都纷纷想方设法寻找应对措施，应对措施可分为以下两个方向：一是若继续使用邻苯酸酯类增塑剂，则应对聚合物成品进行处理，减少增塑剂的渗出、迁移；二是寻找低渗出、低迁移或低毒性甚至无毒性的新型高效增塑剂。近几年来，替代邻苯酸酯类增塑剂的研究已取得了一定的进展，主要的替代品有柠檬酸酯类增塑剂、植物油基增塑剂、聚合物型增塑剂和离子液体类增塑剂等。

1. 柠檬酸酯系列

柠檬酸酯类增塑剂具有无毒、无臭、耐水、耐候性好、生物适应性强、可被生物降解等优异性能，目前被认为是食品包装和医用器材理想的增塑剂，可用于医疗器械领域或与食品直接或间接接触的塑料制品。典型品种有柠檬酸三丁酯（TBC）和乙酰基柠檬酸三丁酯（ATBC）。其中，ATBC 是研究较为深入、工业化比较成熟的一种柠檬酸酯类增塑剂，已被美国食品药品监督管理局批准用于食品包装、医疗器具、儿童玩具、个人卫生用品等方面。PVC 经 ATBC 增塑后，具有耐低温挠曲性好、热稳定性好、不变色等优点，但该类增塑剂耐迁移性较差，加工过程存在环境污染。近年来，在动物适应性实验中发现，某些柠檬酸酯类增塑剂会造成呼吸和神经不适，并引起血压和钙代谢紊乱，因此对该类增塑剂的使用应慎重。

该增塑剂具有如下优点：

① 柔软性好：WT1 增塑剂增塑效率高，可赋予 PVC 制品良好的柔软性，达到相同硬度时［如 65（邵氏硬度）］，WT1 增塑剂的添加量比 DOP 少 5%～10%。可用于 PVC 软管、PVC 软鱼饵、无毒 PVC 造粒等。

② 耐低温：WT1 增塑剂具有优异的耐低温性能，使制品在低温环境下依然可以保持良好的柔软性，可用于耐寒雨靴、涂料等行业。

③ 塑化温度低：WT1 增塑剂增塑效率高，加工过程中可降低 PVC 的塑化温度，降低能耗。

④ 提高透明性：WT1 增塑剂可显著提高 PVC 制品的透明性。

2. 植物油基增塑剂

植物油基增塑剂是以大豆油、亚麻油、亚麻仁油、玉米油、棉籽油、菜籽油、花生油、棕榈油、棕榈仁油等天然植物油为原料开发出的增塑剂。由于该类增塑剂是以天然可再生资源为原料，具有低毒或无毒、对环境友好等优点。

（1）植物油

由于天然植物油与 PVC 等聚合物相容性较差，不能直接作为增塑剂使用，因此需要对植物油进行改性。植物油的主要化学成分是甘油三酯，主要活性官能团为酯键和 C═C 双键，具有较高活性，因此可通过酯交换、环氧化和氯化等方法对其进行改性。

① 酯交换：在酸或碱的催化下，通过小分子醇与植物油中的甘油三酯进行置换反应，得到甘油单酯、甘油双酯和脂肪酸酯。酯交换反应中，所用催化剂可为碱性催化剂、酸性催化剂或生物酶催化剂。其中，碱性催化剂为易溶于醇的催化剂（如 NaOH、KOH、$NaOCH_3$、有机碱等）和各种固体碱催化剂；酸性催化剂则为可溶于醇的催化剂（如硫酸、磺酸等）和各种固体酸催化剂。

② 双键环氧化：即将植物油中的 C═C 双键转化为环氧基团。含不饱和双键的脂肪酸族化合物一般都可以被过氧化物环氧化，但如果双键在末端或与羟基、羧基等基团相邻，则双键会被钝化并导致环氧化速度变慢。根据环氧增塑剂生产过程中是否使用溶剂可分为溶剂法和非溶剂法。溶剂法所用溶剂可为苯、乙酸乙酯等植物油的良溶剂。如邓芳等人以乙酸乙酯为溶剂、甲基三辛基硫酸铵为相转移催化剂，用 30%（质量分数）过氧化氢溶液直接对大豆油进行环氧化，合成了环氧大豆油。结果表明，无羧酸条件下，过氧化氢可以成功实现大豆油的环氧化，在溶剂 pH 为 2、反应温度 60℃、反应时间 7h 的条件下，产物的环氧值可达到 6.27%，但该方法涉及溶剂的回收，工艺较为复杂。为克服这一困难，国内外研究人员又开发出了无溶剂法。如何沐光等以杂多酸为催化剂，在无溶剂条件下得到了环氧值为 6.66%的环氧大豆油。

随着生物工程技术的发展，研究人员发现可通过具有生物活性的酶将烯烃环氧化，原理如图 1-6 所示，后来有学者就将这种方法应用到环氧增塑剂的制备中。酶法合成植物油基环氧增塑剂是以酶为催化剂，促进有机酸和过氧化氢生成过氧有机酸，以过氧有机酸为载体，将植物油中的不饱和双键环氧化。如 Tomas 等以甲苯为溶剂，以脂肪酶固定的丙

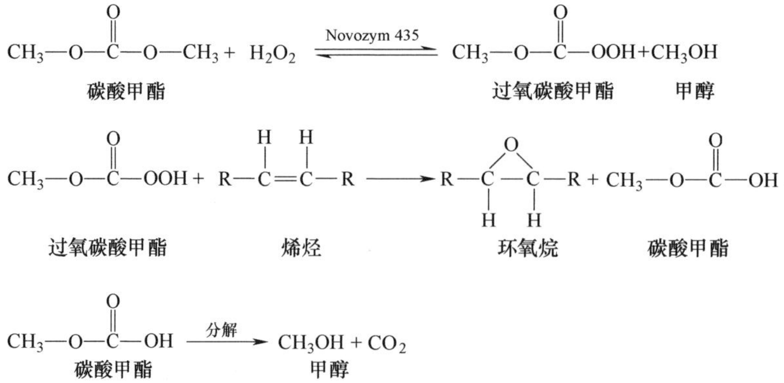

图 1-6　生物酶环氧化烯烃原理示意图

烯酸树脂为催化剂、硬脂酸为氧载体，先在脂肪酶 Novozym 435 催化作用下将硬脂酸和双氧水生成过氧硬脂酸，再通过过氧硬脂酸将周围的不饱和双键环氧化。在国内，吉林大学的程月明等人也利用脂肪酶来催化制备环氧丙醇，通过选择合适的工艺使丙烯醇环氧化的转化率达到 67%。

③ 氯代化：该方法以过氧化苯甲酰或偶氮二异丁氰为催化剂，以甲醇为甲氧基试剂，在 75～85℃下，脂肪酸甲酯发生氯化反应生成氯代甲氧基脂肪酸甲酯。孙国强等人的研究表明，70～85℃下，氯气流量为 50～60mL/min，反应 7～8h 时，可得到含氯量为 26.5%的氯代甲氧基脂肪酸甲酯。将制备的氯代甲氧基脂肪酸甲酯作为增塑剂部分替代 DOP，发现当 60%的 DOP 被替代后，电缆的性能要优于全 DOP 增塑的制品。

④ 接枝改性：即利用植物油中的不饱和双键可发生自由基聚合的特点，通过该反应将马来酸二丁酯接枝到植物油中，提高植物油与树脂的相容性，制得植物油基增塑剂。

（2）植物油基增塑剂产物

以生物质可再生资源制备的植物油基增塑剂，具有廉价、无毒、环保、生物降解性好、耐寒性好等优点，具有极好的应用前景，但该类增塑剂塑化温度较高、耐低温性能差。

环氧大豆油是最主要的植物油基增塑剂，目前国外环氧大豆油消费量已占到环氧增塑剂总用量的 70%，在美国其消费量仅次于邻苯二甲酸酯和脂肪族二元酸酯，占增塑剂消费量的第三位。环氧大豆油不仅对 PVC 有增塑作用，还可以迅速吸收因热和光降解出来的 HCl，可稳定 PVC 链上的活泼氯原子，起稳定化作用。环氧大豆油的耐水性和耐油性好，增塑的 PVC 制品具有良好的力学强度、耐候性及电性能；环氧大豆油对 PVC 制品有交联增韧和耐折的作用，使得制品具有耐光、热、抗老化、耐冲击、耐折等性能。但是，环氧大豆油是天然油脂的改性产物，价格较高、易滋生霉菌是其最大的缺陷。近年来，已有企业采用价格较为便宜的转基因大豆油为原料生产环氧大豆油增塑剂，虽然产品质量较好，但由于转基因原料的安全性尚存争议，其使用也受到了一定限制。

除环氧大豆油外，丹麦 Daniseo 公司以植物油为主要原料合成了 Grindsted Soft-N-Safe 增塑剂，该增塑剂已被欧盟列入增塑剂的主导产品，被批准可以在食品相关领域不限量使用，美国也于 2005 年初正式使用该增塑剂产品。

除此之外，四川大学的杨坡等人利用腰果酚长烷基碳链可将聚合物大分子链隔开，减弱分子链间相互作用的增塑原理，通过腰果酚与乙酸酐、丙酸酐、正丁酸酐、异丁酸酐、苯甲酰氯和苯磺酰氯之间的反应将极性基团引入腰果酚体系，合成出六种腰果酚增塑剂，并对其增塑性能进行研究。研究结果发现合成的腰果酚增塑剂可显著降低 PVC 的玻璃化转变温度，具有较好的耐水性、耐油性和耐迁移性。在合成腰果酚增塑剂的基础上，杨坡等人又利用腰果酚增塑剂长烷基碳链上大量存在的双键可被氧化成环氧基团的特点，合成出具有高环氧值的环氧腰果酚增塑剂。该类增塑剂可显著降低 PVC 的玻璃化转变温度（T_g），其增塑效果在某些时候甚至可以接近或达到邻苯二甲酸二辛酯（DOP）的水平，如质量分数为 50%环氧异丁酸腰果酚酯增塑 PVC 的 T_g 为－40.0℃，而 DOP 增塑的 T_g 为－41.8℃。较之腰果酚增塑剂，环氧腰果酚增塑剂具有更好的耐水性、耐油性和耐迁移性。此外，合成的环氧腰果酚增塑剂具有非常好的生物降解性能。

环氧脂肪酸甲酯增塑剂是以天然植物油脂为主要原料，经甲酯化和环氧化反应合成的一种新型环保增塑剂。与环氧植物油增塑剂相同，环氧脂肪酸甲酯不以石油为基料，从可持续发展角度讲，具有生态环保优势。同时，环氧脂肪酸甲酯相对分子质量约为环氧植物油的三分之一，因此增塑效率高、与PVC相容性好，曾被认为是邻苯增塑剂的理想替代品，可部分代替邻苯类增塑剂制造环保无毒的PVC产品。目前，在我国环氧脂肪酸甲酯增塑剂发展迅速，市场潜力巨大，受到增塑剂行业的高度关注。然而，为降低成本，目前市售环氧脂肪酸甲酯多以废弃食用油为原料，经碱洗、水洗、脱色、蒸馏以及甲酯化、环氧化反应合成，其主要成分见表1-1。与DEHP和环氧植物油相比，这些增塑剂相对分子质量小（通常$M=270\sim340.5$）、极性集团含量少，且以单直链为主，因此与PVC相互作用力较弱，易于从制品中迁移出来，影响产品使用寿命，通常只作辅助型增塑剂使用。

表1-1　环氧脂肪酸甲酯主要组分

组分名称	分子式	饱和/不饱和	相对分子质量	极性基团数①
棕榈酸甲酯	$C_{17}H_{34}O_2$	饱和	270	1
硬脂酸甲酯	$C_{19}H_{38}O_2$	饱和	298.5	1
环氧油酸甲酯	$C_{19}H_{36}O_3$	不饱和	312.5	2
环氧亚油酸甲酯	$C_{19}H_{34}O_4$	不饱和	326.5	3
环氧亚麻酸甲酯	$C_{19}H_{32}O_5$	不饱和	340.5	4

注：① 酯基或环氧基均按一个极性基团数计算。

针对环氧脂肪酸甲酯增塑剂耐迁移性差的共性问题，前人提出的解决方案主要包括深度环氧化和PVC表面封闭。

迄今为止，深度环氧化是提升环氧脂肪酸甲酯增塑剂耐迁移性的最常用方法。实践证明，采用新型催化剂并改进环氧化工艺，可减少副反应发生，从而在有限碘值的条件下，提高产品环氧值及其耐迁移性。Wei等对比研究了催化剂［Hmim］HSO_4、［Hnmp］HSO_4、H_2SO_4、H_3PO_4对蓖麻油酸甲酯的环氧催化效率，发现［Hmim］HSO_4可将产品的环氧值较另外三种催化剂提高0.5%。冯树波等研究钨磷杂多酸季铵盐对植物油的环氧化催化效率，相较于普通硫酸催化体系，产品的环氧值从4.2%提高到5.8%。提高环氧值可以增强增塑剂与PVC间的相互作用，减少增塑PVC产品在生产和使用中的增塑剂渗出。然而，受原料油碘值、成本及环氧化工艺限制，目前市售环氧脂肪酸甲酯的环氧值最高可达5.5%～5.8%，但产品闪点、耐挥发、耐渗出、耐抽出性仍与DEHP有显著差距。因此，探索提升环氧脂肪酸甲酯耐迁移性的新方法，突破环氧值对其耐迁移性提升的限制，是充分发挥环氧脂肪酸甲酯固有优势、突破其应用限制的关键。

除深度环氧化外，一些研究者提出可对PVC制品表面进行处理，包括表面涂覆、辐射交联等，从而将环氧脂肪酸甲酯增塑剂限制在材料内部，阻止其向外界迁移。Messori等制备了三乙氧基硅烷封端的聚环氧乙烷，并用于PVC表面涂覆。经测试表明，在正己烷中，环氧脂肪酸甲酯的耐抽出性提升了一个数量级。Mercedes等采用等离子体活化法，对PVC表面的八甲基环四硅氧烷和六甲基二硅氧烷进行等离子体聚合，获得PVC表面封闭层，从而使环氧脂肪酸甲酯增塑剂浸出率降低80%以上。Lakshmi等则采用光交联方法，在水介质中光活化N,N-二乙基二硫代氨基甲酸酯，通过亲核取代PVC的氯原子，对医用级聚氯乙烯片材和管材进行表面改性，并利用紫外线照射使PVC改性表面交联。

结果显示，表面交联改性PVC在耐抽出性测试中，环氧脂肪酸甲酯增塑剂损失率小于5%，而未改性PVC几乎损失掉所有增塑剂。毫无疑问，表面处理是一种有效抑制增塑剂迁移的方法，然而，也可能带来原料成本高、原有生产设备配伍性低以及工艺复杂等问题，限制了这些方法的大面积推广。对于PVC人造革行业更是如此：表面化学改性或涂覆，必然需要更新生产设备，以适应随之而来的压延、涂覆、压花定型、揉纹、磨革等工艺要求；同时PVC表面物理化学性质的改变也迫使人造革表面处理剂、颜料、阻燃剂、发泡剂等助剂更新换代。这对整个PVC人造革行业来说，需要一场颠覆性变革，其生态效益、经济效益、时间成本都难以估量。

针对深度环氧化和表面封闭存在的问题，四川大学的陈意等人以含羟基的蓖麻油酸甲酯为原料，利用乙酸酐对羟基进行酯化，再对产物进行环氧化处理，制备了含乙酸酯侧基的环氧蓖麻油酸甲酯（EMRA）增塑剂（图1-7），并对产物的物理化学参数进行了测定。结果表明，EMRA的酸值、碘值均达到增塑剂使用要求，闪点为204℃、环氧值为3.0%。随后，采用红外光谱、核磁氢谱、气相色谱-质谱联用对EMRA及中间产物结构、成分进行表征，证实其分子结构与目标产物一致。在此基础上，将实验与分子动力学模拟相结合，研究EMRA在PVC体系中的迁移行为，并与邻苯二甲酸二（2-乙基己）酯（DEHP）、普通环氧脂肪酸甲酯（EFAME）对比。实验结果表明，虽然EMRA的环氧值较低（3.0%），但其耐挥发、耐高/低温渗出及耐抽出性较普通EFAME（环氧值5.8%）有2～30倍提升，其中雾化值和高/低温渗出率甚至与DEHP接近。分子动力学模拟结果表明，EMRA在PVC中的扩散系数仅为普通EFAME的1/4～1/3，与DEHP接近。与此同时，EMRA在浓度为0.1μL/mL时呈1级细胞毒性，为体表无毒，可用于包括人造革在内的皮肤接触型PVC制品制造。上述工作丰富了环氧增塑剂种类，为PVC行业风险化学品源头替代提供了关键材料，为环保替代型增塑剂的分子设计与开发提供了新思路。

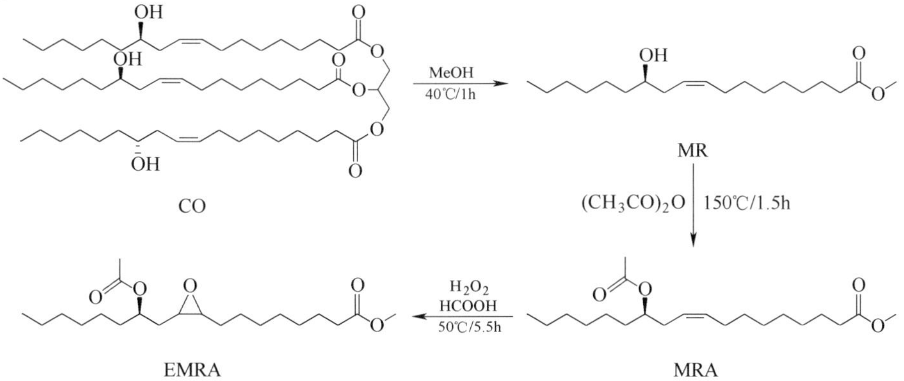

图1-7　EMRA合成步骤和分子结构示意图

3. 聚合物型增塑剂

聚合物型增塑剂是指用聚合物作为PVC的增塑剂，这种增塑剂的优势是挥发性低，通过分子设计可以得到与PVC聚合物相容性好、耐渗出和耐挥发性能优良的品种。但该类产品价格一般比较高，增塑效率较低，性能有待于进一步的提高。有研究表明，用58份数均相对分子质量约为32700的聚己酸内酯-聚碳酸酯（PCL-PC）混合物增塑医用级

PVC，将增塑过的聚合物在37℃的水或磷酸缓冲溶液中放置98天，增塑剂的渗出量几乎可以忽略，萃取液中只有极少量PCL-PC的水解产物6-己酸，而PVC没有明显的失重现象；即使温度提高到70℃，6-己酸的生成也只有少量增加，经过98天后，PVC失重小于1%。研究还发现，用于PVC保鲜膜的聚1,3-丁烯己二酸（PBA）较DOP有更强的耐迁移性能。Shah等人的研究结果表明，用PBA（数均相对分子质量为1200）增塑PVC，可大幅度降低产品在汽油、煤油中的渗出量和硅土中的萃取量，PBA的耐抽取性能取决于其相对分子质量。上述研究表明，聚合物型增塑剂有可能替代邻苯二甲酸酯类增塑剂，目前也已有一些产品成功投入市场。如2003年9月，日本理研维生素（Riken Vitamin）公司开发出一种聚交酯的增塑剂，并开始向市场销售。该产品具有显著的塑性，能给予PVC制品良好的抗流性，对其透明度影响也最小。同时，该产品的生物相容性良好，具有高度的安全性和良好的生物降解能力。2003年12月，Bayer公司开发出聚合物型增塑剂新品Ultramoll VP SP 51022，该增塑剂黏度低，有良好的耐迁移性，加入这种增塑剂生产的橡胶制品柔软性高，不会发生喷霜现象，该增塑剂也可用于生产防水布、地板革、家具、电子绝缘膜和工业注塑等PVC产品。此外，由于该产品具备良好电性能和热稳定性，能用于增塑PVC电缆外套和软线系列产品。

4. 环己烷二酯系列

德国巴斯夫（BASF）公司专为PVC的敏感性应用开发了一种创新的非邻苯二甲酸酯增塑剂——Hexamoll DINCH。其合成反应是邻苯二甲酸酯在催化剂作用下与氢气作用，打开邻苯二甲酸中的不饱和键，生成的产物称为环己烷二羧酸二酯，该产品不仅已获得了德国联邦风险评估所的推荐，还在2006年10月初得到了欧洲食品安全署的肯定。自该产品2002年推出以来，市场的需求不断增长，该公司德国路德维希港年产25000t的装置已无法满足市场的需求，因此BASF公司把专有增塑剂Hexamoll DINCH的产能提升至100000t/年，并于2007年第二季度投入生产。Hexamoll DINCH目前主要应用于玩具和医疗器械类PVC，预计今后在食品保鲜薄膜或密封等食品接触类PVC方面的应用也将变得越来越广泛。

5. 离子液体

离子液体由带正电的离子和带负电的离子构成，它在－100～200℃均呈液体状态，不易挥发，与有机和无机材料都有很好的相容性。离子液体作为增塑剂的研发已有文献报道。如Mustafizur Rahman等用膦基系列的离子液体增塑PVC，并验证了离子液体作为替代邻苯酸酯类增塑剂的可行性。在紫外实验中，离子液体在远紫外照射下与邻苯酸酯类增塑剂没有明显的不同，而在耐抽出和迁移的实验中，其性能优于目前广泛用于药品和日用品中的增塑剂，用该系列离子液体增塑的产品在柔软性、使用寿命、运动流失等方面都显示出优异的效果，并且克服了大多数增塑剂在加工过程中易挥发的缺点。研究结果显示，离子液体在替代邻苯酸酯类增塑剂中具有巨大前景，变换离子液体的阴离子和阳离子，可以获得近万亿个的离子液体品种，大幅扩大离子液体增塑剂工业中的原料来源。但由于离子液体结构变化的多样性，增加了筛选出最适合的离子液体作为增塑剂的难度。

图1-8所示为一些可用于PVC和PMMA树脂的离子液体增塑剂。研究发现可用咪唑鎓盐基、铵盐基和膦基的离子液体增塑PVC，制品具有非常好的柔软性、耐老化性和耐抽出性。但是离子液体价格过于昂贵，目前还处于实验室研发阶段，没有实现工业化

生产。

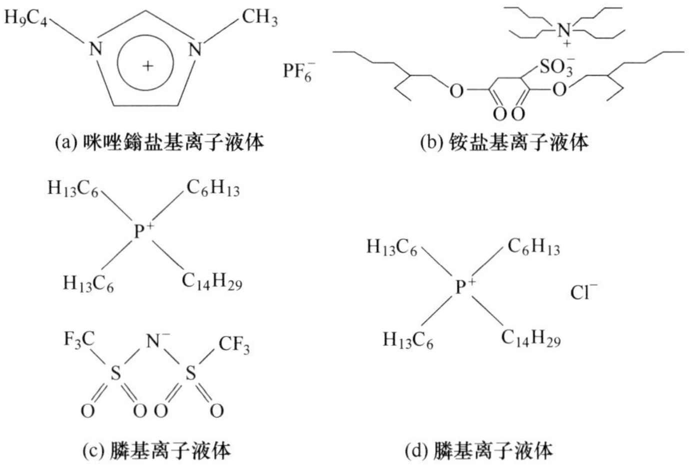

图 1-8　可用于 PVC 和 PMMA 增塑的离子液体结构示意图

6. 苯酚烷基磺酸盐增塑剂

苯酚烷基磺酸盐类环保增塑剂（商品名为 Measamoll）是德国朗盛（LANXESS）公司开发生产的一种具有优异增塑效果和抗皂化性能的非邻苯二甲酸酯类的环保增塑剂，已通过美国 FDA 认证，可以用于食品接触类产品，符合玩具行业标准 DIN EN71。Measamoll 能提供良好的低温塑化性能、耐皂化性，并与聚氯乙烯（PVC）、聚氨酯（PU）、天然橡胶（NR）、丁苯橡胶（SBR）、丁腈橡胶（NBR）和氯丁橡胶（CR）等各种聚合物都有非常好的相容性，同时具有非常低的挥发性，是 DOP 的理想代替品。在同样的低温下，Mesamoll 比大多数其他增塑剂能更快地塑化，这意味着加工周期可以变得更短，从而大大降低了生产和加工时间。

（二）内增塑

纯 PVC 的玻璃化转变温度约为 87℃，常温下手感僵硬、耐寒性差，实际使用时必须经增塑处理，以改善其加工性能，赋予制品柔韧性。目前最常用的增塑方式为外增塑，即通过简单的物理共混将增塑剂添加至 PVC 粉末中，当增塑剂渗透进入 PVC 分子链间时，可利用自身体积效应增大 PVC 分子链间距，或通过范德华力或氢键直接与 PVC 分子链上的极性部分作用，以降低 PVC 分子间的作用力，达到降低 PVC 玻璃化转变温度、提高制品柔性的目的。

传统增塑剂与 PVC 的共混体系是一个热力学不相容体系，仅依靠增塑剂与 PVC 分子链间的偶极吸引力不足以维持体系稳定，因此增塑剂会在制品使用过程中不断从基体向制品表面迁移，并通过空气、水、油等介质向环境中扩散。增塑剂的迁移、挥发会使制品外观、性能发生较大变化，引起制品表面发黏、破裂，析出物往往还会造成制品污染，影响其二次加工。例如，增塑剂迁移可能会引起与 PVC 接触的粘接层溶解、脱落等问题，影响制品的剥离强度；当软质 PVC 须表面印刷时，增塑剂迁移还会造成油墨附着不牢、易脱落等不良后果，缩短制品使用寿命。增塑剂在析出过程中还会带出一些组分，如颜料颗粒、香精、抗静电剂、稳定剂等，由于这些组分的损失，软质 PVC 制品的物理性能会进一步下降，一些特性甚至还会丧失。最后，增塑剂的迁移还可能会对人体健康和环境造成危害。例如，邻苯二甲酸酯是目前用量大、使用范围广的一类增塑剂，但现已被证明具有毒性和潜在致癌性。这类增塑剂可以从 PVC 医疗器械和储血袋中迁移到与之接触的血浆、血清、药液内，最后随血液透析或输液（血）进入病人体内造成二次伤害。

如果能够在增塑剂结构中引入反应性基团，进而在塑化过程中与 PVC 反应，则可通过化学键合的方式将增塑剂小分子“铆接”到 PVC 大分子链上，解决增塑剂与 PVC 的热力学不相容性，从根本上解决增塑剂不耐迁移的问题，以赋予 PVC 制品持久的柔软性能。

在聚氯乙烯内增塑方向，Michel 等人的工作具有开创性。他们分别使用邻巯基苯甲酸、巯基乙酸与 2-乙基己醇反应生成酯，再利用巯基与 PVC 氯原子间亲核取代反应，将酯固定于 PVC 大分子链上（图 1-9），实现了 PVC 的内增塑。结果表明，PVC 的玻璃化转变温度随着接枝率的增加而降低；在接枝率相同的情况下，巯基乙酸酯的增塑能力大于邻巯基苯甲酸酯。

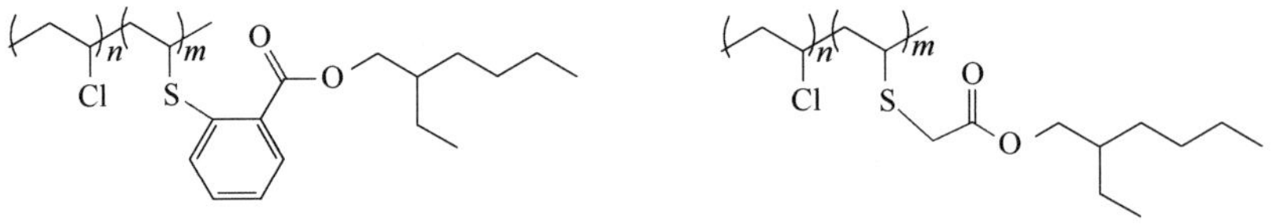

图 1-9　含巯基的酯类增塑剂内增塑 PVC 示意图

PVC 氯原子间反应，Rodrigo Navarro 等人合成了含巯基的邻苯（或间苯）二甲酸酯类增塑剂（图 1-10），实现了邻（或间）苯类增塑剂与 PVC 大分子链的共价连接。实验结果发现，增塑剂分子的迁移被完全抑制，对开发具有永久增塑效果和零迁移的柔性 PVC 人造革提供了借鉴与参考。

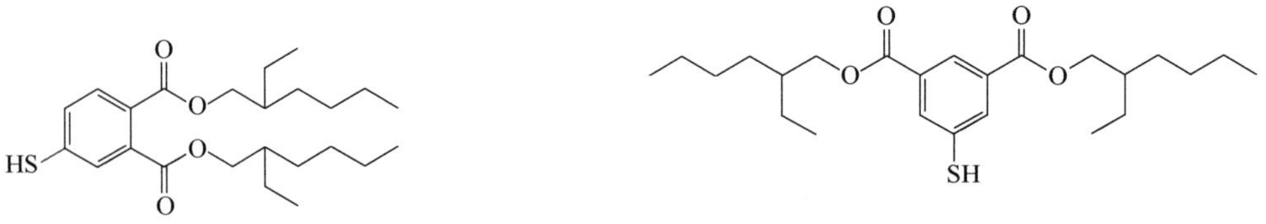

图 1-10　含巯基的邻苯（和间苯）二甲酸酯类增塑剂示意图

此外，Aruna Earla 等人合成了一种含炔基的 DOP 衍生物，利用叠氮与炔基间 Click 反应，将 DOP 共价连接到经叠氮改性的 PVC 大分子链上（图 1-11）。他们的实验结果表明，改性 PVC 的玻璃化转变温度随着 DOP 接枝量增加而降低，并且当炔基与 DOP 间以醚键连接时，其增塑效率高于炔基与 DOP 间以酯键连接的情况（图 1-12）。

基于类似的原理，Puyou Jia 等人合成了含炔基的柠檬酸三乙酯增塑剂，并用于叠氮化改性 PVC 的内增塑。结果表明，与 DOP 增塑膜相比，经柠檬酸三乙酯内增塑后的 PVC 膜具有更低的玻璃化转变温度和更高的热稳定性，并且在四种不同的溶剂（蒸馏水，体积分数 10%乙醇，质量浓度 300g/L 乙酸、石油醚）中，其迁移量接近于零。

此外，四川大学的范浩军、陈意等人已申请了国家发明专利（ZL201410065769.1），提供了一种基于内增塑的软质聚氯乙烯塑料制备新方法，该方法以同时包含巯基和羧基（或羟基）官能团的小分子（如硫代水杨酸、巯基乙酸、2-巯基丙酸、巯基乙醇）为桥联剂，将环氧增塑剂以共价键形式锚定到 PVC 大分子链上，获得具有内增塑特性的软质

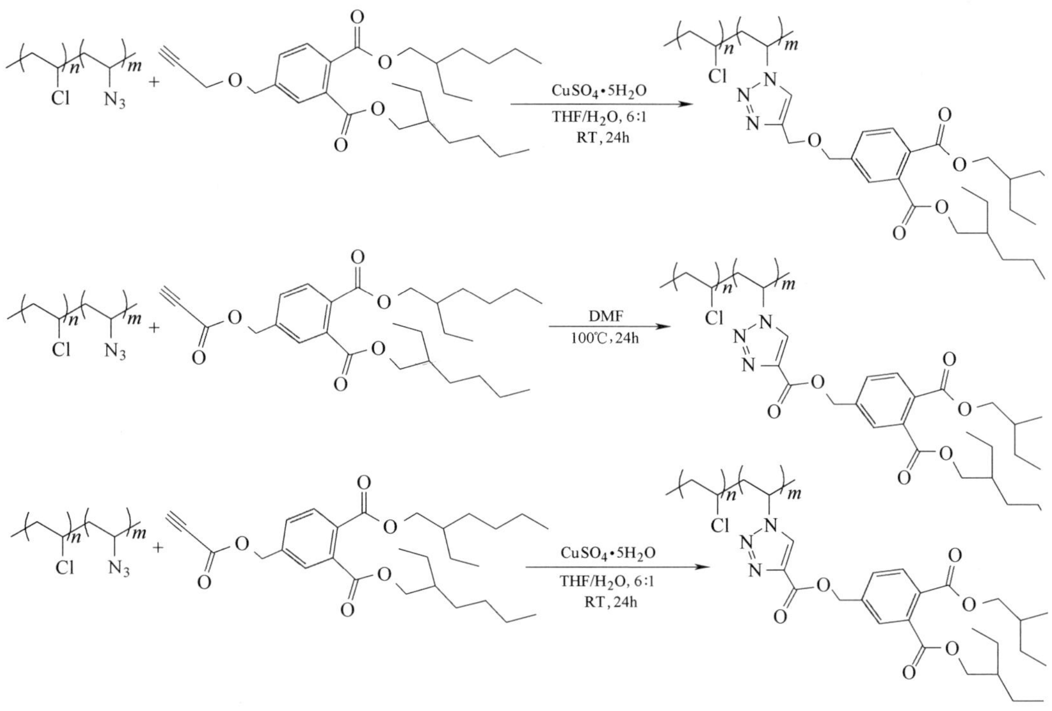

图 1-11　含炔基的 DOP 衍生物对叠氮化改性 PVC 内增塑示意图

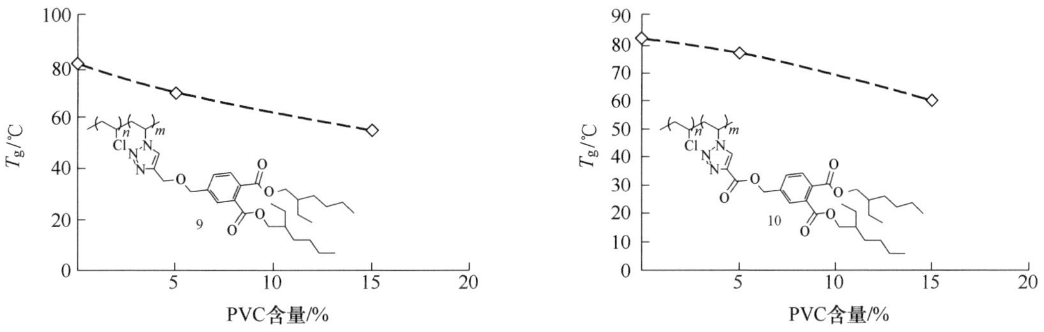

图 1-12　含炔基的 DOP 衍生物对叠氮化改性 PVC 的增塑效率示意图

PVC 塑料。这种方法的优点为：

① 通过巯基与聚氯乙烯（PVC）氯原子的亲核反应将羧基或羟基引入 PVC 大分子链，再利用环氧增塑剂分子中环氧基团与羧基、羟基之间的开环反应，以共价键形式将增塑剂锚定到 PVC 大分子链上，从根本上解决了环氧类增塑剂的耐迁移性问题。

② PVC 和增塑剂之间的内增塑反应（即羧基、羟基和环氧基之间的反应）在传统的人造革制造过程中就地（in-situ）完成，既不改变传统的工艺，也不改变传统的设备，人造革制造工艺简单易行。

采用这种新型的内增塑改性方法可永久降低 PVC 的玻璃化转变温度，赋予材料持久的柔韧性，克服了传统外增塑法存在的固有缺陷，有效地提高了 PVC 制品的使用寿命及安全性能，在人造革、生物医用材料、装饰建材、体育用品、管材、电线电缆等领域具有广阔的应用前景。

与此同时，四川大学的杨坡等人在内增塑领域也做了大量研究工作。为提高腰果酚增塑剂的耐迁移性，杨坡等人首先利用叠氮化钠与 PVC 间反应制得含叠氮基团的 PVC，再通过含炔丙醚基腰果酚增塑剂与叠氮基团间 Click 反应（图 1-13），实现腰果酚增塑剂的内增塑。测得增塑 PVC 的玻璃化转变温度为 51.0℃，测试时间内样品在庚烷中无迁出。由于 Click 反应生成的三嗪环结构具有较高的热稳定性，可将聚氯乙烯 50%热失重温度从 315℃提高至 387℃。

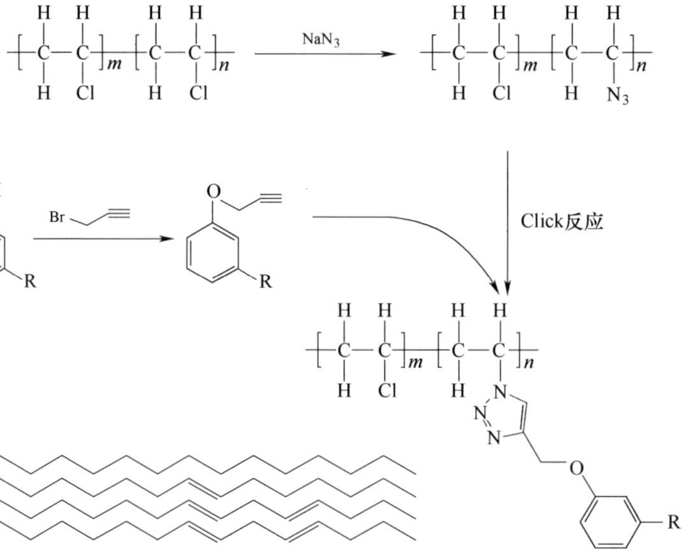

图 1-13　基于腰果酚与 Click 反应的 PVC 内增塑原理示意图

鉴于巯基可与 PVC 氯原子发生反应，杨坡等人还合成出了反应型腰果酚增塑剂。首先通过溴乙酸与腰果酚环氧发生反应生成溴代烃，再将溴代烃转化为巯基，制得反应型腰果酚增塑剂（图 1-14）。一定条件下，可实现反应型腰果酚增塑剂对 PVC 的内增塑，但延长反应时间并不能得到增塑剂含量较高的 PVC 样品。随着反应型腰果酚增塑剂与 PVC 反应时间的增长，增塑 PVC 的玻璃化转变温度先降低后增加。反应 1h 时，增塑 PVC 的玻璃化转变温度达到最低，为 58.9℃。耐迁移性测试表明，该反应型腰果酚增塑剂对 PVC 实现内增塑后，具有非常好的耐迁移性。

二、低温发泡剂

如何降低 AC 发泡剂的发泡温度，进而降低 PVC 发泡工艺能耗，是实现 PVC 人造革清洁生产、提升成革生态等级的关键之一。

在目前的 PVC 人造革制造工艺中，无论是转移涂层法还是压延法，发泡都是在生产线的最后进行。为保证发泡效果和成革质量，发泡剂在前序塑化、密炼、开炼过程中，不能提前发泡。因此，并不是发泡温度低于 AC 的发泡剂都可以在 PVC 人造革制造中使用。在转移涂层法中，涂层塑化的温度一般为 130～140℃；在密炼和开炼过程中，PVC 胶料除受热外，还会受到巨大的剪切力，因此胶料温度稍高，一般为 140～150℃。因此，为

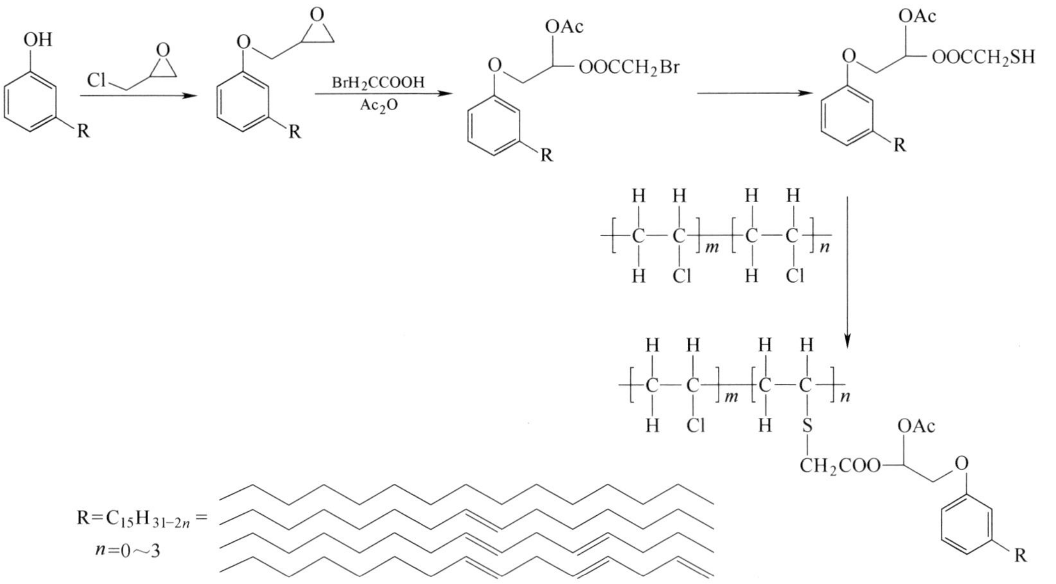

图 1-14　基于反应型腰果酚的 PVC 内增塑原理示意图

确保发泡剂不提前发泡，低温发泡剂的发泡温度至少应高于 150℃。除此之外，为保证发泡质量，还要求发泡剂发泡温度区间较窄，易于控制；发气量应相对均匀，避免出现鼓泡、气孔等缺陷。

为实现 PVC 人造革的低温发泡，四川大学的王姗姗等人采用差示扫描量热法，研究了几种助发泡剂对 PVC 人造革生产过程中常用发泡剂 AC 的分解温度、峰宽和焓变的影响。图 1-15 为不同用量的 ZnO 对 AC 发泡剂分解温度的影响。随着 ZnO 加入量的减少，

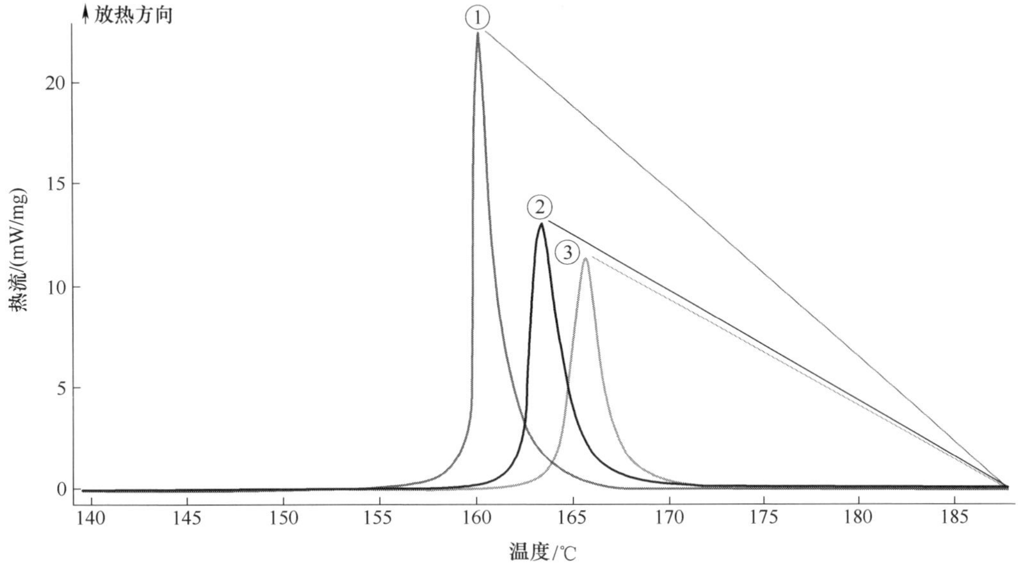

①—m（AC）∶m（ZnO）=1∶1；②—m（AC）∶m（ZnO）=1∶0.5；③—m（AC）∶m（ZnO）=1∶0.25。

图 1-15　不同比例 AC/ZnO 的 DSC 曲线图

AC 分解温度随之上升，放热量下降。对于氧化锌活化 AC 的机理，可以从化学结构上进行分析。锌化合物中的锌离子外围具有空轨道，而发泡剂 AC 结构中 N、O 上皆有孤对电子。根据路易斯酸-碱配位原理，二者结合时，AC 上的 N、O 原子的孤对电子进入 ZnO 空轨道，由于 N、O 上电子云流动，使—N═C—电子云流向两边，中间重叠度减小，导致—N═C—键容易断裂，从而使 AC 活化分解。

此外，王姗姗等人还研究了硬脂酸锌对 AC 发泡剂的活化作用。硬脂酸锌中含有较为活泼的二价金属离子，能与 AC 发泡剂中的偶氮基形成螯合物，其分解温度比 AC 的分解温度更低，故而对 AC 分解起到了活化作用，降低了 AC 的分解温度。图 1-16 所示是不同含量的硬脂酸锌对 AC 分解温度的降低效果图。由该图可见，随着硬脂酸锌用量的减少，AC 发泡剂的发泡温度逐渐升高。

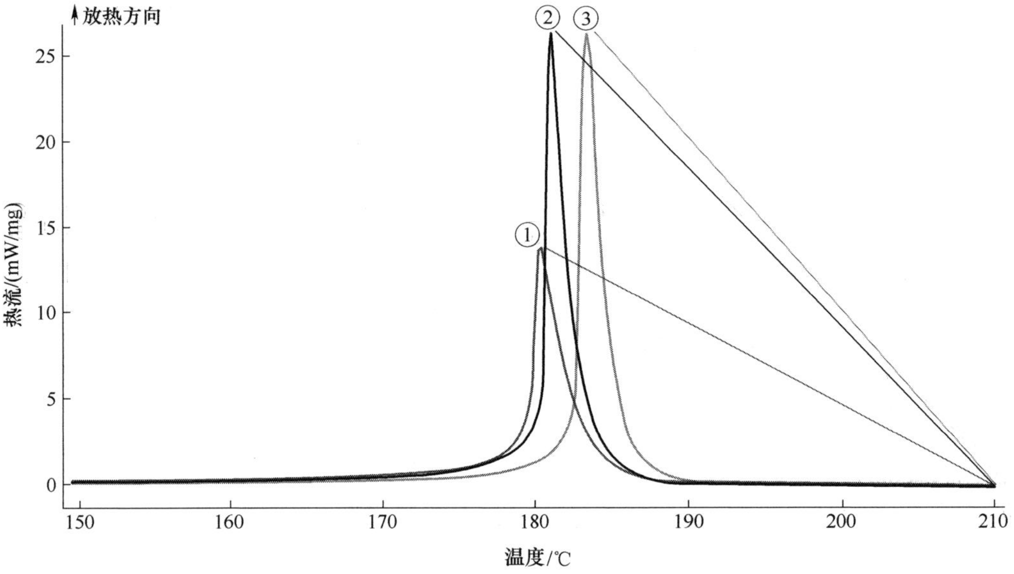

①—m（AC）∶m（硬脂酸锌）=1∶1；②—m（AC）∶m（硬脂酸锌）=1∶0.5；③—m（AC）∶m（硬脂酸锌）=1∶0.25。

图 1-16　不同比例的 AC/硬脂酸锌的 DSC 曲线

然而，有关发泡剂 AC 的活化机理目前仍有争议。L. I. Nass 等人认为 2,2-乙基乙酸的镉、锌、铅盐等碱性金属化合物可使 AC 的酰胺基团发生水解，继而形成相应的偶氮二羧酸碱金属盐中间体，当这种碱金属离子被含金属活化剂的金属置换后，其分解速度明显加快，因为偶氮二羧酸的镉、铅、锌皂类最不稳定。后来，L. S. Reppard 等人的研究结果否定了 L. I. Nass 的水解活化理论，进而提出了路易斯酸-碱活化理论。该理论认为，硬脂酸铅等活化剂中的金属离子具有接受孤电子对的功能，属路易斯酸，而偶氮基上的 N 原子及羧基氧上带有孤对电子系路易斯碱，路易斯酸-碱相互作用是 AC 发生活化作用的根本原因。

基于上述路易斯酸-碱活化理论，国内已有针对降低 AC 发泡温度的相关专利。例如专利 ZL103834055A 公开了一种低温环保发泡剂的制备方法，由 AC 发泡剂、活性助剂、分解控制剂、甲酰胺去除剂组成。其中，活性助剂为对甲苯亚磺酸锌、苯亚磺酸锌、对甲苯磺酸锌、苯磺酸锌、柠檬酸锌、乳酸锌、硬脂酸锌等锌类化合物。该发明所制得的低温环保发泡剂是通过活性助剂来降低AC发泡剂的分解温度，但该发泡剂组分复杂，各组分与人造革浆料配伍性差、发泡温度不稳定，分解产物中仍然含有偶氮化合物，也没有从根本上解决AC发泡剂的毒性和成革发黄的问题。此外，专利CN103012831A也提供了一种低温发泡剂的制备方法，其适合多种橡胶的制备工艺要求，该发泡剂的分解产物中会有氨气等腐蚀性气体产生，不适合于人造革的生产工艺，无法满足人造革涂布法与压延法的温度要求。

为解决上述问题，四川大学的郭学方等人在国家发明专利CN105272889A中，公开了一种PVC人造革用低温环保发泡剂的制备方法。该系列发泡剂为白色粉末，不含偶氮，无毒无味且储存稳定，分解温度高于180℃，发泡温度介于190～200℃，发泡倍率高于3.5，适用于人造革涂布法或压延法工艺，且发泡剂分解放出的气体是氮气和水蒸气等，安全环保。该发泡剂的合成原理如图1-17所示：

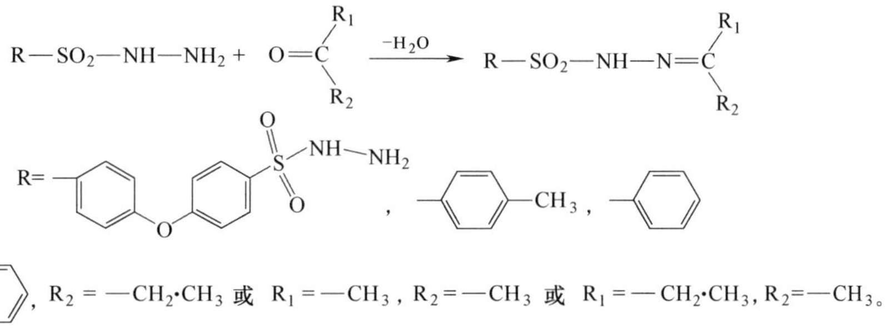

图1-17　低碳环保发泡剂合成原理示意图

该发泡剂的优点如下：

① 与树脂相容性好，具有稳定的发泡效果，解决了现有共混复配型低温发泡剂与人造革树脂浆料配伍性差、发泡助剂易迁移、分布不均匀、发泡温度不稳定等问题；

② 可赋予人造革均匀细腻的泡孔结构，提高人造革的手感，提升其性能；

③ 该发泡剂的制造工艺简单，易于控制，性能易于调节，可广泛应用于人造革涂布法及压延法工艺；

④ 发泡温度低，不含偶氮，具有良好的生理安全性，同时可降低能耗，减少污染，具有环境友好性。

三、水性表面处理剂和黏合剂

目前，PVC人造革用表面处理剂和黏合剂多数是溶剂型聚氨酯，产品综合性能良好、价格便宜、质量稳定、工艺成熟。然而，溶剂型聚氨酯中含有大量N,N-二甲基甲酰胺（DMF）、甲苯等有毒溶剂，在生产和使用过程中会挥发到周围环境中，对人体和环境都会造成巨大危害。随着人们环保意识的不断增强，PVC人造革生产过程中的溶剂污染问题受到了越来越多的重视，以水为分散介质的水基聚氨酯（WPU）表面处理剂和黏合剂的开发成为了研究热点。在早期，水性聚氨酯由于价格稍高、在低能PVC涂层上的铺展和黏附性问题难以解决，耐水、耐磨等物理性能无法达到溶剂型产品的水平，其应用受到了一定限制。经过10余年的发展和改进，该技术目前已完全成熟，早期面临的价格、铺展和物性问题得到了很好的解决，从 PVC 人造革的粘接层到表面处理层已可完全使用环保水性聚氨酯，且产品质量可达到甚至超过溶剂型产品。

（一）黏合剂

1. 水基 PVC 粘接剂

作为水基 PVC 革背衬贴合胶，需满足下列要求：

① 对于表面张力不同的材质应具有较高的粘接强度，特别要求剥离强度高；

② 胶接初黏性高，适应生产线的需要；

③ 施胶工艺简便，易于操作，干燥温度低，干燥速度快；

④ 耐热性、耐寒性适当，耐水性、耐溶剂性良好，粘接持久，特别是对 PVC 膜中的增塑剂具有抗迁移能力。

2. EVA 乳胶

在目前的水性粘接胶中，乙烯-醋酸乙烯酯乳液（EVA 乳胶）具有价格低廉、原料易得和综合性能优良的特点。EVA 乳胶是指醋酸乙烯酯-乙烯共聚物中醋酸乙烯酯含量在 70%～95%的乳液，其制备原理如图 1-18 所示。乙烯的加入造成了共聚物中酯基的不连续性，使分子链内和分子链之间的相互作用均减弱，高分子主链变得柔软，起到一种“内增塑”的作用，这种增塑作用是永久的，没有低相对分子质量增塑剂易产生的迁移、挥发、渗出等缺点。

通过乙烯共聚改性后的乳液具有较低的成膜温度、优良的机械性能，用于薄膜黏合时，对基质有特殊的湿黏性及很好的固化速度；用于织物粘接时，则不仅可提供柔软的手感，还具有较好的耐水、耐酸碱性能，以及良好的耐氧、臭氧、紫外线性能。

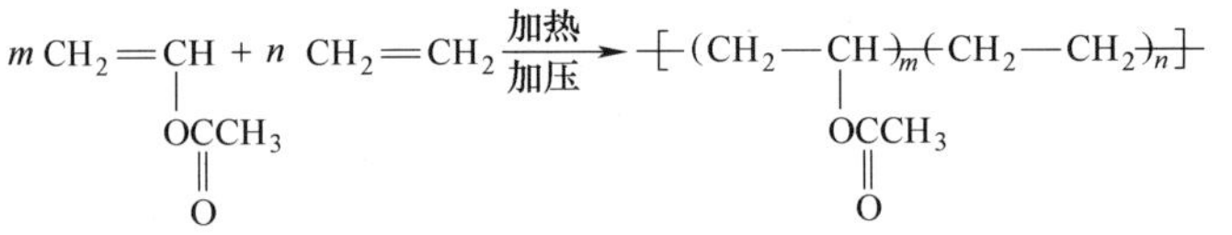

图 1-18 EVA 乳液制备原理示意图

国外对醋酸乙烯酯-乙烯乳液的研制始于 20 世纪四五十年代，我国起步相对较晚，到 20 世纪 70 年代才开始相关的实验室研究。直到 1986 年，北京有机化工厂从美国 Reichhoid 化学公司引进了一套年产 1.5 万 t 的乳液生产装置，才得以实现较大规模的工业化生产。目前，川维、大连化工等公司是生产 EVA 规模较大的企业。

由于醋酸乙烯酯-乙烯乳液在应用性能上的优势，国外对其进行了较为深入的研究。F. P. Petrocelli 等人通过实验证实，无论是在间歇聚合还是在连续聚合过程中，聚合物的玻璃化转变温度都是随着乙烯投料比的增加而降低，这两种聚合工艺不会对聚合物的玻璃化转变温度产生明显影响。另外，制备高固含量 EVA 乳液的专利报道较多。通常，高固含量 VAE 乳液的固含量在 65%左右，而日本 Koizumi 等人在 1999 年的专利中报道了乙烯/醋酸乙烯酯质量比为 22/78 的共聚乳液，固含量高达 72.8%，而黏度仅为 610mPa•s。

EVA 用于 PVC 背衬贴合胶时，存在的主要缺陷是耐低温挠曲性差、手感偏硬，不耐水、不耐溶剂（甲苯、丁酮、乙酸酯类），PVC 膜中的增塑剂渗出后影响粘接持久性。

3. 水基聚氨酯

水基聚氨酯是目前在 PVC 人造革行业应用最广泛的环保粘接剂。水性聚氨酯以水为分散剂，因而经济、安全（不燃不爆）、无毒、无污染、气味小。水性聚氨酯胶黏剂的特点主要有：

① 耐低温性优良、手感柔软；

② 具有优良的耐水、耐溶剂性能；

③ 黏度偏低，需外加高分子增稠剂；另外，其黏度还受离子电荷、核壳结构、乳液粒径等影响；

④ 干燥慢，对表面疏水性基材润湿能力差；

⑤ 可与多种水性树脂混合，以改进性能或降低成本。

除此之外，水性聚氨酯要取代溶剂型聚氨酯，还有待其性能的进一步提高。尤其需要更好地克服其本身的不足之处：

第一，固含量偏低，干燥缓慢。这是因为水的蒸发潜热比常用的有机溶剂高，相同固含量下水性聚氨酯比溶剂型聚氨酯的溶剂挥发慢，干燥时间长。对于快节奏的现代化生产线而言，这是一个缺点。为解决此问题，国内外研究的重点大都集中于提高水性聚氨酯的固含量以降低水分挥发负荷、缩短成膜和干燥时间，只有这样才有可能促使水基型环保涂料和胶黏剂全面取代有机溶剂型涂料及胶黏剂。同时，高固含量的乳液还具有设备利用率高、运输成本和单位产品能量消耗低等优点，因而备受关注。因此，生产高固含量产品（固体质量分数为50%以上），是水性聚氨酯乳液的发展方向之一。

第二，对PVC材料的表面润湿性差，与填料的相容性差。这是因为水的表面张力大，表面能高，对聚合物、助剂、无机填料、颜料等的包容力、润湿能力差，因此如何降低油-水界面层间界面张力是解决水基聚氨酯在PVC表面粘接的技术关键。

为解决上述问题，四川大学的合成革研究中心在PVC人造革用水性聚氨酯粘接剂方面做了大量研究工作。目前，由四川大学开发的半PU、PVC革水性粘接胶已在浙江丽水博士达高分子材料有限公司正式投产，该水性胶的主要成分为水性聚氨酯，以水为基本介质，具有不燃、绿色环境、节能、施胶方便、耐水、耐迁移、粘接力高等优点，目前已在10多家企业获推广应用，已成为浙江省合成革行业重点推广的清洁生产技术。

（二）表面处理剂

除粘接层外，PVC人造革的表面处理目前也已全面实现水性化。因PVC人造革底基属油性层，含有大量增塑剂，其表面张力低；而水性聚氨酯或丙烯酸树脂表面张力高，因此二者之间的界面张力高，水性表面处理剂在PVC人造革表面的附着力较差，流平性差，如何降低界面张力问题是水性材料用于PVC革表面处理的技术关键。目前国内对PVC革的水性表面处理技术进行了相关的研究，普遍存在以下问题：

① 涂膜的透明性和光泽度不足；

② 加入稀释性醇溶剂易分层；

③ 剩余浆易变质；

④ 在增塑剂加入量不大的PVC制品中流动性尚可，但在增塑剂量大、表面有一定油析出时，难以流平、有“花面”现象；

⑤ 与增塑PVC的附着力不足；

⑥ 表面处理后产品对折有“白化”现象等。

因此水性表面处理剂替代溶剂型表面处理剂需满足下列技术需求：

① 在相同涂布量的情况下，能替代溶剂型丙烯酸树脂或聚氨酯表面处理剂，配套使用价格合理、性能稳定；

② 与高、低油分的 PVC 人造革附着力好、流平性佳、透明性好、防折白、抗刮划；

③ 使用凹版双色表处机生产，干燥温度应低于 85℃（防止人造革表面花纹散失），干燥速度应大于 30m/min（满足 30～50m/min 的正常生产效率）；

④ pH 合理，避免损伤表面处理辊；

⑤ 使用时黏度适中（100～300mPa•s），避免"流水痕"。

在 PVC 人造革表面处理领域，四川大学合成革研究中心的相关研究工作成果显著，在系统研究水性聚氨酯构效关系的基础上，考察了不同水性聚氨酯表面处理剂在 PVC 或水性涂层表面的铺展及调控方法，对水性材料的施工方式、上浆量、干燥温度等进行了优化，同时调节其与相关助剂（着色剂、中空微球补残剂、增稠剂、交联剂、流平剂等）、设备的配伍性，开发出了从粘接到表面处理全水性化的绿色生态人造革制造方法，大幅削减生产过程有机溶剂的排放，成革质量达到或超过行业相关标准。

四、环保型热稳定剂

虽然 PVC 具有良好的耐酸碱性、耐磨性、电绝缘性、难燃自熄性及价格低廉等优点，但其热稳定性能差。PVC 通常加热到 140℃时就开始降解，而它的加工成型温度为 160～200℃，因此，加工成型时必须加入热稳定剂来抑制 PVC 的降解。目前传统的热稳定剂主要为铅盐类、有机锡类、金属皂类等含金属离子的热稳定剂。随着人类环保意识的不断增强，含重金属离子的稳定剂由于对环境易造成污染正逐渐被行业淘汰，开发环保型 PVC 热稳定剂以替代传统热稳定剂是 PVC 人造革行业可持续发展的关键一环。其中，有机热稳定剂由于不含金属元素受到了业界的广泛关注，是目前新型环保热稳定剂研发热点。

浙江工业大学材料学院王旭等人多年来致力于新型有机热稳定剂的研究。近期，他们以 6-氨基-1,3-二甲基尿嘧啶为原料，合成了一种具有长烷烃链的双尿嘧啶类化合物（OSU）。该类化合物在透明 PVC 中有着极佳的热稳定效果。研究表明，由于 OSU 带有较长的烷烃链，它可以作为热稳定剂应用在透明 PVC 中，但是得到的 PVC 制品初期白度有待提高［图 1-19(a)］。环氧大豆油（ESO）作为一种无毒环保的有机辅助稳定剂，在 PVC 的加工配方中经常出现，更重要的是环氧大豆油分子链上的环氧基团在 PVC 的加工过程中不仅可以提供很好的长期稳定性，还对 PVC 有不错的增塑效果。为了抑制 PVC 制品的初期着色，环氧大豆油（ESO）作为辅助热稳定剂与 OSU 复配来使用。通过具体实验可知，在 100 份 PVC 中分别加入 2 份 OSU 以及 3 份 ESO 后，得到的 PVC 制品初期白度大大改善，其长期热稳定性也明显提高［图 1-19(b)］。这说明 OSU 与 ESO 有着良好的协同热稳定效果，与单组分的 OSU 相比，ESO 的加入可以有效吸收 PVC 降解生成的 HCl，以此提供 PVC 制品很好的长期稳定性，使得 OSU/ESO 复配体系无论是在吸收 HCl 还是在取代不稳定氯原子的能力上，都有了较大的提升。

亚磷酸酯是一种经常与 ESO 并用于 PVC 配方中的辅助热稳定剂，它能够与 OSU/ESO 形成一种协同增强体系，从而有效地提高 PVC 制品的热稳定性能、透明性能以及制品表面光泽性。图 1-19（c、d、e）是在图 1-19(b) 复配体系的基础上，分别加入 2 份、4 份、6 份亚磷酸酯后得到的 PVC 制品。由图 1-19（c、d、e）可以看出，随着亚磷酸酯

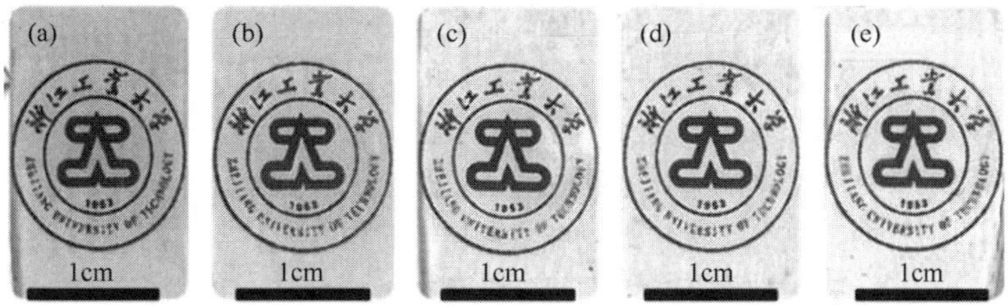

（a）2 份 OSU；（b）2 份 OSU，3 份 ESO；（c）2 份 OSU，3 份 ESO，2 份亚磷酸酯；（d）2 份 OSU，3 份 ESO，4 份亚磷酸酯；（e）2 份 OSU，3 份 ESO，6 份亚磷酸酯。

图 1-19　100 份 PVC 中加入不同份数的热稳定剂得到的 PVC 制品示意图

添加量的不断增加，PVC 制品的初期白度也不断提高，这说明亚磷酸酯的加入增强了 OSU/ESO 复配体系取代不稳定氯原子的能力，从而有效地抑制了 PVC 链上共轭双键的形成，使得 PVC 制品有着较好的初期白度和透明性。图 1-20（c′、d′、e′）是烘箱变色法测试 OSU/ESO 复配体系中加入不同份数亚磷酸酯的 PVC 制品颜色随时间变化图。值得一提的是，加入 3 份 ESO 和 6 份亚磷酸酯的试样 e′在 180℃烘箱环境中放置 30min 后依然保持很好的白度。这充分说明 OSU/ESO/亚磷酸酯复配体系无论是在抑制 PVC 制品的初期着色还是提高 PVC 制品的长期热稳定性上，都有着良好的协同效果，从而使得该有机复合热稳定剂在透明 PVC 中有着极大的应用前景。

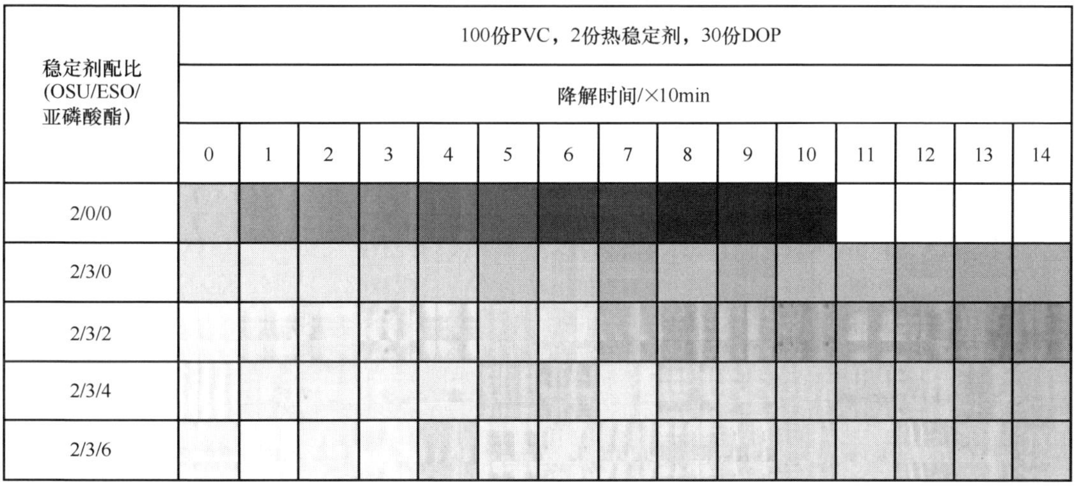

（a′）2 份 OSU；（b′）2 份 OSU，3 份 ESO；（c′）2 份 OSU，3 份 ESO，2 份亚磷酸酯；（d′）2 份 OSU，3 份 ESO，4 份亚磷酸酯；（e′）2 份 OSU，3 份 ESO，6 份亚磷酸酯。

图 1-20　稳定剂的 PVC 制品颜色随时间变化示意图

五、生物质基有机异味消除剂

PVC 人造革的异臭味主要来源于 PVC 中未反应的氯乙烯单体、小分子增塑剂。选择氯乙烯含量较低的 PVC 树脂或大分子增塑剂，可以在一定程度上缓解上述问题，但在 PVC 人造革实际工业化生产中，由于各类辅助材料来源的不稳定和叠加效应，混合有机、有毒、有害气体在成品革中的残留依然存在，影响产品的销售拓展。尤其是以 PVC 人造革制成的沙发、皮床等产品，如有异味，将给居家环境带来空气污染，危害消费者身心健康。

茶多酚，又名抗氧灵、维多酚、防哈灵，是茶叶中所含的一类多羟基类化合物，简称TP，主要化学成分为儿茶素类（黄烷醇类）、黄酮及黄酮醇类、花青素类、酚酸及缩酚酸类、聚合酚类等化合物。其中儿茶素类化合物为茶多酚的主体成分，占茶多酚总量的65%～80%。儿茶素类化合物主要包括儿茶素（EC）、没食子儿茶素（EGC）、儿茶素没食子酸酯（ECG）和没食子儿茶素没食子酸酯（EGCG）四种物质。

此前，国内外许多研究资料已充分表明茶多酚在清除活性氧和自由基、除臭等方面有显著效果。为消除PVC人造革异味，2018年前后，国内已有厂家开始使用改性茶多酚作PVC人造革的有机异味消除剂，研究了茶多酚添加剂对PVC人造革中混合有机、有毒、有害气体的消除作用及成革在实际应用过程中对家居环境空气质量的改善程度，获得了PVC人造革生态等级提升新方法。结果表明，在PVC人造革热加工过程中，经微胶囊改性包裹的茶多酚会在高温状态下缓慢释放除臭祛味因子，捕获有机气体自动氧化形成的自由基，对活性自由基的清除率达98%以上，进而达到消除PVC人造革中各类混合有机、有毒、有害气体的作用。作为墙面装修革、沙发革、地板革等，PVC人造革中的茶多酚添加剂还能与甲醛等气体污染物发生反应，对净化室内空气有一定效果。

六、TPU改性PVC

人造革属软质PVC制品，增塑剂添加量大，但在使用过程中易迁移，造成制品变脆变硬，失去使用价值；再者，由于一些增塑剂具有毒性，其迁移还会对人体和环境造成危害；与此同时，PVC制品还天然存在热稳定性、光稳定性差等缺陷。因此，人们开始考虑将其他高分子材料与PVC复合，改善PVC加工性能，减低对增塑剂的依赖，同时赋予PVC涂层新功能。

热塑性聚氨酯（TPU）材料是指主链以重复的氨基甲酸酯键作为结构单元的聚合物，一般将二元或多元醇与多异氰酸酯反应，生成具有一定相对分子质量的预聚体，再与含有羟基或者氨基的小分子化合物进行扩链或稍有支化或交联，得到相对分子质量更高的高聚物。在TPU大分子链上，既含有柔性软链段又含有刚性硬链段，是软硬段交替连接而成的嵌段聚合物。多异氰酸酯和小分子扩链剂（二元醇）作为硬链段，硬链段与硬链段之间交替有序排列，形成重复的结构结晶单元，硬链段能够赋予TPU优异的硬度、弹性模量和高温性能；大分子中的硬链段由于自身的内聚能较大，硬链段与硬链段缔合在一起，在室温下它们呈玻璃态、次晶或微晶，这一区域称之为塑料相。具有一定相对分子质量的多元醇作为软链段，软段与软段之间呈无序卷曲排列，形成无定型区，而软链段则赋予其良好的弹性、低温曲挠性、耐水解性等性能。热塑性聚氨酯大分子链中的柔性链段由于彼此间的相互作用力也会聚集在一起，该区域的玻璃化温度低于室温，称之为橡胶相。塑料相与橡胶相的这种不相容性会产生明显的微相分离，不仅使TPU在常温下具有很高的弹性、硬度和模量，还可对TPU的物理性能起到很好的增强作用。通过分子设计，微观相分离结构可随硬链段中的二异氰酸酯性质和扩链剂的不同配合量，及硬段与软段间相容性的不同而变化，使得热塑性聚氨酯根据具体的应用要求，可以在很宽的范围内进行设计。

PVC与TPU都是极性大分子聚合物，同时PVC的溶解度参数为19.4～20.13 $(J/cm^3)^{1/2}$，

TPU的溶解度参数为19.0～21.8 $(J/cm^3)^{1/2}$，从极性和溶解度参数来看，聚氯乙烯与热塑性聚氨酯溶解度参数相近，应有较好的相容性，通过两者的共混，可以得到性能互补的材料。因此，国内外许多课题组已开展了一系列TPU改性PVC制备高性能复合材料的研究。叶成兵等研究了TPU和PVC共混比例对复合物性能的影响，发现：TPU/PVC共混物的力学性能较PVC有所提高，随着共混比例的增加，复合物的力学性能、耐热性能和耐溶剂性能都有显著提高。郑昌仁等用高聚合度聚氯乙烯（HPVC）与TPU共混，并加入助剂PEPD和BDO，结果发现：共混物中TPU分子上的—NH—COO—与HPVC分子中的Cl原子形成了类氢键，因此有助于提升PVC的热稳定性。按照肖欢、丁胜春等人的研究结果，热塑性聚氨酯弹性体不仅能够改善PVC材料的热稳定能和加工性能，还能增加PVC材料的韧性。青岛科技大学的韩间涛等人的研究结果表明，脂肪族TPU可以显著提高PVC的耐低温性能，增加PVC韧性。在耐黄变性能方面，由于脂肪族TPU具有较好的耐黄变性能，可以提高PVC的色差变化，而芳香族TPU/PVC复合物耐紫外光老化后力学强度保持较高。Molnár S等人的测试结果还表明：采用熔融共混法制备PVC/TPU共混物可提高聚氯乙烯的拉伸强度、冲击强度、耐磨性、热稳定性以及抗冲击强度等性能。同时TPU还可用作PVC的大分子增塑剂，减少小分子增塑剂的使用量，从而降低软质PVC制品中增塑剂的迁移和挥发。

目前，采用TPU改性PVC制造人造革尚处于前期探索阶段，市面上尚无商品级产品出现，急需解决的技术难题主要是TPU的加工温度（130～150℃）与PVC不匹配，造成复合物难以正常密炼、开炼、压延。据悉，我国台湾的几家原料供应商已攻克了这一技术难题，生产的TPU加工温度区间宽（130～200℃），为TPU改性PVC高品质人造革的商业化奠定了基础。

七、现代人造革清洁生产集成技术

将低温发泡技术、环保增塑剂与水性粘接剂、水性表面处理剂、环保热稳定剂相结合，开发PVC人造革清洁生产集成技术，降低PVC人造革生产过程中能耗及环境污染，提升PVC人造革质量及生态等级，再加上PVC与其他塑料制品相比价格便宜，其作为聚氨酯合成革和超纤合成革的补充，在人类的日常生活中还将继续扮演重要角色，这是PVC人造革未来可持续发展的唯一出路。

参考文献

［1］ 周殿明. 聚氯乙烯成型技术［M］. 北京：化学工业出版社，2007.
［2］ 罗瑞林. 织物涂层技术［M］. 北京：中国纺织出版社，2005.
［3］ 黄丽. 高分子材料［M］. 北京：化学工业出版社，2005.
［4］ 丁双山，王凤然，王中明. 人造革与合成革［M］. 北京：中国石化出版社，1998.
［5］ 王文广，田雁晨. 塑料配方设计［M］. 北京：化学工业出版社，2004.
［6］ 张玉龙. 塑料配方及其组分设计宝典［M］. 北京：机械工业出版社，2006.
［7］ 黄锐. 塑料成型工艺学［M］. 2版. 北京：中国轻工业出版社，2006.

[8] 赵俊会. 塑料压延成型 [M]. 北京：化学工业出版社，2005.

[9] 周殿明. 塑料压延简明技术手册 [M]. 北京：机械工业出版社，2009.

[10] 强信然. 塑料加工故障排除方法 [M]. 南京：江苏科学技术出版社，2002.

[11] 沃尔特·冯. 涂层和层压纺织品 [M]. 顾振亚，牛家嵘，田俊莹，译. 北京：化学工业出版社，2006.

[12] 刘岭梅，李枫. 用 PVC 糊树脂生产中、高发泡人造革的技术要点研究 [J]. 聚氯乙烯，2001 (5)：37-38.

[13] 邓光华. 聚氯乙烯泡沫人造革的发泡问题 [J]. 中国塑料，2001，15 (5)：59-63.

[14] 邓光华. 压延法聚氯乙烯牛津人造革生产工艺 [J]. 塑料，2000，29 (5)：33-37.

[15] 郁小强. PVC 发泡人造革泡孔质量研究 [J]. 聚氯乙烯，2000 (3)：35-41.

[16] 陈桂兰，丛川波，周琼. 发泡剂对人造革发泡倍率与泡孔结构的影响 [J]. 中国塑料，2002，16 (4)：58-62.

[17] 周琼，王慧，曹有华. 聚氯乙烯人造革压延发泡工艺探讨 [J]. 中国塑料，2003，17 (4)：68-71.

[18] 潘红. 填料对聚氯乙烯发泡人造革发泡倍率的影响 [J]. 中国塑料，2005，19 (7)：68-70.

[19] 任国宏. 压延泡沫人造革中几种助剂对发泡的影响 [J]. 塑料，2001，30 (2)：57-58.

[20] Mijangos C，Martiñez A，Michel A. Fonctionnalisation du polychlorure de vinyle [J]. European Polymer Journal，1986，22 (5)：417-421.

[21] Navarro R，Perez Perrino M，Gomez Tardajos M，et al. Phthalate plasticizers covalently bound to PVC：plasticization with suppressed migration [J]. Macromolecules，2010，43 (5)：2377-2381.

[22] Earla A，Li L，Costanzo P，et al. Phthalate plasticizers covalently linked to PVC via copper-free or copper catalyzed azide-alkyne cycloadditions [J]. Polymer，2017，109：1-12.

[23] Jia P，Hu L，Feng G，et al. PVC materials without migration obtained by chemical modification of azide-functionalized PVC and triethyl citrate plasticizer [J]. Materials Chemistry and Physics，2017，190：25-30.

[24] 朱敏，张弛，康嘉玲，等. 邻苯二甲酸酯的毒性及其降解研究 [J]. 环境科学与技术. 2013，36：433-447.

[25] Tabb D L，Koenig J L. Fourier transform infrared study of plasticized and unplasticized poly (vinyl chloride) [J]. Macromolecules，1975，8 (6)：929-934.

[26] Garnaik B，Sivaram S. Study of polymer-plasticizer interaction by ^{13}C CP/MAS NMR spectroscopy：poly (vinyl chloride) -bis (2-ethylhexyl) phthalate system [J]. Macromolecules，1996，29 (1)：185-190.

[27] Fedorko P，Djurado D，Trznadel M，et al. Insulator-metal transition in polyaniline induced by plasticizers [J]. Synth Metals，2003，135-136：327-328.

[28] Matthews G. PVC：production，properties and uses [A]. London：Institute of Metals，1996.

[29] Stevens MP. Polymer chemistry-an introduction [M]. 3rd ed. New York：Oxford University Press，1999.

[30] Modern Plastics Magazine. Plastics handbook [Z]. New York：McGraw Hill，1994.

[31] Gachter R，Muller H. Plastics additives handbook [M]. 3rd ed. New York：Carl Hanser，1990.

[32] Rahman M，Brazel C S. The plasticizer market：an assessment of traditional plasticizers and re-

search trends to meet new challenges [J]. Progress in Polymer Science, 2004, 29 (12): 1223-1248.

[33] 尚磊. 增塑剂行业的现状和发展 [J]. 科技情报开发与经济, 2009, 19 (27): 124-125.

[34] Kilpatrick A. Some relations between molecular structure and plasticizing effect [J]. Journal of Applied Physics, 1940, 11 (4): 255-261.

[35] Aiken W, Alfrey T, Janssen A, et al. Creep behavior of plasticized vinylite VYNW [J]. Journal of Polymer Science, 1947, 2: 178-198.

[36] Cadogan D F, Howink C J. "Plasticizers" in kirk-Othmer encyclopedia of chemical technology [M]. 4th ed. New York: John Wiley & Sons, 1996.

[37] Marcilla A, Beltran M. "Mechanisms of plasticizer action", in handbook of plasticizers [M]. Toronto: Chem Tec Publishing, 2004: 107-120.

[38] 王经武. 塑料改性技术 [M]. 北京: 化学工业出版社, 2004: 530.

[39] 山西省化工研究. 塑料橡胶加工助剂 [M]. 北京: 化学工业出版社, 1983: 30-38.

[40] 马雪琴, 丁辰元. 低温增塑剂葵二酸二异辛酯的合成研究 [J]. 塑料工业, 1997, 6: 45-46.

[41] 程其时. 新型光热稳定型增塑剂 [J]. 塑料加工, 1992, 2: 4.

[42] 桂祖桐. 邻苯二甲酸酯增塑剂对健康和环境影响的评估及其对消费量的影响 [J]. 塑料助剂, 2006, 3: 39-42.

[43] Richard F. Gorssman. Handbook of polyvinyl chloride formulation [M]. 2nd ed. Hoboken, New Jersey: John Wiley & Sons, 2008.

[44] Keller L H. Phthalate ester regulatory update vinyltec: 2002 Conference Proceedings Book [C]. German: UB/TIB Hannover, 2004: 101-112.

[45] Moreno R. The role of slip additives in tape casting technology. Ⅱ: binders and plasticizers [J]. American Cerammic Society Bulletin, 1992, 71: 1647-1657.

[46] Frados J. Plastics engineering handbook [M]. 4th ed. New York: Van Nostrand Reinhold, 1976.

[47] Karyn M. Schmidt. Response to office action [R]. Washington: Phthalate Information Center, American Chemistry Council, Inc., 2003.

[48] Tickner J A, Schettler T, Guidotti T, et al. Health risks posed by use of di-2-ethylhexyl phthalate (DEHP) in PVC medical devices: a critical review [J]. American Journal Industrial Medicine, 2001, 39: 100-111.

[49] Agarwal D, Lawrence W H, Turner J, et al. Effects of parenteral di-(2-ethylhexyl) phthalate (DEHP) on gonadal biochemistry, pathology, and reproductive performance of mice [J]. Journal of Toxicology Environmental Health, 1989, 26 (1): 39-59.

[50] Oishi S. Effects of phthalic acid esters on testicular mitochondrial functions in the rat [J]. Archives Toxicology, 1990, 64: 143-147.

[51] Dirven H A, Van den Broek PH, Jongeneelen F. Effect of bis (2-ethylhexyl) phthalate on enzyme activity levels in liver and serum of rats [J]. Toxicology, 1990, 65: 199-207.

[52] Treinen K A, Heindel J. Evidence that MEHP inhibits rat granulosa cell function by a protein kinase C-independent mechanism [J]. Reproductive Toxicology, 1992, 6: 143-148.

[53] Grasso P, Heindel J J, Powell C J, et al. Effects of mono (2-ethylhexyl) phthalate, a testicular toxicant, on follicle-stimulating hormone binding to membranes from cultured rat Sertoli cells [J]. Biology of Reproduction, 1993, 48: 454-459.

[54] Nass L I, Heiberger C A. Encyclopedia of PVC [M]. 2nd ed. New York: Marcel Dekker, 1986.

[55] Edenbaum J. Plastics additives and modifiers handbook [M]. New York: Van Nostrand Reinhold, 1992.

[56] Haim J, Hyatt D. International plastics handbook [M]. 3rd ed. New York: Carl Hanser, 1995.

[57] Wypych G. Handbook of plasticizers [M]. Toronto: ChemTec Publishing, 2004.

[58] Modern Plastics Magazine Staff. Plastics handbook [M]. New York: McGraw Hill, Inc, 1994.

[59] Enikö Földes. Study of the effects influencing additive migration in polymers [J]. Die Angewandte Makromolekulare Chemie, 1998, 261/262 (1): 65-76.

[60] Marvel C S, Horning E C. Organic chemistry [M]. 2nd ed. New York: Wiley, 1943.

[61] Starnes W H. Structural and mechanistic aspects of the thermal degradation of poly (vinyl chloride) [J]. Progress Polymer Science, 2002, 27 (10): 2133-2170.

[62] Tullo A H. Plastics additives' steady evolution [J]. Chemical Engineering News, 2000, 78 (49): 21-31.

[63] Murphy J. Additives for plastics handbook [M]. 2nd ed. New York: Elsevier, 2001.

[64] Baier R E. The role of surface energy in thrombogenesis [J]. Bulletion of the New York Academy of Medicine, 1972, 48: 2.

[65] Penerovski E, Chazova I, Andreeva SV. Basic principles of the synthesis of thromboresistant implantable polymer materials. Current problems of hemostasiology molecular biological and physiological aspects [M]. 12th supplement ed. Moscow: Nauka, 1981: 310-325.

[66] Kicheva Y I, Kostov V D, Chichovska M. In vitro and in vivo studies of the effect of the concentration of plasticizer di (2-ethylhexyl) phthalate on the blood compatibility of plasticized poly (vinyl chloride) drain tubes [J]. Biomaterials, 1995, 16 (7): 575-579.

[67] Hileman B. Panel concludes phthalate is safe [J]. Chemical Engineering News, 2001, 79 (26): 12.

[68] Hileman B. FDA suggests replacing DEHP in plastics [J]. Chemical Engineering News, 2002, 80 (37): 6.

[69] Carty P, White S. Flammability studies on plasticized chlorinated poly (vinyl chloride) [J]. Polymer Degradation and Stability, 1999, 63 (3): 455-463.

[70] Investigators P, Sun X S. Biodegradable plastics from wheat starch and polylactic acid (PLA) [J]. Europe, 2007: 1-4.

[71] Jayakrishnan A, Lakshmi S. Immobile plasticizer in flexible PVC [J]. Nature, 1998, 396: 638.

[72] Audic JL, Epaillard FP, Reyx D, et al. Cold plasma surface modification of conventionally and nonconventionally plasticized poly (vinyl chloride) -based flexible films: global and specific migration of additives into isooctane [J]. Journal of Applied Polymer Science, 2001, 79 (8): 1384-1393.

[73] Krishnan VK, Jayakrishnan A, Francis JD. Radiation grafting of hydrophilic monomers on to plasticized poly (vinyl chloride) sheets: II. Migration behaviour of the plasticizer from N-vinyl pyrrolidone grafted sheets [J]. Biomaterials, 1991, 12 (5): 489-492.

[74] Lakshmi S, Jayakrishnan A. Migration resistant, blood-compatible plasticized polyvinyl chloride for medical and related applications [J]. Artificial Organs, 1998, 22 (3): 222-229.

[75] Jayakrishnan A，Sunny MC. Phase-transfer catalyzed surface modification of plasticized poly (vinyl chloride) in aqueous media to retard plasticizer migration [J]. Polymer，1996，37 (23)：5213-5218.

[76] Lakshmi S，Jayakrishnan A. Synthesis，surface properties and performance of thiosulphate-substituted plasticized poly (vinyl chloride) [J]. Biomaterials，2002，23 (24)：4855-4862.

[77] Breme F，Buttstaedt J，Emig G. Coating of polymers with titanium-based layers by a novel plasma-assisted chemical vapor deposition process [J]. Thin Solid Films，2000，377-378：755-759.

[78] Lee PI. Initial concentration distribution as a mechanism for regulating drug release from diffusion controlled and surface erosion controlled matrix systems [J]. Journal of Controlled Release，1986，4 (1)：1-7.

[79] Huang X，Chestang BL，Brazel CS. Minimization of initial burst in poly (vinyl alcohol) hydrogels by surface extraction and surface-preferential crosslinking [J]. International Journal of Pharmaceutics，2002，248 (1-2)：183-192.

[80] Fugit JL，Taverdet JL，Guavrit JY，et al. Treatment of plasticized PVC to reduce plasticizer/solvent migration：optimization with an experimental design [J]. Polymer International，2003，52 (5)：670-675.

[81] Hakkarainen M. New PVC materials for medical applications-the release profile of PVC/polycaprolactone-polycarbonate aged in aqueous environments [J]. Polymer Degradation and Stability，2003，80 (3)：451-458.

[82] Oriol H C，Pham Q T. Poly 1，3-butylene adipate Reoplex was high molecular weight plasticizer for PVC-based cling films-microstructure and number-average molecular weight studied by ^{1}H and ^{13}C NMR [J]. Polymer，2000，41 (12)：4401-4407.

[83] Shah B L，Shertukde V V. Effect of plasticizers on mechanical，electrical，permanence，and thermal properties of poly (vinyl chloride) [J]. Journal of Applied Polymer Science，2003，90 (12)：3278-3284.

[84] Castle L，Mercer A J，Gilbert J. Migration from plasticized films into foods. 5. Identification of individual species in a polymeric plasticizer and their migration into foods [J]. Food Additives and Contaminants，1991，8 (5)：565-576.

[85] Audic J L，Reyx D，Brosse J C. Migration of additives from food grade poly (vinyl chloride) films：effect of plasticization by polymeric modifiers instead of conventional plasticizers [J]. Journal of Applied Polymer Science，2003，89 (5)：1291-1299.

[86] Pi Z，Kennedy J P. Allylated PVC [J]. Journal of Polymer Science Part A：Polymer Chemistry，2001，39：307-312.

[87] Scott M P，Benton M G，Rahman M，et al. Plasticizing effects of imidazolium salts in PMMA：high temperature stable flexible engineering materials. In：Rogers RD，Seddon KR，editors. Ionic liquids as green solvents：progress and prospects [J]. American Chemical Society Symposium Series，2003，865：468-477.

[88] Scott M P，Rahman M，Brazel C S. Application of ionic liquids as low-volatility plasticizers for PMMA [J]. European Polymer Journal，2003，39 (10)：1947-1953.

[89] Rahman M，Brazel C S. Effectiveness of phosphonium，ammonium and imidazolium based ionic liquids as plasticizers for poly (vinyl chloride)：thermal and ultraviolet stability [J]. Polymer Pre-

prints，2004，45（1）：301-302.

［90］ Shoff H W，Rahman M，Brazel C S. Leaching and migration resistance of phosphonium-based ionic liquids as PVC plasticizers：a comparative study of traditional phthalate and citrate plasticizers with ionic liquids［J］. Polymer Preprints，2004，45（1）：295-296.

［91］ Bayer Chemicals. PVC plasticizer adds value to waterbeds［J］. Plastics Additives and Compounding，2003，5（2）：48-49.

［92］ Edenbaum J. Plastics additives and modifiers handbook［M］. New York：Van Nostrand Reinhold，1992.

［93］ Tickner J A，Rossi M，Haiama N，et al. The use of di（2-ethylhexyl）phthalate in PVC medical devices：exposure，toxicity and alternatives［M］. Lowell：Lowell Center for Sustainable Production，1999.

［94］ Navarro R，Perrino M P，Tardajos M G，et al. Phthalate plasticizers covalently bound to PVC：plasticization with suppressed migration［J］. Macromolecules，2010，43：2377-2381.

［95］ 岑兰，孙鸣剑，王雪晶. 环境友好无毒柠檬酸酯增塑剂的应用研究进展［J］. 弹性体，2007，17（6）：69-73.

［96］ 汪多仁. 乙酰柠檬酸三丁酯的开发与应用［J］. 化工科技市场，2009，10（10）：17-21.

［97］ Fenollar O. The effect of the curing time and temperature on final properties of flexible PVC with an epoxidized fatty acid ester as natural-based plasticizer［J］. Journal of Materials Science，2009，44（14）：3702-3711.

［98］ 陈新，罗朝阳，范浩军. 环氧化菜籽油基 PVC 增塑剂的制备与性能研究［J］. 塑料科技，2010，38（10）：96-100.

［99］ 陈浩乾，张颖，许馨予，等. 绿色增塑剂环氧大豆油的开发与应用［J］. 广州化工，2008，36（4）：6-8.

［100］ Scott M P，Rahman M，Brazel C S. Application of ionic liquids as low-volatility plasticizers for PMMA［J］. European Polymer Journal，2003，39（10）：1947-1953.

［101］ 邓芳，魏俊发，石先莹. 无羧酸条件下清洁合成环氧大豆油［J］. 石油化工，2006，35（3）：281-283.

［102］ 于兵川，吴洪特，向罗京. 改进型无溶剂法工艺合成环氧大豆油的研究［J］. 中国油脂，2005，30（4）：42-44.

［103］ 何沐光，王晓红，刘景福，等. 杂多酸盐催化植物油环氧化反应［J］. 应用化学，1998，15：117-118.

［104］ Klass M R，Warwel S. Chemoenzymatic exoxidation of alkenes by dimethyl carbonate and hydrogen peroxide［J］. Organic Letters，1999，7（1）：1025-1026.

［105］ Tomas V，Zoran S P. Optimization of the chemoenzymatic epoxidation of soybean oil［J］. Journal of the American Oil Chemists' Society，2006，83（2）：247-252.

［106］ 程月明，王磊，于大海，等. 酶法与化学法联合制备环氧丙醇［J］. 吉林大学学报，2007，45（4）：681-685.

［107］ 孙国强，刘莹，王正平. 氯代甲氧基脂肪酸甲酯增塑剂的研究［J］. 化学工程师，2010，（9）：50-53.

［108］ Kumar P S，Kumar N A，Sivakumar R，et al. Experimentation on solvent extraction of polyphenols from natural waste［J］. Journal of Materials Science，2009，44：5894-5899.

［109］ Calo E，Maffezzoli A，Mele G，et al. Synthesis of a novel cardanol-based benzoxazine monomer and environmentally sustainable production of polymers and biocomposites ［J］. Green Chemistry，2007，9：754-759.

［110］ Po Y，Jun Y，Huazhen S，Haojun F，et al. Novel environmentally sustainable cardanol-based plasticizer covalently bound to PVC *via* click chemistry：synthesis and properties ［J］. RSC Advances，2015，5：16980-16985.

［111］ Po Y，Huazhen S，Haojun F，et al. Novel environmentally sustainable cardanol-based plastizers：synthesis and properties ［J］. Polymer International，2016，65：464-472.

第二章　合成革制造原理与现代合成革制造技术

第一节　合成革制造原理

合成革（PU 革）是将聚氨酯树脂形成的涂层与基布复合而获得的一种外观、性能与天然皮革更为接近的塑料制品。PU 革具有许多聚氯乙烯人造革所不能比拟的优点，包括手感柔软、光泽自然、颜色柔和、耐寒、耐老化、挠曲性能好、透气透湿性能优异、剥离强度高、真皮感强等，目前主要应用于各种鞋类、衣料、家具、箱包、沙发等。合成革的加工工艺可分为干法工艺（也称转移涂层工艺）和湿法工艺，相应的成革称为干法合成革和湿法合成革。

一、干法工艺

干法亦称转移涂层法。采用转移涂层法生产的革称为干法聚氨酯合成革。这种方法以离型纸为载体，将溶剂型聚氨酯树脂浆料刮涂在离型纸上，一般涂刮两至三次（两涂三烘或三涂四烘），放入烘箱加热，树脂中的溶剂挥发，聚氨酯形成连续均匀的涂膜；然后将上述涂膜转移到基布上，经热压贴合、烘干固化后，纸、革分离，所得半成品经后整理后可得产品。其典型生产流程如图 2-1 所示。

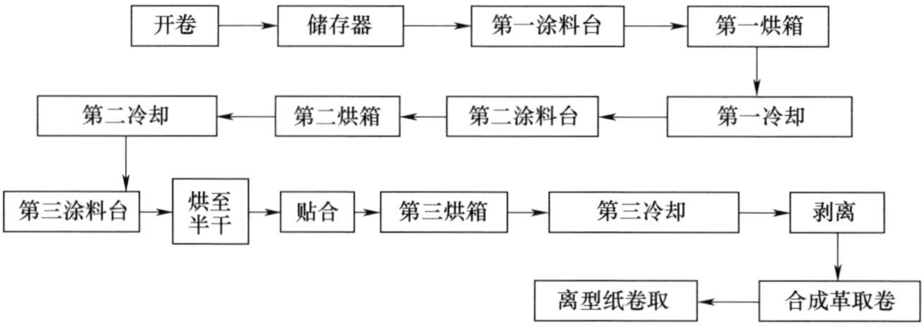

图 2-1　离型纸干法 PU 革工艺流程示意图（三涂四烘）

干法合成革工艺简单，投资小，生产效率高（车速可达 35m/min），但成革泡感、丰满度、透气透湿性较差，且昂贵的离型纸消耗量大。

二、湿法工艺

湿法合成革是将含有各种助剂（如填料、匀泡剂等）的溶剂型聚氨酯浆料（溶剂为二甲基甲酰胺，简称 DMF）涂覆于基布上，然后放入含一定浓度的 DMF 水溶液中，DMF 被水置换，聚氨酯树脂逐渐凝固，从而形成连续的多孔型皮膜，即微孔聚氨酯膜，习惯上称为湿法贝斯。贝斯表面经后整理，成为湿法聚氨酯合成革成品。

湿法聚氨酯合成革的生产工艺如图 2-2 所示，所用基布有纺织布和无纺布两大类。

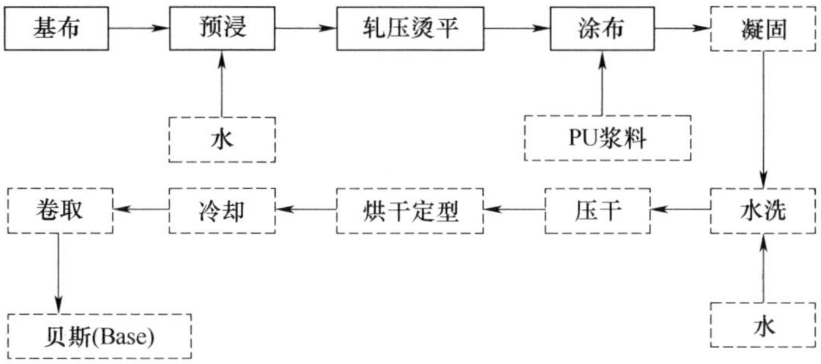

图 2-2　单涂覆法聚氨酯贝斯生产工艺流程示意图

与干法合成革工艺相比，尽管设备投资较大，生产效率不及干法，但湿法 PU 涂层具有大量微孔，因此具有良好的透湿、透气性能，手感柔软、丰满、轻盈，更富有天然皮革的风格和外观，一度被认为是天然皮革的理想替代产品。20 世纪 70 年代末期和 80 年代初期，国内外市场上开始以普通织物为基布生产湿法合成革，解决了无纺布湿法合成革成本高、价格贵、品种单一等问题。

湿法合成革生产工艺成熟、产品品种多、用途广泛、价格便宜，不使用昂贵的离型纸，是目前世界合成革市场上极具生命力的产品。然而，湿法工艺一般须建设精馏塔以解决湿法废水中溶剂 DMF 的回用问题，精馏塔建设费用高（300 万元/套）、日常运行费用高、能耗高（占湿法综合能耗的 40%～50%）；与此同时，湿法合成革配方中大量使用木质纤维素等作为填料，因此成革存在不耐水解、易霉变、寿命短等缺陷。

三、后　整　理

如前所述，合成革的制造方法有干法和湿法两种，相应的生产工艺可分为干法生产工艺和湿法生产工艺。合成革的制造也可人为分成两段：前段和后段，前段厂主要生产半成品贝斯，后段厂主要进行贝斯等半成品的后加工，获得合成革成品。有些厂既有前段生产线，又有后段生产线；而有些厂只有后段生产线，即从前段厂购买贝斯然后进行后加工整理。

后整理包括改色、表面处理、压花、印花、增光、消光、抛光、烫亮、磨皮、揉纹、湿气固化等诸多工序。贝斯后整理的目的主要体现在：

① 改色增加花色品种，增加革的美观度，满足客户对于不同颜色的要求；

② 改进或提升涂层的光泽，如增光、消光、抛光、湿气固化等，满足客户对于不同光泽的要求；

③ 通过压花、印花、抛光、磨皮、揉纹等工序增加革的品种，满足某种特殊潮流效应。纹路如山羊皮纹、鳄鱼纹、蟒蛇纹、麻将纹等，效应革如仿古、荧光、珠光、疯马、龟裂、磨砂等，另外如打光、抛光效应、仿磨砂效应、油或蜡变色效应、滚筒印刷效应、水洗效应、漆革效应、抛光变色效应、开边珠效应等也因其风格独异、美观、艳丽、奢华而深受消费者喜爱；

④ 赋予革特殊的功能，如防水、防油、防污、防雾化、耐寒、耐黄变、耐磨、耐刮、远红外吸收、抗菌防霉、阻燃抑烟、负离子释放、发光变色、吸波导电等，增加其商业价值。

第二节　传统制造技术存在的问题

一、溶剂污染

合成革的核心生产工段可分为湿法生产工段（贝斯生产）、干法生产工段（贝斯贴面）、后整理加工工段，这三个工段均会产生有机废气污染；另外，在溶剂回收过程中还会产生含二甲胺的废气。

（一）湿法贝斯生产工艺产生的废气

贝斯生产在湿法生产线上完成，其有机废气产生的工艺环节如图 2-3 所示。

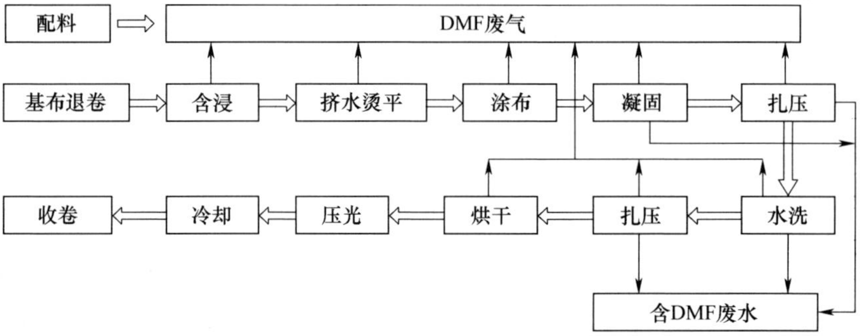

图 2-3　贝斯生产工艺及废气产生示意图

从图 2-3 可以看出，湿法工艺多个环节产生含 DMF 废气。由于湿法树脂中的有机溶剂为单一的 DMF，没有其他的有机溶剂，因此，在配料和生产过程产生的有机废气为单一的 DMF。

（二）干法工艺产生的废气

涂层转移工艺在干法生产线上完成，其工艺流程及有机废气产生的工艺环节如图 2-4 所示。

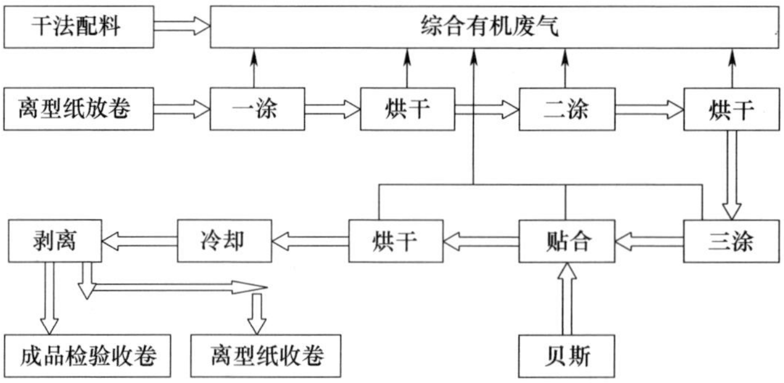

图 2-4　干法贴面工艺及废气产生示意图

从工艺流程中可以看出，干法贴面的生产过程主要产生综合有机废气。废气主要在配料、涂布与烘干等环节产生。

干法树脂溶剂组成复杂，除DMF外，还有甲苯、丁酮、甲缩醛、乙酸乙酯、乙酸丁酯、丙酮等有机溶剂，占溶剂总量的40%～50%。正常生产情况下，综合有机废气中约有92%是经烘箱烘干过程从排气筒以有组织的形式排放，配料过程及涂布过程无组织排放的废气约占8%。

（三）后整理工艺产生的废气

后整理阶段，会产生污染的工序主要为使用油性树脂的工艺，如改色、喷涂、印花、辊涂、贴膜、增光、消光、灌顶等；纯机械操作工序如水揉、磨皮、板压、辊压、烫膜、干揉、抛光、磨皮等基本不产生溶剂污染。

除产生有机废气污染外，产生废水污染的工序有水揉和喷淋吸收等；产生粉尘污染的工序有磨皮等。

表面处理树脂溶剂组成与干法树脂类似，除DMF外，还有甲苯、丁酮、甲缩醛、乙酸乙酯、乙酸丁酯、丙酮等有机溶剂，其中的DMF可喷淋吸收，其他溶剂目前均未找到合理、经济的回收利用方法。围绕这些难以回收的废气，目前的处理方法有燃烧法（包括直接燃烧法、催化燃烧法、吸附催化燃烧法等）、生物处理法、等离子体法等。

（四）溶剂回收塔产生含二甲胺废气

二甲胺并非树脂带入，而是含DMF废水在经溶剂回收塔精馏回收过程中，受局部高温等原因影响，有部分DMF会分解或水解产生二甲胺、甲酸等。甲酸可在提馏段的脱酸塔中去除，二甲胺沸点较低，在精馏段中与轻组分的水一起在塔顶被冷凝而溶于塔顶水中。

前已述及，传统的生产过程，企业一般将塔顶水回用于两个方面。一是将塔顶水作为冷却水的补水，二是将塔顶水作为湿法生产线的补水。这两种过程都会将塔顶水中的二甲胺引入大气，产生二次污染。

二甲胺具有浓烈的腥臭味，目前主要的脱二甲胺方法有空气吹脱法、离子交换法、膜分离法、磷镁沉淀法、酸吸收法、化学氧化法（氯化法）、新型生物脱氮法、蒸气汽提法等。

我国人造革、合成革工业始于20世纪70年代末，当时全套引进日本和中国台湾等地技术，虽然经过40余年的发展，很多技术如DMF回收技术、废水回用技术、机械制造技术等已达到国际先进水平，但是合成革的制造工艺和材料大多仍然沿袭传统的工艺和溶剂型材料，树脂中有机溶剂的挥发是废气污染的主要源头。如前所述，干法工艺过程中产生的有机废气有DMF、甲苯、乙酸酯、环已酮和丁酮等；湿法工艺中有机废气为DMF。根据测算，每一条PU革生产线，每年排放DMF 10.2t（DMF回收率92%～95%），每年排放甲苯50.8t，每年排放丁酮50.80t，乙酸酯类50.80t。因此，合成革行业长期面临着环境治理成本高、资源浪费严重、环境污染的严峻挑战，如何开发环境友好材料替代传统的溶剂型材料，是维系合成革产业可持续发展的关键。

二、水　污　染

合成革行业的废水主要来自湿法含浸和干法、后整理DMF喷淋吸收、回收等工艺环节。

（一）湿法生产线工艺废水

1. 湿法生产线工艺废水

参见图 2-3，假设一个工厂每天使用 20 t 湿法贝斯树脂，那么湿法生产线在生产贝斯过程中，将产生 DMF 含量 20%左右的废水 170t/d 左右（若 DMF 含量低的话，水量会更多）。这些废水集中储存在特制的废水罐中，达到一定量后，再送往 DMF 精馏回收塔，回收 DMF。

2. DMF 回收后的废水

湿法生产线产生的含 20%左右 DMF 的工艺废水在 DMF 回收后，精馏塔将产生大量的废水。这部分废水量一般约为精馏塔规模的 80%。如精馏塔的规模为每小时进水 15t，每天的进水量为 360t，则每天产生的废水量约为 280t。

3. 洗塔水、洗槽水、料桶清洗水

洗塔废水指的是 DMF 精馏塔和干湿法生产线 DMF 废气吸收塔。尤其是精馏塔，其再沸器和蒸发器等很容易结垢，影响 DMF 的回收效率，需要不定期地进行清洗。洗槽水指的是湿法生产线的凝固槽和水洗槽，在连续生产一段时间后，槽底下会有大量的沉淀物积存影响生产而需要清洗。料桶清洗水指的是每天使用完之后的浆料料桶等需要清洗。这些清洗水有一个特点，量不大，如洗塔水和洗槽水，可能要一两个月才进行一次，一次也就是几十吨水，平均到每天可能也就是两三吨水；如料桶清洗水虽然每天都有，但也就是三五吨水。尽管量不大，但浓度很高，COD 一般都为 10000～20000mg/L。

4. 揉纹水、车间洗地水等

这部分废水跟普通工业废水相近浓度不高，COD 一般在 1000mg/L 以内，废水量每天为 30～50t。

（二）干法及后整理生产线废水

干法树脂和后整理树脂中除含有 DMF 外，还有甲苯、丁酮、甲缩醛、乙酸乙酯、乙酸丁酯、丙酮等有机溶剂，其中 DMF 可经过集气后用水喷淋吸收，其喷淋吸收工艺流程图如图 2-5 所示。

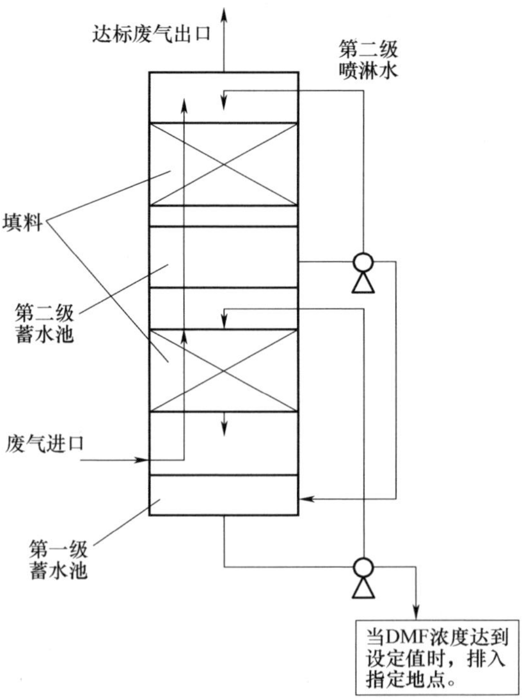

图 2-5　含 DMF 废气喷淋吸收示意图

从干法配料车间、生产车间或后整理车间收集的含 DMF 的废气从塔的底部引入，与在塔的顶部引入的均匀分布在填料上的喷淋水充分接触，使废气中的 DMF 溶于水中。水往下行，进入底部的蓄水池。若蓄水池中的吸收液浓度较低，则将其打入顶部再次作喷淋水，循环往复，直至浓度达到要求（含 DMF 18%以上），再将吸收液导出，与湿法生产线废水合并，送往 DMF 精馏回收塔回收利用。

三、合成革生态等级低

生态合成革的理念包括以下四个方面：一是在生产制造过程中不给环境带来污染，二是将其加工成革制品过程中无害；三是使用过程中对人体无害，对环境不产生污染；四是可生物降解，且降解产物不会对环境造成新的污染。

根据欧盟的要求，国家制订了生态合成革标准，近年，又对汽车坐垫革的雾化值和挥发性有机物含量（VOC）做出了严格要求。

雾化值是汽车坐垫革的一个重要技术指标，它有别于 VOC，是指在常温为固态或液态物，高温下（测试温度 100℃）挥发出来的低沸点物质。目前欧盟对革类产品的进口限令是≤5mg/kg。

VOC 含量几乎适合所有革类品种，目前欧盟对革类产品的进口限令是 VOC≤100mg/kg。

欧盟对进口鞋类、服装等的要求越来越严格，要求保证打开货柜中不得含有任何刺激性味道，受限物质包括溴甲烷、磷化氢、甲醛、氯化苦农药、三氯甲烷、二氯甲烷、二氟二氧化硫等，如果货柜被查到不符合要求，必须实施脱气处理。此外，一些国家还相继提高技术标准，欧盟从 2009 年 5 月 1 日规定所有输欧产品中富马酸二甲酯含量必须≤0.1mg/kg，而该产品广泛应用于鞋类轻纺产品的杀菌剂、防霉剂。

目前，合成革企业大多采用溶剂型浆料，材料非环境友好，制造过程非绿色化，所生产合成革的 VOC 含量通常在 150000mg/kg 以上，因此，从严格意义上讲，凡采用油性树脂生产出的合成革不符合欧盟生态合成革标准。欧盟是我国合成革出口的主要基地，根据欧盟环保法规变化，国家发展和改革委员会调整新的产业结构政策，在“十三五”规划中包括“合成革用聚氨酯水分散液”“水性聚氨酯合成革生产技术”（工业和信息化部《工业转型升级投资指南》第 32，第 283）；“合成革环保路线”（工业和信息化部《重点行业挥发性有机物消减行动计划》）；“水性生态聚氨酯合成革制备工艺及技术”（中国工程院《工业强基战略研究》）均被国家列入鼓励政策清单。

第三节　现代合成革制造技术

从国内外发展现状和趋势来看，全球皮革的发展方向是从动物皮革向人工革方向转变；而人工革的发展方向又从传统的有机溶剂型合成革生产向绿色、生态、环保的水性、无溶剂合成革方向转变；对合成革整个生产工艺过程要求全面使用水性树脂、无溶剂树脂、TPU 树脂、有机硅树脂等环保材料，从源头杜绝环境污染，降低能耗。

近年来，随着合成革应用领域的不断拓宽，除传统的鞋面、箱包、服装、沙发革外，飞机、高铁、游艇、汽车及房屋内饰用革市场需求量巨大。市场强烈呼唤高品质生态合成革以满足这些高端领域对环保、安全性的苛刻要求。而传统合成革制造技术无法制造高物性、生态合成革。其一，从湿法到干法、从贝斯到表面处理层的制造工艺均使用溶剂型树脂，生产过程有机溶剂无序排放，造成环境污染，损害工人健康；其二，产品中残留的有机溶剂造成 VOC 及雾化值高，产品品质无法满足欧盟生态需求；其三，合成革行业排放的有毒溶剂如 DMF、甲苯、丁酮、乙酸酯等高达 80～100 万 t/年，造成严重的环境污染和资源浪费。因此，采用环境友好聚氨酯、有机硅树脂来开发高物性、生态合成革，是维系合成革产业可持续发展的关键。

目前，现代合成革制造技术主要朝着合成革清洁生产的方向发展，即以非有机溶剂型聚氨酯替代传统溶剂型聚氨酯，从源头消除有机溶剂污染，节省有机溶剂资源。这些清洁生产技术包括基于水性树脂的合成革制造技术、基于无溶剂树脂的合成革制造技术、基于TPU/TPO树脂（热塑性聚氨酯/聚烯烃）的合成革制造技术以及基于有机硅树脂的合成革制造技术等。

一、水性合成革制造技术

水性聚氨酯由于不含有毒的有机溶剂，产品中没有任何有机毒性物残留，完全可以达到合成革绿色、生态的高要求，已成为合成革产业转型升级的重要发展方向。中国塑料加工工业协会人造革合成革专业委员会已制定了《生态合成革标志认证》并在全行业内推行，而在国家发展改革委2019年公布的《产业结构调整指导目录》中，“水性和生态型合成革研发、生产及人造革、合成革后整饰材料技术”被列为鼓励类发展项目。工业和信息化部《产业关键共性技术发展指南（2017）》第五项“（一）节能节材”将“水性、无溶剂及热塑性弹性体树脂合成革制造技术”列为行业共性关键技术。

（一）水基聚氨酯树脂及助剂

一般地，合成革涂层由四部分构成：从上至下依次为效应层（也称表面处理层）、面层、发泡层和黏合层，如图2-6所示。因此，所需聚氨酯也大致分为四大类，表面处理聚氨酯（也称表面处理剂）、面层聚氨酯、发泡层聚氨酯和黏合剂。在实际应用过程时，浆料配方中还得添加各种助剂，以消除施工故障，增加涂层功能或获得某种效应。各层聚氨酯制备原理不同，要求不同，其功能也各不相同。

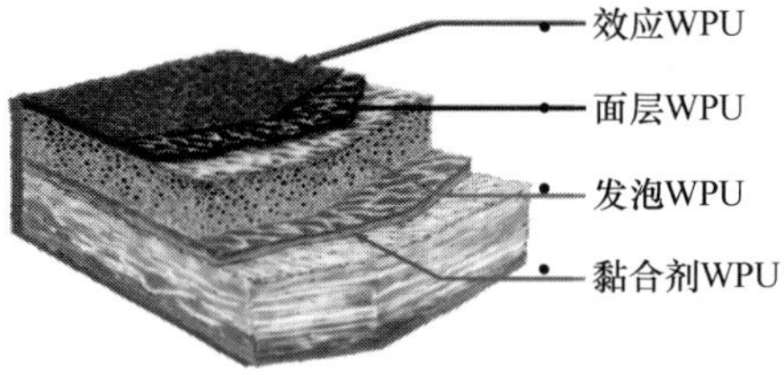

图2-6　合成革涂层结构示意图

1. 水性表面处理剂

表面处理剂主要提供给PU合成革特殊的表面效果，以满足人们个性化的需求与对时尚、美的追求。表面处理剂通常由特殊助剂与特殊PU树脂经过复配或改性而成，一般用于PU合成革面层或表面处理层，使合成革具有特殊的表面效果及手感。这些效果包括满足光学效果如雾面、亮面、高光、消光、烫亮、漆革等；满足视觉效果如龟裂、疯马、烫焦、擦焦、压变、水洗石流、双色、珠光、抛光、擦色、压纹、灌顶等；满足触感的如绒感、蜡感、粉感、丝滑感、湿滑感、冷感、暖感、肤感、羊巴、牛巴等；满足颜色效果的如水洗效应、染色效应、双色、油蜡变色等。随着PU合成革向中高档、个性化、功能化方向发展，表面处理剂、特殊树脂的使用量越来越大，品种越来越多，在PU合成革的制造成本中所占比重也越来越大。

开发水性表面处理剂与水性基础树脂配伍，对水性树脂的全面推广起着至关重要的作用。合成革的功能特性、合成革的潮流效应主要取决于表面处理剂。目前浙江德美博士达、台湾尤克等公司相继开发了一些水性革表面处理剂，如雾面擦色树脂、压变树脂、疯马树脂、龟裂树脂、变色树脂、长毛疯马树脂、绒感树脂、羊巴树脂、谷染树脂、刮充树脂、烫亮树脂、雾洗亮树脂、染色树脂等，但在市场上真正被用户认可的水性表面处理剂品种仍较少，高性能、功能型的水性表面处理剂亟待开发。

2. 水性面层树脂

包括脂肪族和芳香族水性面层树脂，主要用于箱包革、沙发革、鞋革、服装革、汽车内饰革、家居内饰革、体育用品革、超纤革等功能性革的面层。根据功能和用途不同，需重点开发：

① 高剥离树脂：传统的剥离强度20～30N/3cm树脂无法满足体育用品革、汽车内饰革、鞋革等的高剥离强度要求，新开发的水性树脂剥离强度达到50～100N/3cm；

② 耐水解树脂：主要用于服装革、球类革、超纤革和鞋面革等的制造，目前根据市场对耐水解的等级的要求，应达到6，12，24h三个等级或达到丛林试验要求（75℃，RH=95%，一周），有些革如汽车革要求丛林试验达到3周；

③ 服装革用软质树脂：主要用于服装革、书皮等软革产品的制造；要求树脂模量差异化（20模量、15模量、10模量、8模量、6模量），手感柔软、垂感强、泡感强、弹性足；

④ 高耐久性树脂：主要用于车辆革制造，要求耐水解、耐磨、耐老化、抗刮花性等，应满足5年和10年耐久性要求；

⑤ 透气、透湿树脂：主要用于服装革、沙发革、汽车坐垫革、家装内饰革的制造，要求透湿性≥1000g/(m^2·24h)。

3. 干法用水性发泡树脂

水性聚氨酯用于干法生产工艺，高黏、高固（≥50%）水性聚氨酯是前提和基础，发泡技术（提高成革的丰满度和透气、透湿性）是其关键。在传统的人造革制造工艺中，通常将化学发泡剂添加于PVC树脂中，在合适的温度下发泡。在水性体系中，尚无与水性树脂相容的有机发泡剂。在机械发泡（物理发泡）技术方面，1993年有日本DIC、荷兰Stahl等公司在天然皮革制造中使用机械发泡技术，主要用于牛二层或修面革的制造。在合成革制造领域，拜耳公司做了大量前瞻性工作，2011年3月拜耳公司采用水性树脂和机械发泡技术生产合成革，并在浙江丽水建立了两条干法生产线。近年，江苏树桥纺织科技有限公司、江西铭川实业有限公司也相继建了多条生产线，对全水性合成革的推广起到了很好的示范作用。

目前，高黏、高固的水性聚氨酯以IPDI型为主，价格昂贵；另外，物理发泡合成革涂层经水揉后的花纹保型、定型性尚需提高，如何稳定产品的性能也至关重要。

4. 水性黏合剂

黏合剂主要用于干法（转移涂层法）聚氨酯层和基布之间的粘接，也可用于人造革PVC层和基布之间的粘接。

作为黏合剂，必须满足如下性能：适合低能界面的粘接；耐水（满足丛林试验要求）、耐溶剂（甲苯、乙酸甲酯浸泡不脱层）；手感柔软（耐寒）；粘接力≥3kg/3cm。

传统的黏合胶以溶剂型的PU胶为主，有机溶剂易燃易爆、有毒、易挥发、气味大，但工艺成熟，粘接力高，耐水耐溶剂性优良，而一般水性黏合剂体系的表面能高，对有些基材的铺展、润湿力差，如何调节界面的粘接牢度，并具有较好的耐水、耐溶剂、耐寒等性能是其技术关键。

5. 水性改色树脂

湿法制造的贝斯，其表面必须经后整饰，才能成为合成革成品。贝斯后整理的第一步是改色，传统的工艺是采用溶剂型浆料进行改色。

目前，贝斯改色用树脂要求与水性颜料、色浆、填料、珠光等助剂的相容性好，展色均匀，耐水解、耐溶剂，适合滚涂、直涂、贴膜等多种工艺，层与层间粘接牢固、再涂性优良，过水揉后花纹饱满，立体感强。

6. 水性助剂

合成革涂层浆料中添加的水性助剂，根据其功能可分为如下三大类：

① 解决故障类，如：消泡剂、润湿剂、防针孔剂、流平剂、固色剂、稳泡剂、匀泡剂、防粘剂、交联剂、增稠剂、分散剂等；

② 增加功能类，如：防污剂、抗菌防霉剂、阻燃剂、耐磨耐刮剂、防水剂、防辐射材料、保温材料、远红外材料、芳香材料、发光变色材料等；

③ 调节表面效应类，如：滑爽剂，变色油蜡，肤感，粉感材料，特黑特雾、焦感、雾蜡材料，变色材料，绒感材料，抛光材料，消光材料等。

7. 水性色浆

水性色浆是一种水性颜料浓缩浆，是利用不同的颜料，通过对颜料表面处理、表面采用水性高分子包裹材料等技术，经过严密的研磨加工工艺而成，故又称颜料膏。通常，由于所使用的溶剂不同，色浆可分为水性色浆、油性色浆、水油通用色浆等；根据色浆的用途不同可分为涂料色浆、胶带色浆、造纸色浆、纺织色浆、机械色浆、玩具色浆、乳胶制品色浆、PVC 色浆等。传统的涂料着色是利用颜料粉直接加到涂料中，或有些涂料厂家自行简单地把颜料研制成浆料（这就是最早的涂料色浆），然后加到涂料中对涂料进行着色。这种做法存在一定的弊端：如成品颜色的重现性不好，着色不均匀，由于没有专业的技术和工艺，颜料颗粒比较粗，着色力不高，污染严重，加到涂料中后，涂料成膜后耐光性、耐候性差，容易褪色、粉化等。

色浆是合成革生产的主要配套助剂之一，可赋予合成革丰富的色彩，增加合成革的花色品种和美感，提高消费者的购买欲望，满足客户对于不同颜色的要求。色浆的遮盖性、艳度、耐热性、耐光性、耐迁移性、与树脂的相容性、环保性是其关键指标。普通的油性色浆由于油水的相容性问题和有机溶剂的环境问题，在水性聚氨酯体系中难以得到应用，必须有水性高分子材料改性的色浆与之相配套，随着水性聚氨酯在合成革中应用的不断推进和扩大，水性色浆的需求量也日益增大。

色浆可以分为以下四种：

① 含树脂色浆：树脂主要为聚氨酯或丙烯酸树脂，耐水性较好，稳定性好，流平性好，不分层或结块；

② 不含树脂色浆：这类色浆不含树脂，但加有大量保护胶（如甲基纤维素，羧甲基纤维素，聚乙烯醇，聚丙烯酰胺等）和表面活性剂，可改善涂层的粘接性和耐热性，但耐水性差；

③ 含酪素色浆：这类色浆含有酪素，还配有硼酸钠、分散剂、润滑剂、增塑剂（硫酸化蓖麻油）和防腐剂等，耐热性好，可打光，但耐水性差；

④ 不含酪素色浆：含酪素色浆和不含酪素色浆性能差异较大，其性能比较见表 2-1，

使用时需慎重选择。

表 2-1　　含酪素和不含酪素色浆性能比较

物性	含酪素色浆	不含酪素色浆
填充性/遮盖性	佳	差
成膜性	佳	差
耐热性	佳	差
耐光性	较差，易黄变	佳，不易黄变
耐水洗性	差	佳
涂膜硬度	较硬	软
离板性	佳	差
防腐性	差	佳

目前，国内水性色浆生产厂家不到 20 家，进口品牌色浆 30 多家。由于设备和技术限制，国内真正研发合成革用水性色浆厂家并不多，水性色浆产品良莠不齐，质量还有待进一步的提升。

（二）水性聚氨酯与油性聚氨酯的差异

水性聚氨酯和传统油性聚氨酯在组成、结构和性能上存在很大差异，这些差异主要体现在以下 3 个方面。

1. 合成方法的差异

水性聚氨酯与油性聚氨酯合成原理相似，均为逐步聚合反应，但合成方法不同：油性树脂通常采用溶液聚合法（俗称“一锅法”），包括预聚→扩链（调黏度，可多次）→封端 3 步；而水性树脂一般先采用本体聚合或溶液聚合，转相（将油相预聚体分散水相中）得到水基聚氨酯，其工艺包括预聚→扩链→中和→分散→再扩链 5 步。

在合成设备及规模上，水性树脂其聚合反应和乳化反应独立进行，国内多采用间歇式生产，国外则多采用半间歇式或连续化生产；而油性树脂采用一锅法，可连续化大规模化生产，批次可达 20～50t/批。

2. 结构与组成的差异

二者在组成上的差异主要体现在扩链剂上，油性树脂多采用小分子二元醇和二元胺作扩链剂，而水性聚氨酯必须采用亲水性扩链剂。

醇类扩链剂：乙二醇（EG）、1,4-丁二醇（BDO）、丙二醇、己二醇、苯二甲醇等；

胺类扩链剂：肼、乙二胺、己二胺、4,4′-二苯甲烷二胺、二乙烯三胺等。

含亲水基团的扩链剂：二羟甲基丙酸（DMPA）、二羟甲基丁酸、羟基磺酸盐或氨基磺酸盐、*N*-甲基二乙醇胺（MDEA）等，主要用来制备水基聚氨酯。

二者在组成上的主要差异见表 2-2。

3. 性能差异

（1）透气、透湿性

油性聚氨酯干燥后形成疏水性致密膜，又称无孔膜，它由聚合物分子紧密堆积而成；聚合物分子与分子之间的间隙一般介于 0.1～1.0nm；而水蒸气分子平均直径为 0.4nm，水蒸气分子不易通过，故干法合成革透气、透湿性差，卫生性能较差；水性聚氨酯干燥后形成亲水性致密膜，水汽分子的传递遵从吸附-传递-解吸机理，故其透气、透湿性优于油性聚氨酯。

表 2-2　　水性聚氨酯与油性聚氨酯组成上的主要差异

聚氨酯类型		原料		
		异氰酸酯种类	聚醚(酯)二元醇	扩链剂
溶剂型	脂肪族	IPDI、HDI、H_{12}MDI	相同	二元醇或二元胺
	芳香族	MDI	相同	二元醇或二元胺
水基型	脂肪族	IPDI、HDI、H_{12}MDI	相同	二羟甲基丙酸/丁酸或羟基磺酸盐
	芳香族	TDI、少量使用 MDI	相同	二羟甲基丙酸/丁酸或羟基磺酸盐

（2）手感

一般来说，水性树脂制备的合成革的触感优于油性体系，这是因为水性树脂捕获的水分子起到了湿润和增塑作用。

（3）光泽

油性树脂体系的光泽高于水性树脂体系。如湿汽固化可生产高光水晶革和镜面革。水性树脂涂层光泽柔和、自然，适合生产半高光和自然光合成革。

（4）成膜机理

对于溶剂型体系，大分子以弯曲、卷曲、无规线团的形式存在；而在水性体系中，大分子以乳胶粒的形式存在。

溶剂型树脂成膜过程可分为 3 个阶段：

第 1 阶段：表面低沸点溶剂挥发→下层溶剂向上扩散→表面形成饱和蒸汽压；

第 2 阶段：表面形成一层薄膜，先是黏性凝胶→转变成干凝胶（溶剂的挥发要克服薄膜的阻力）；

第 3 阶段：高沸点溶剂蒸发→聚合物链致密排列成膜。

水基聚氨酯的成膜机理与油性体系完全不同，也分为 3 个阶段：

初期：随着水分逐渐挥发，聚合物颗粒和颜料、填料颗粒逐渐靠拢，但仍可自由运动。

中期：随着水分进一步挥发，聚合物颗粒和颜料、填料颗粒表面的吸附层破坏，成为不可逆的相互接触，达到紧密堆积，一般认为此时理论体积固含量为 74%，即堆积常数是 0.74。该阶段水分挥发速率为初期的 5%～10%，水分含量约 2.7%。

后期：在缩水表面产生的力作用下，也有认为在毛细管力或表面张力等的作用下，如果温度高于最低成膜温度（MFT），乳液聚合物颗粒扩散、融合、聚结成膜，同时聚合物界面分子链相互扩散、渗透、缠绕，使涂膜性能进一步提高，形成具一定性能的连续膜，其成膜机理如图 2-7 所示。

不难看出，溶液型聚氨酯和水基聚氨酯在成膜机理上的最大区别是在干燥过程中期乳胶粒会扩散、融合、重新聚结形成致密膜。扩散、融合、重新聚结需要一个过程，干燥速度过快时，乳胶粒不能很好融合、聚结，或表面无法形成连续涂膜，或严重影响涂膜的物性（如光泽、手感、耐磨性、耐寒性等）。

（5）干燥温度和速度

浆料的干燥速度主要决定于溶剂的：①汽化潜热。水的汽化潜热大（2260J/g），而溶剂的汽化潜热小（如甲苯 367J/g）；②饱和蒸气压。大气中水蒸气的存在，已经存在一个

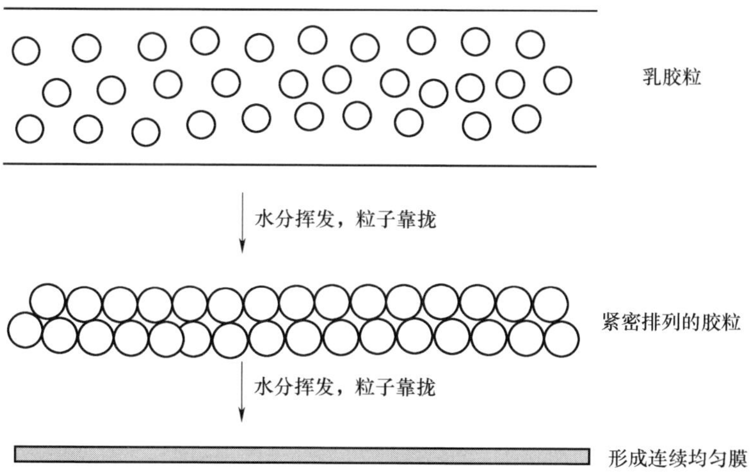

图 2-7　水基聚氨酯的成膜示意图

水蒸气压，而大气环境中一般不会出现溶剂蒸气压，故干燥水性树脂时阻力更大。对于溶剂型树脂，其溶剂主要为 DMF，沸点高（152.8℃），但饱和蒸气压小，汽化潜热小，因此在干燥温度（130～140℃）下干燥速度可达（35m/min）以上。对水性树脂，因成膜机理的差异（乳胶粒成膜）、汽化潜热高、饱和蒸气压大，因此，水性树脂的干燥速度不及油性树脂。

相反，水性树脂干燥过快时，会带来诸多缺陷，如聚合物表面结膜，下层水蒸气挥发受阻，最终导致干燥速度下降；干燥过快，还会产生涂膜鼓泡、裂纹和体积收缩；有时乳胶粒不能完全融合，影响涂膜的平滑度、力学性能（变差）、光泽（下降）和手感（变硬）等。

（6）表面张力

水的表面张力高（72.8mN/m），也导致水性聚氨酯的表面张力高（一般在 40～50mN/m），而溶剂的表面张力较低（随溶剂的极性而不同），故溶剂型聚氨酯的表面张力也比较低，为 35～40mN/m；即使同是油性或水性聚氨酯，芳香族聚氨酯表面张力高于脂肪族聚氨酯；聚酯型聚氨酯的表面张力高于聚醚型聚氨酯。

当聚氨酯的表面张力与基材表面张力差较大时（界面张力存差），会出现涂层与基材之间、层与层之间润湿、铺展性差以及粘接不牢的问题（初粘力和干、湿态粘接力差）。特别是对表面张力比较低的基材，如热塑性聚烯烃（PPO）、有机硅涂层，如何降低界面张力提高水性表面处理剂的铺展和粘接问题，是水性树脂使用的技术关键之一。另外，由于水性树脂的表面张力高，在上浆、配料时易产生气泡和流平性差等问题，需加消泡剂（特别是动态消泡）、流平剂等以降低表面张力，这会使工艺复杂化；而油性树脂因表面张力较低，一般不会出现上述问题。

（三）水性合成革制造工艺

水性合成革是指所有树脂均采用水性聚氨酯所制备的合成革。合成革一般由水性聚氨酯（WPU）面层、发泡层、粘接料和基布构成。目前，国内外现有水性合成革有两种工艺：一种为湿法工艺，一种为干法工艺，干法工艺又分为转移涂层工艺和直接泡沫涂层工艺。

1. 水性合成革湿法凝固工艺

最早的水性合成革湿法工艺示意图如图 2-8 所示，它仍然沿袭了传统的溶剂型树脂湿法凝固工艺路线，只是凝固液换成稀酸溶液或含高价盐的水溶液，为了使水性聚氨酯涂层充分凝固，后续工艺还需热蒸气凝固。

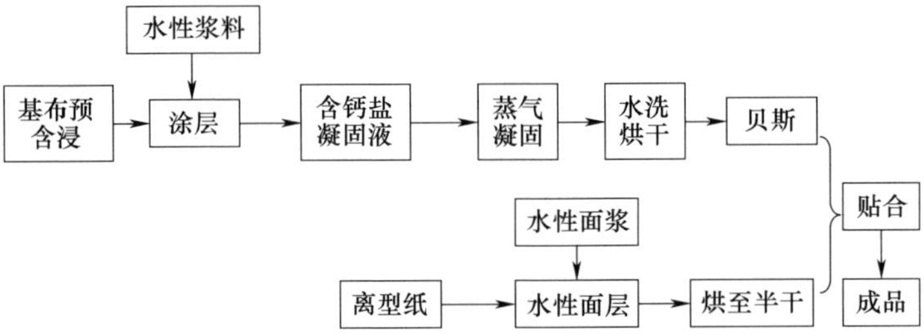

图 2-8　水性合成革湿法工艺示意图

湿法凝固工艺原理是采用阴离子型 WPU 并按照一定比例加入流平剂、增稠剂、木质粉等助剂，机械搅拌制备发泡浆料，将其涂覆在基布上，将刮涂好 WPU 浆料的基布浸入到含高价钙盐或酸性浴中，聚氨酯大分子中的羧酸盐与氢质子发生置换，形成亲水性较小的羧酸，这时 WPU 双电子层被破坏，乳液粒子相互接触，发生不可逆聚集；或钙离子的交联作用迫使聚氨酯胶体粒子相互靠近、接触、变形聚集形成具有一定微孔结构和机械强度的微孔膜层。如马兴元等以高固含量 WPU 为原料，采用物理机械发泡的方法，配制 WPU 发泡浆料，以多金属醋酸盐为破乳凝固剂，制备出 WPU 湿法发泡涂层，研究了 WPU 湿法凝固发泡涂层的微观结构及其性能。试验结果表明：WPU 湿法凝固发泡涂层的微观结构类似于 WPU 干法凝固发泡涂层，并且具有更好的力学、耐水解和耐溶剂性能，应用这种方法可以制备出性能良好的 WPU 合成革贝斯。破乳发泡湿法工艺产品手感丰满，泡孔均匀、发泡涂层力学性能和耐水性良好。

酸液凝固易腐蚀设备，革中残留的酸会导致聚氨酯的降解，故现在工艺多采用中性钙盐［$Ca(NO_3)_2$、$CaCl_2$］凝固工艺，同时也有部分企业尝试采用反渗透设备循环利用废水，工艺示意图如图 2-9 所示。

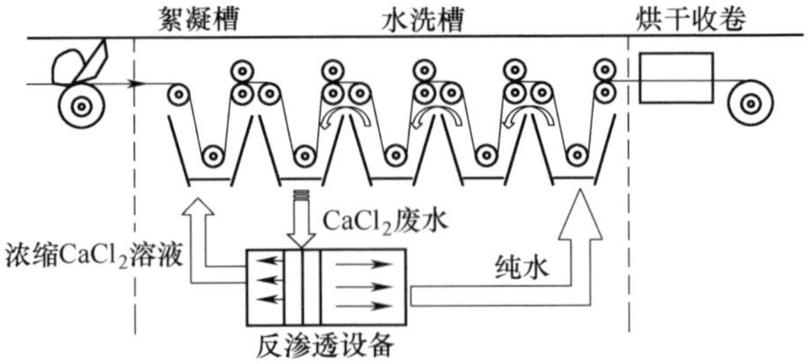

图 2-9　水性合成革高价盐湿法凝固工艺示意图

工艺流程如下：首先将水性聚氨酯（WPU）浆料涂覆在预处理的基布上，然后放入含高价盐（如 $CaCl_2$）的盐水或酸水中凝固，经多次水洗后，干燥，制成半成品（贝斯），再经后整理制成全水性合成革。

该工艺优点：该工艺所得到的合成革泡孔细密，均匀，成革丰满，透气性好。

不足之处：产生大量含盐废水，直接排放造成环境污染，循环利用（如图 2-9 所示反渗透法）成本高，技术也未完全成熟。另外，钙离子在聚合物间形成离子交联，会影响涂层的手感。

2. 水性合成革转移涂层工艺（干法工艺）

水性合成革转移涂层工艺示意图如图 2-10 所示，仍沿袭传统的溶剂型树脂的三涂四烘（或两涂三烘）工艺路线，以离型纸作为载体。

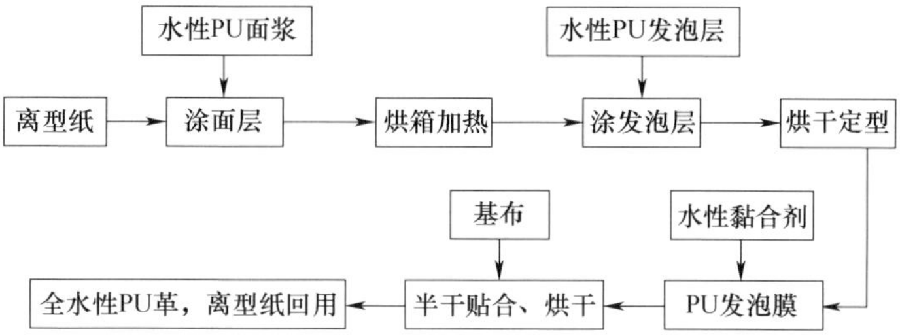

图 2-10　水性合成革转移涂层工艺流程示意图

转移涂层工艺及参数如下：

烘箱温度设置（℃）：面层 130～140；发泡层 120，140，150；粘接层 130～140。

建议涂膜厚度（g/m^2）：面层 130，发泡层 350～400，粘接层 100～130。

由于水的汽化潜热大，饱和蒸汽压高，故水性涂层干燥速度慢，一般生产线的长度都在 100m 以上。烘箱的温度梯度设置，先低温后高温；抽风风量也梯度设置，先低速后高速。目前，国内已有几十条水性线采用上述转移涂层工艺。

但转移涂层工艺存在下列技术缺陷：

① 泡孔的稳定性与均匀性差：目前主要采用机械发泡，其泡孔稳定性、均匀性尚待提高。另外，涂层的折痕回弹性、涂层经水揉后花纹保型、定型性也尚需提高。

② 易出现裂痕和针孔。由于面层、发泡层水性树脂均涂覆在离型纸上，用量 400～500g/m，涂层厚，表面干燥过快，特别是初期干燥温度过高，抽风风量过大易出现裂痕。

③ 对离型纸伤害大，导致成本提高。干燥过程高温、高湿，水对离型纸的伤害较大（离型纸价格昂贵，≥50 元/m），生产成本提高。

3. 水性合成革直接泡沫涂层工艺（改进干法工艺）

针对现有湿法和干法转移涂层工艺中存在的一些问题，江苏树桥纺织科技有限公司和四川大学经过多年联合攻关，发明了水性合成革直接泡沫涂层工艺，攻克了两大关键技术难题：

① 开发了特殊的稳泡剂和匀泡剂等助剂，解决了机械发泡浆料储存稳定期短、发泡涂层泡孔稳定性和均匀性差的关键技术问题；

② 采用直接涂层工艺替代转移涂层工艺和湿法凝固工艺，将水性发泡层树脂直接涂覆于经预处理的基布上，大大提高了涂层的干燥速度和生产效率；完全不使用离型纸，大幅降低了成本。直接泡沫涂层工艺示意图如图 2-11 所示。

与图 2-10 转移涂层工艺相比，改进的干法工艺的优点是：

① 采用特殊的泡沫涂层技术，直接在基布上而不是在离型纸上，节省了昂贵的离型纸资源；

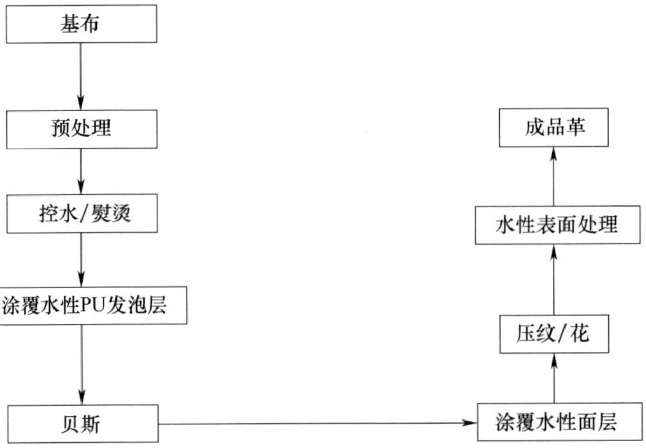

图 2-11　水性合成革直接泡沫涂层工艺示意图

② 直接在基布上涂覆水性聚氨酯发泡层，水蒸气双面透过，干燥速度快，车速可达15～20m/min，涂布量可达200～600g/m，厚度可达1.4mm；

③ 可在贝斯上直接压花/印花，无需贴面，大幅降低了生产成本，减少了工艺流程；

④ 与传统溶剂法相比，不使用DMF等溶剂，亦不产生含溶剂的废水；与现有的水性树脂湿法凝固技术相比，不使用含钙盐废水凝固，不产生含钙盐废水，整个生产过程无三废产生和排放；

⑤ 全自动智能化清洁制革生产线，从进革基布到最后成品，在一条生产线上一次性完成，一步到位，生产效率高，能耗低，零污染，成品物性好，对环境十分友好。

技术要点如下：

① 起泡剂和稳泡剂：直接泡沫涂层技术仍然采用机械，但稳泡和匀泡技术非常关键。高物性、高固含量（50%以上）水性聚氨酯是发泡的前提和基础，同时需加入特殊的起泡和稳泡剂（如德国Stock-hausen公司起泡剂Stickal STA和稳泡剂Stockal SR），确保浆料起泡、稳泡和匀泡。

② 浆料的发泡：称取定量的水性聚氨酯乳液（WPU），加入质量分数3%～6%的起泡剂和稳泡剂，2%～5%填料，0.5%～1%流平剂，1%水性色浆，0.5%～1.5%增稠剂，混合均匀后进入发泡机发泡。

发泡机是能将含一定浓度发泡剂的水性聚氨酯溶液制成泡沫的设备。发泡剂本身是不能自动成为泡沫的，它必须通过发泡机的机械作用才能成为泡沫；发泡机本身也是不能凭空产出泡沫来的，发泡机和发泡剂必须相互配合。工作时，将空气引入含发泡剂、稳泡剂的水性聚氨酯溶液中，使液-气接触面积尽可能大，使发泡剂中的表面活性物在液膜表面形成双电层并包围空气，形成一个个气泡。将发泡浆料均匀涂覆在经预处理的基布上，干燥后即可获得泡沫涂层。图2-12是杭州旺格机械设备有限公司的水性树脂发泡机示意图。

③ 发泡倍率的控制：浆料的发泡倍率会受发泡时间的影响，延长发泡时间可获得不同的发泡倍率，而不同的发泡倍率也会改变浆料的黏度及涂层的柔软度、回弹性能，结果见表2-3。

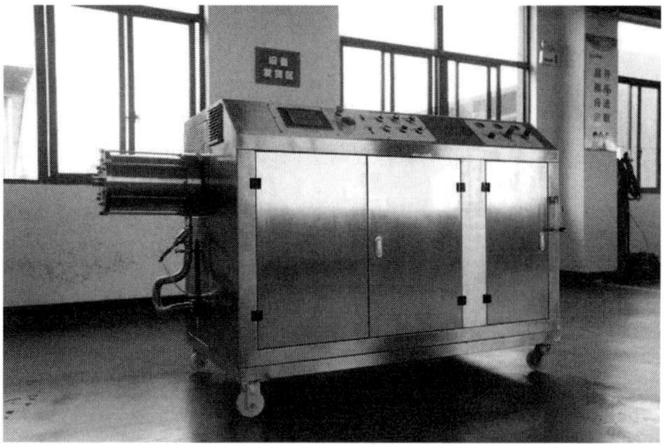

图 2-12　水性树脂发泡机

表 2-3　　　　发泡倍率对黏度、柔软度、回弹性能的影响

样品	发泡倍率	发泡时间/min	黏度/(Pa•s)	涂层柔软度系数	涂层回弹/ms
1	1.5	20	1210	6.3	552
2	1.7	28	5280	6.6	584
3	1.9	38	9720	6.8	625
4	2.1	45	11000	6.9	1160
5	2.3	52	23000	7.2	1368

注：1）柔软度系数越高，涂层越柔软；2）所需回弹时间（ms）越少表明回弹性能越好。

由表 2-3 结果可知：随着发泡倍率的增加，水性聚氨酯开始有轻微的固化，表现为浆料的黏度增加，流动性变差，黏度太大或太小都不利于生产应用，因此发泡倍率控制在 1.7～1.9，所得的浆料涂刮性较好。

发泡浆料的发泡倍率越大，干燥后的涂层越柔软，而随着发泡倍率的增加，涂层的抗压回弹性变差，特别是当发泡倍率高于 1.9 时，回弹性能急剧下降。理论上具有球状小泡孔的发泡涂层具有较好的回弹性能，这是由于球状小泡孔孔径小，在受到压缩时，产生的形变较小，能很快恢复到原来形状，而大泡孔则不然，受到压缩形变大，恢复到原来形状需要时间比较长，甚至来不及缓冲而泡孔破裂，因而小泡孔的压缩形变是可逆过程，但泡孔孔径不是越小越好，只有泡孔孔径合理分布时才能获得更好的回弹性能。在涂层手感和透湿率等综合性能良好情况下，应选择发泡倍率 1.9 为宜。

发泡倍率影响发泡涂层的泡孔结构，理想发泡涂层的泡孔应大小均匀一致，过高或过低的发泡倍率制备的涂层泡孔均匀性较差，图 2-13 所示为不同发泡倍率条件下水性聚氨酯发泡涂层的表面泡孔结构。

从干燥后的发泡涂层表面形貌可以看出，随着发泡倍率的增加，泡孔数量逐渐增多但泡孔直径逐渐减小，同时随着发泡倍率进一步增大，整个涂层泡孔结构变得连续，但泡孔壁会相对变薄。这种充满大量泡孔的泡孔结构能显著地提高涂层的透水汽性，但较薄的泡孔壁可能会降低涂层的剥离强度。

为进一步探究发泡涂层内部泡孔结构，利用扫描电镜对发泡涂层截面泡孔形貌进行观察，观察结果如图 2-14 所示。

从图 2-14 发泡涂层的截面泡孔结构可以看出，在一定发泡倍率下，泡孔随着发泡倍

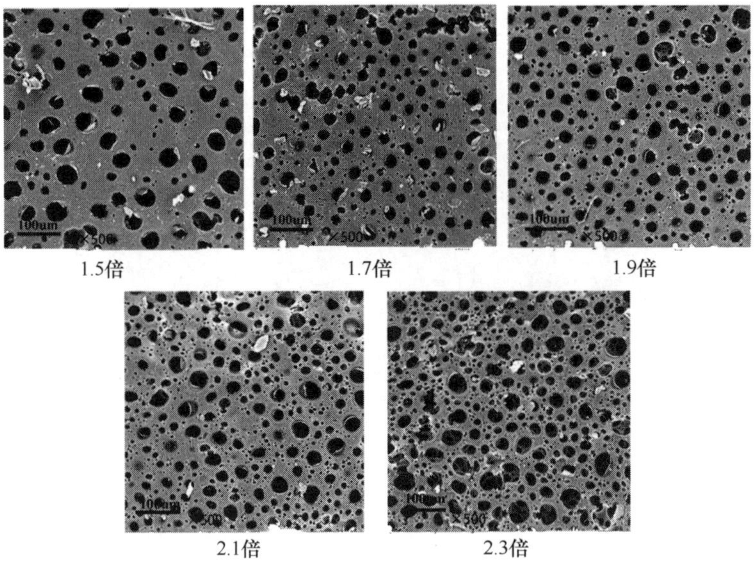

图 2-13　不同发泡倍率浆料干燥后得到涂层表面形貌图

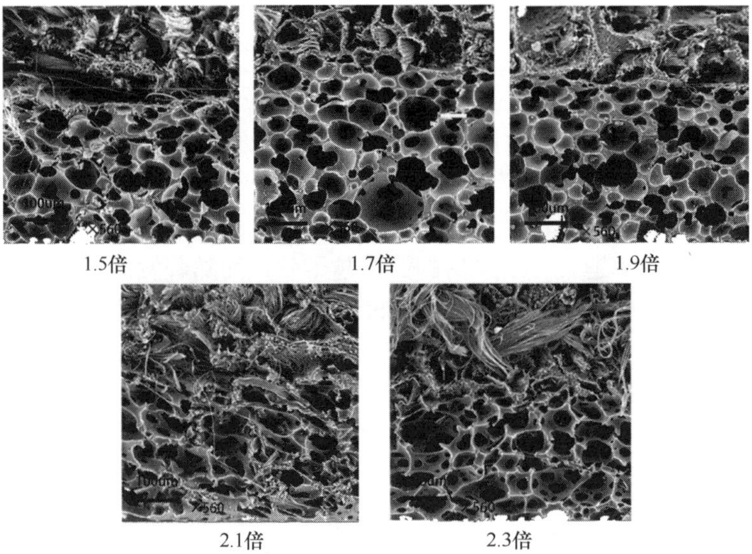

图 2-14　不同发泡倍率浆料干燥后得到涂层截面形貌图

率的增加逐渐变小且均匀，截面图发现发泡涂层的泡孔是完整且连续的，呈圆球形，虽然泡孔大小不一，但泡孔孔径大小分布在 50～80μm；随着发泡倍率增加到 1.9 以上，泡孔内壁变薄且不连续，泡孔形状由圆球形逐渐过渡到不规则的平面体型，此时的涂层聚氨酯密度比较低，有利于透气透湿，但涂层耐压回弹性差，剥离强度下降。

二、无溶剂聚氨酯合成革制造技术

（一）概述

目前聚氨酯合成革绝大部分是采用有机溶剂型的聚氨酯树脂作为生产干法和湿法的基

本原料，这种类型的聚氨酯树脂均使用甲苯（TOL）、二甲苯、丁酮（MEK）、乙酸乙酯和二甲基甲酰胺（DMF）等作为主要溶剂以溶液聚合法制得，树脂出厂黏度控制在 10 万～25 万 cps/25℃，固含量 30%，合成革厂家在使用时需要添加 DMF、MEK 等溶剂将黏度调节到 3000～4000cps/25℃的生产可操作黏度，此时固含量在 10%～15%。在生产湿法的时候需要用大量的水来置换 DMF 溶剂，最后对含 DMF 的废水进行回收，但最终经过回收的水中还是含有较多的 DMF，对水体污染较大；干法生产时溶剂极少回收，直接排放到大气中。大量有机溶剂的使用极容易引发火灾造成伤残，同时对人体及环境造成严重伤害。

2006 年巴斯夫公司首次发表了无溶剂聚氨酯合成革专利，于 2010 年在中国开始商业化推广，并于 2013 年成功实现商业化生产，随后中国知名高校及企业都开始投入大量精力进行研究，中国革用聚氨酯树脂供应商旭川化学（苏州）有限公司也于 2014 年成功实现了商业化，并申请相关专利。无溶剂聚氨酯合成革在原料合成及合成革生产过程中均不使用任何有机溶剂，因此整个过程中无任何有机溶剂排放，无三废，环保节能。近几年，随着环保压力的增大及无溶剂聚氨酯合成革技术的日渐成熟，无溶剂聚氨酯合成革飞速发展，目前中国已有超过 70 条干法生产线生产无溶剂合成革，印度、土耳其等国也纷纷从中国引进无溶剂生产线、无溶剂浇注设备及无溶剂聚氨酯树脂进行生产，也成功实现商业化。

（二）预聚物的合成反应

无溶剂合成革用聚氨酯在生产的时候需要使用低压浇注机混合浇注，对原料的加工黏度有一定要求，原料操作温度下的黏度应该控制在 1000～3000cps，因此行业内均采用混合法生产多元醇组分，用预聚法生产异氰酸酯组分，这两个组分在行业内一般简称 A、B 组分，其中 A 组分为多元醇、水、催化剂及其他助剂通过物理混合所组成的一个混合物，B 组分为异氰酸酯与多元醇、催化剂等在反应釜中通过逐步加成聚合得到一种端基含有 NCO 基团的预聚物，在使用的时候，将 A、B 两个组分调节到需要的料温及混合比例，其中在预聚物的合成及产品制成时候主要涉及以下几个反应：

预聚物的合成是将异氰酸酯与多元醇在反应釜中 70～85℃反应生成端基为—NCO 基团的预聚物，反应过程如图 2-15 所示。

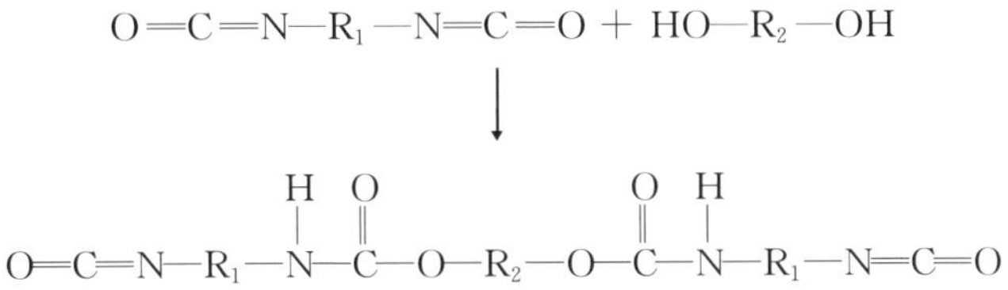

图 2-15　聚氨酯预聚体合成反应示意图

从图 2-16 可以看出，反应 1 是异氰酸酯预聚物进一步与多元醇反应生成大分子聚氨酯，主要为产品提供拉伸强度、撕裂强度、耐磨性、耐刮性等物理性能，当控制多元醇组分中水含量低于 0.08%时可以制备无泡孔聚氨酯产品，可用于合成革面层树脂或单层全无溶剂合成革产品；反应 2 和反应 3 是异氰酸酯预聚物与水反应，首先生成氨基甲酸，但氨基甲酸不稳定，会迅速分解成胺并释放出 CO_2，同时反应生成的胺与异氰酸酯迅速反应生成聚脲形成大分子，CO_2 在聚氨酯/聚脲大分子中形成很多气泡，最终得到发泡涂层，通过调节 A 组分中的水含量可以控制产品的发泡密度、手感、回弹率等各种所需性能。

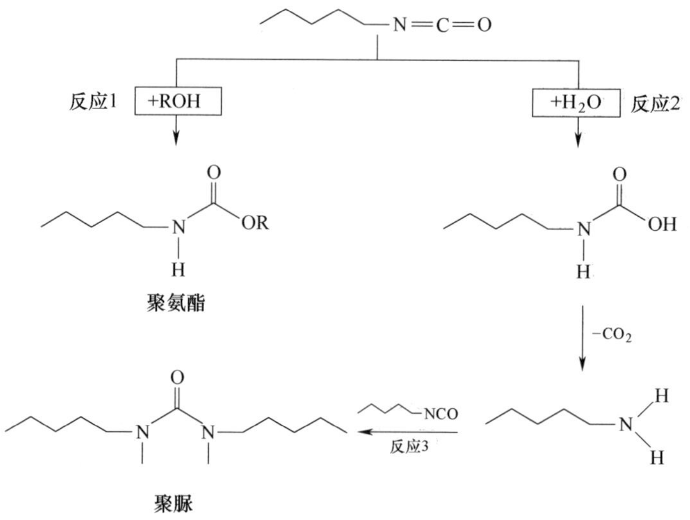

图 2-16　合成革用无溶剂聚氨酯的制备反应示意图

（三）主要原料

合成革用无溶剂聚氨酯的原料主要有两官能度和三官能度的多元醇（相对分子质量1000～8000），二异氰酸酯，小分子扩链剂，催化剂及其他助剂。

1. 多元醇

合成革用无溶剂聚氨酯所用到的多元醇主要包含聚醚多元醇和聚酯多元醇，其中聚醚多元醇主要有以下几类：

① 2～3 官能度，相对分子质量在 1000～8000 的聚丙二醇（PPG）。PPG 由于具备极佳的低温柔韧性、耐水解性及合适的价格，可以用于制备对手感要求高或者对使用年限要求高的服装革或沙发革；但由于 PPG 存在不饱和度的问题，制品本身的物理性能较差，因此不适合制备高剥离强度的产品。

② 650～3000 相对分子质量的聚四氢呋喃（PTMEG）。PTMEG 制品具有比 PPG 制品更佳的耐水解性能及低温柔韧性，特别是物理性能如拉伸强度及撕裂强度更是大幅超越 PPG，基本接近聚酯制品物理性能，因此可以用于制备对物性要求极高的产品，比如运动鞋革及车辆革。

③ 1000～3000 相对分子质量的聚碳酸酯二元醇（PCDL）。PCDL 制品具有比 PT-MEG 制品更高的物理性能，更佳的表面耐磨耐刮性能，因此在无溶剂聚氨酯合成革中一般用于制备车辆革。

聚酯多元醇主要有以下几类：

1000～3000 相对分子质量的聚己二酸乙二醇酯、聚己二酸丁二醇酯、聚己二酸二乙二醇酯等己二酸类聚酯二元醇，其物理性能极佳、成本低但耐水解及低温曲折差，适于制备使用年限低于 5 年且对低温曲折要求不高的产品，比如普通沙发革、鞋革、箱包革等。

2. 异氰酸酯

异氰酸酯的种类很多，但合成革用的无溶剂聚氨酯预聚物主要有芳香族的二苯基甲烷二异氰酸酯（纯 MDI，液化 MDI）、甲苯二异氰酸酯（TDI），脂肪族的六亚甲基二异氰酸酯（HDI）、异佛尔酮二异氰酸酯（IPDI）、氢化 MDI（H_{12}MDI）。但目前市面上合成革预聚物所用的异氰酸酯基本都是 MDI 和液化 MDI，原因是脂肪族的预聚物和 TDI 预聚物反应活性低，在合成革生产中很难做到即剥，需要熟化工艺，生产成本大幅上升且产品合格率无法保证；另外一方面是脂肪族异氰酸酯预聚物中游离的异氰酸酯单体蒸气压高，在合成革制备过程中经过高温烘箱会大量挥发出来，刺激性及毒性巨大，因此此类预聚物合成后需要通过薄膜蒸发的方式将游离的异氰酸酯降低到 0.5%以下，但目前国内绝大部分厂家不具备该设备，国内树脂供应商经过几年的努力，合成技术已经有很大突破，很快就会有用于合成革的不黄变双组分无溶剂聚氨酯树脂。

3. 助剂及填料

（1）催化剂

合成革用无溶剂聚氨酯不同于传统的浇注型聚氨酯，由于操作时间和熟化时间的要求，需要长的存放时间（pot-life，需大于 90s）和极快的后熟化性能（5min 以内需要完全达到物性要求）。除了配方设计因素，催化剂的选用也十分重要，一般是采用胺和有机金属搭配使用。

（2）泡孔调节剂

合成革对手感及成本都有较高要求，除了类似于镜面产品需要无泡孔结构，绝大部分产品革用无溶剂聚氨酯产品都是有泡孔结构，对于泡孔的要求是：均匀、细腻且具有开孔结构（图 2-17）。泡孔过大或者不均匀在生产的时候合成革表面平整性差、存在凹坑等缺陷，特别是在后期经过压花处理后，这种缺陷就更为明显，表面会出现色差或破孔；另外无溶剂聚氨酯发泡的泡孔一定要开孔结构，由于泡沫很软，泡孔壁的支撑强度差，一旦出现闭孔结构（图 2-18），泡沫会出现收缩，体现在合成革上就是成品表面平整度差，纹路不清晰。同时出现闭孔结构后合成革的透气性变差。

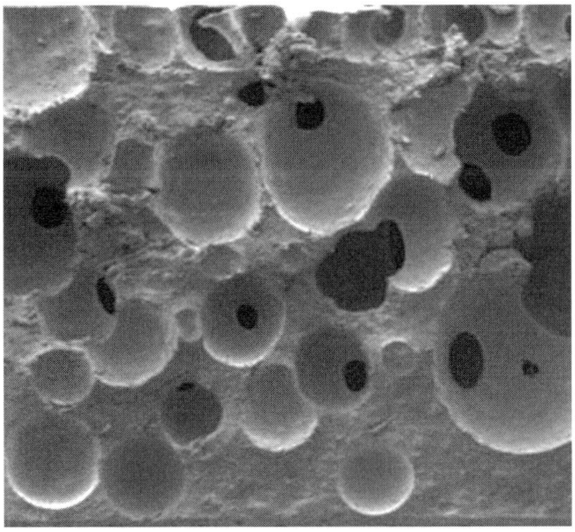

图 2-17　泡沫开孔结构

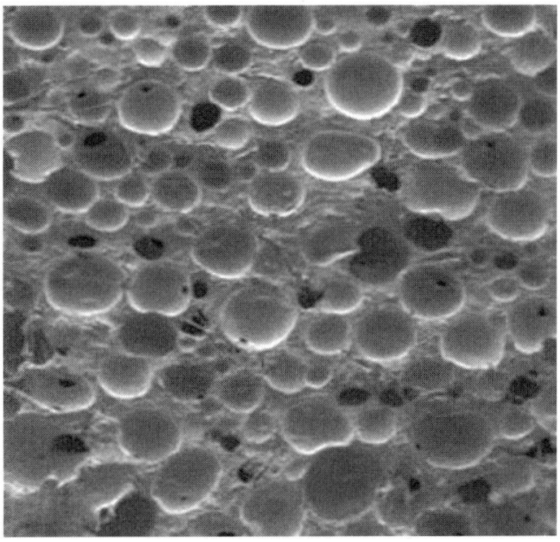

图 2-18　泡沫闭孔结构

为了使得泡沫具有均匀、细腻且开孔的结构，一般会在羟基组分中加入泡孔调节剂，主要有开孔剂和匀泡剂，不添加泡孔调节剂与添加泡孔调节剂后的泡孔结构图如图 2-19 和图 2-20 所示，从图中可以看出，未添加泡孔调节剂的泡孔大且不均匀，添加泡孔调节剂后泡孔变得均匀且细腻。开孔剂属于表面活性剂范畴，含有亲水和疏水基团，用于降低泡沫表面张力，在泡孔形成过程中造成泡孔壁破裂形成开孔结构，以聚醚改性有机硅氧烷为主，也有少量非硅类开孔剂，匀泡剂也称为泡沫稳定剂，主要是起乳化原料、稳定泡沫并调节泡孔大小及均匀性的作用，也是属于表面活性剂范畴，以聚醚改性有机硅氧烷为主。

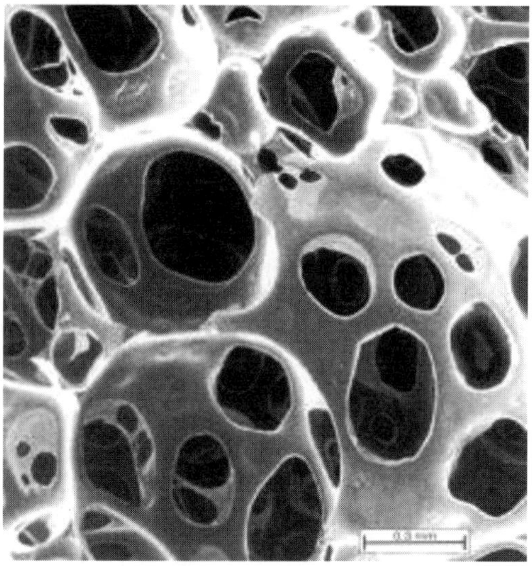

图 2-19　未添加泡孔调节剂的泡孔结构

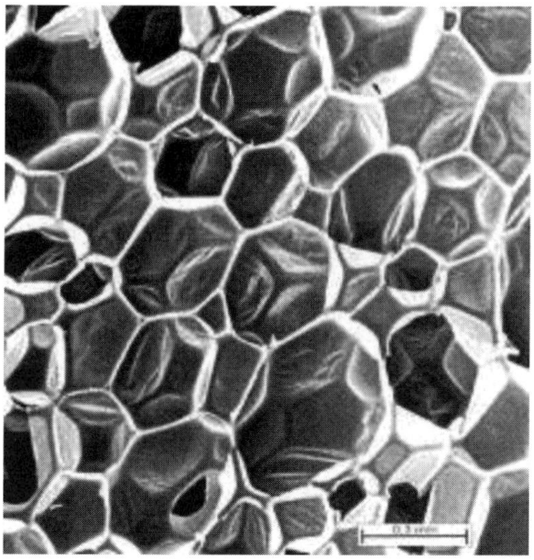

图 2-20　添加泡孔调节剂的泡孔结构

（3）阻燃剂

沙发革、装饰革及汽车革有较高的阻燃要求，必须达到二级或者一级阻燃标准（氧指数法），但聚氨酯本身是一种易燃的高分子材料，要达到阻燃效果必须添加阻燃剂。阻燃剂有两大类，一类是无机阻燃剂，一类是有机阻燃剂，无机阻燃剂主要有氢氧化铝、硼酸盐、氧化锌、三氧化二锑，具有无烟雾及价格低的优势，但其密度大很容易在原料中沉降，另外在相同重量加量下阻燃效果并不好，因此很少单独使用。有机阻燃剂主要有含卤素和磷的，卤素类阻燃剂阻燃效果好，由于其烟雾毒性大属于不环保产品，在无溶剂聚氨酯合成革中并无使用，目前所用的有机阻燃剂均是磷酸酯类的，包含脂肪族的磷酸酯和芳香族的磷酸酯，脂肪族磷酸酯有甲基磷酸二甲酯、乙基磷酸二乙酯、丙基磷酸二甲酯、磷酸三乙酯等。芳香族磷酸酯有磷酸三苯酯、磷酸三甲苯酯、磷酸甲苯二苯酯、异丙基化三苯基磷酸酯等。磷酸酯类阻燃剂虽然环保，但存在一个较大的问题，那就是酸值较高，在使用过程中会影响无溶剂体系的后熟化，因此添加量一般不能超过 30%，为了达到最佳阻燃效果，一般搭配无机阻燃剂使用。

（4）填料

在溶剂型合成革生产过程中一般加入木质粉和碳酸钙填料，一方面可以大幅降低成本，另一方面可以提高湿法生产过程 DMF 与水的置换速率，提高效率。同样，在无溶剂聚氨酯合成革的生产中也可以在 A 料中添加填料来降低成本和改善产品各项性能。木质粉由于表面含有过多的羟基会跟无溶剂的异氰酸酯组分反应，造成混合比例失调，因此在 A 料中禁止加入木质粉，一般可以加入的填料有轻质碳酸钙、滑石粉、钛白粉、硫酸钙等，细度一般使用 800～1500 目，因为细度太低，粉料的堆积密度大，加入 A 料中很容易在短时间内分层，细度太高，填料的吸油值过高，造成产品的黏度过大，难以使用。

4. 国内外主要品种介绍

巴斯夫（BASF）公司在 2013 年推出了第一款用于沙发革的无溶剂聚氨酯树脂，由 A 料和 B 料组成，A 料一般为多元醇、水、催化剂组成的混合物，B 料为含—NCO 的聚氨酯预聚体。随后国内合成革用聚氨酯树脂供应商也推出相关产品，其中旭川化学（苏州）有限公司先后推出了用于服装革、沙发革、再生革/二层革、鞋革、超纤革、镜面革及车辆革的相关产品，其技术指标分别见表 2-4 和表 2-5。

表 2-4　　BASF 公司无溶剂聚氨酯技术指标

用途	牌号 Elasturan	外观	黏度(25℃)/ 10^{-3}Pa•s	厚度维持率/%≥	模量/(kg/cm^2)	伸长率/%≥	剥离强度/(N/3cm)	丛林测试/周≥
沙发革	72063-1C-A	乳白液体	1000～1500	80	30	600	25～35	8
	36470-1C-B	透明液体	1000～2000					

表 2-5　　旭川化学（苏州）有限公司无溶剂聚氨酯技术指标

用途	牌号 Elasturan	外观	黏度(25℃)/ 10^{-3}Pa•s	厚度维持率/%≥	模量/(kg/cm^2)	伸长率/%≥	剥离强度/(N/3cm)	丛林测试/周≥
服装革	2003C-A	乳白液体	1000～1500	90	10	600	20～30	8
	2003C-B	透明液体	1000～2000					
普通沙发革	3006C-A	乳白液体	1000～1000	80	30	600	25～35	8
	3006C-B	透明液体	1000～2000					
高物性沙发革	3007C-A	乳白液体	1000～1000	70	50	500	40～50	8
	3007C-B	透明液体	1000～2000					
再生革、二层革	3007-1C-A	乳白液体	1200～1000	70	60	500	50～70	8
	3007C-B	透明液体	1000～2000					
鞋革	4050C-A	淡黄色透明液体	2000～3000	70	50	600	100～120	3
	4060C-B	淡黄色透明液体	5000～8000					
超纤革	4060C-A	淡黄色透明液体	1500～2500	50	60	700	60～70	3
	4060C-B	淡黄色透明液体	5000～8000					
镜面革	4070C-A	淡黄色透明液体	1500～2500	50	80	600	100～120	3
	4070C-B	淡黄色透明液体	4000～7000					
汽车坐垫革	5001C-A	蜡状固体	—	50	70	700	100～120	10
	5001C-B	无色透明液体	3000～5000					

5. 无溶剂合成革特点及优点

相比于传统溶剂型聚氨酯合成革，无溶剂聚氨酯合成革具有以下几大优点：

① 无添加任何有机溶剂，100%固体含量，制品中不含 DMF 及其他有机溶剂；

② 只需要干法线生产，工艺简单，无湿法过程，无溶剂回收，对空气、水无污染，对人体无伤害；

③ 无溶剂 A、B 料反应过程自生热，加速反应，同时由于原料中不含溶剂，烘箱只需要内循环，维持一定温度即可，不需要向外抽风，整个生产过程能耗极低；

④ 可即剥，无需后熟化；

⑤ 无溶剂生产过程中使用低压浇注机浇注，理论上该岗位不需要人员或者可以减少人员配置，节省成本；

⑥ 使用相同的面层树脂，无溶剂合成革相比于溶剂型合成革具有更佳的耐磨、耐刮、耐水解性能；

⑦ 无溶剂的挥发，可根据所需的厚度一刀涂布，可以做到厚涂。

6. 加工方法分类

无溶剂聚氨酯合成革一般采用喷涂法或者刮涂法将双组分无溶剂聚氨酯原料通过高压发泡机或者低压发泡机混合，再通过喷涂或者刮涂的方法附于离型纸上，最后贴合底布。

(1) 喷涂法

从 2010 年开始，巴斯夫公司计划采用喷涂法制备无溶剂聚氨酯合成革，并同佛山南海绿德聚氨酯机械厂（现厦门绿洲机械有限公司）共同开发一款无溶剂聚氨酯喷涂设备，该喷涂设备首先将双组分聚氨酯原料加热到低于 1000mPa·s 适合雾化的黏度，通过计量设备计量混合比例，通过管道加压，最后两个组分在混合室中释放压力形成雾状混合物从机头喷出，混合机头在垂直于生产线的方向以 30～40 次/s 的速度左右往复移动，将混合好的无溶剂料均匀地涂布在离型纸上，采用单层或双层喷涂：①单层喷涂为在离型纸上喷上面层，在面层处在拉丝状态时贴合基布、二层革、再生革等，经过压合成一体，经过后熟化烘箱烘干剥离。②双层喷涂为在离型纸上先喷面层后，再喷涂发泡层并在拉丝状态时贴合基布、二层革、再生革等，经过压合成一体，经过后熟化烘箱烘干剥离。

这种生产工艺具有以下优点：

① 无溶剂料混合后不经过刮刀，不存在粘刀问题；

② 无溶剂料的 pot-life 很短，后熟化极快；

③ 无需半干烘箱；

④ 整个生产线非常短，长度低于 30m；

⑤ 车速可以超过 15m/min；

⑥ 高压混合室混合，不需要清洗机头；

⑦ 投资小。

虽然喷涂工艺具有非常多的优势，但是经过两年多的实验验证，发现该工艺也有以下几个致命缺陷：

① 混合头喷出原料呈雾化状态，需要边生产边向外抽风，造成大量原料损失，经过两年生产得到的数据，原料损失达到 20%～30%，不仅产品成本大幅上升，还造成大量固体废物。

② 混合头在左右往复运动时，由于转向，会造成合成革左右厚度比中间厚度厚 20～30μm。

③ 加热后黏度仍然高于 1Pa·s 的原料无法使用。黏度过高，原料从混合头喷出后雾化效果差，造成革面不平整或者有大量颗粒出现，因此配方开发上受到很大限制。

由于喷涂法存在的缺陷在短期内无法从设备上得到改善或者解决，在 2012 年时，BASF 公司同绿德聚氨酯机械厂终止了在该工艺上的研发投入。

(2) 刮涂法

由于喷涂法生产的无溶剂聚氨酯合成革存在各种无法解决的缺陷，因此从 2012 年开始，BASF公司开始致力于刮涂法生产无溶剂聚氨酯合成革产品的开发，并与温州飞龙聚氨酯设备工程有限公司合作开发用于刮涂法的聚氨酯低压浇注机，于2013年成功实现商业化。刮涂法具有以下优点：

① 基本无原料损耗；

② 厚度易于控制；

③ 不受黏度影响，原料及产品多样化。

同样，刮涂法也具有一些缺点：

① Pot-life长，后熟化困难；

② Pot-life短，容易出现粘刀现象；

③ 需要较长的后熟化烘箱。

在最近几年，经过树脂厂持续的研发投入，无溶剂聚氨酯树脂的Pot-life已经从前期的1min延长到10min，而后熟化需要的时间也从5min以上缩短至3～4min，操作时间和后熟化达到了很好的平衡，连续化生产问题已完全解决，另外无溶剂低压浇注设备及合成革厂的生产工艺已经越来越成熟，目前市场上拥有无溶剂浇注设备的厂家均采用该方法生产无溶剂聚氨酯合成革。

7. 低压浇注机

合成革用无溶剂聚氨酯树脂是通过A、B组分快速反应成型，一旦A、B料混合后，在很短时间内原料黏度开始上升。因此不同于溶剂型聚氨酯浆料可以通过手工配料，无溶剂聚氨酯A、B料生产必须使用无溶剂浇注设备，也就是通常所说的低压浇注机或者上料机。

合成革用无溶剂聚氨酯浇注机是根据合成革所需的单位涂布量、生产线线速度、烘箱长短、原料的混合比例范围、半干时间及后熟化时间来设定计量泵的齿轮大小、吐出量、管道的内径等参数并设计的一款全新的低压浇注设备。图2-21是低压浇注设备的原理简图。生产前，原料储存在各自的料罐中，并加热到要求的工作温度。生产时，计量泵开始运转，原料从料罐通过计量泵输送到混合头，通过搅拌后吐出。

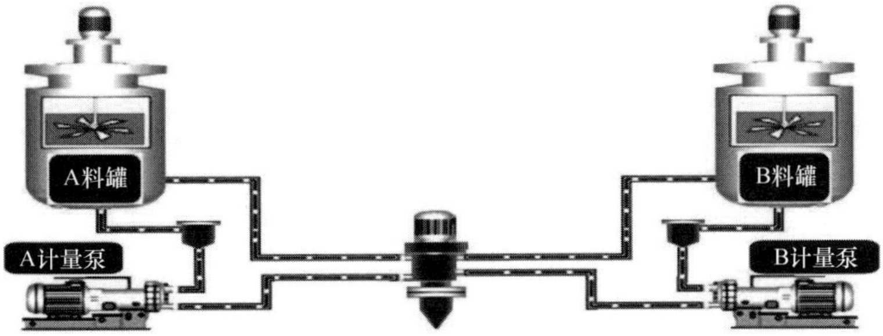

图2-21　低压浇注机原理简图

聚氨酯合成革用低压浇注设备主要包含三大主要系统及辅助系统，主要系统有原料存储系统、混合系统及活动浇注系统，如图2-21所示，原料存储系统就是通常所说的料罐，主要起存储原料、维持原料温度恒定的作用；混合系统是整个低压浇注机最核心的系统，主要起维持计量混合比例精确、出料量稳定、管道压力稳定等作用；活动浇注系统主要作用是将浇注机混合均匀后的料均匀地涂布到离型纸上。辅助系统有冷却/加热系统、保温系统、自动加色系统等。

从 2012 年开始，聚氨酯合成革用低压浇注机从最初的简易生产装置发展到今天，已经开发出四代产品：

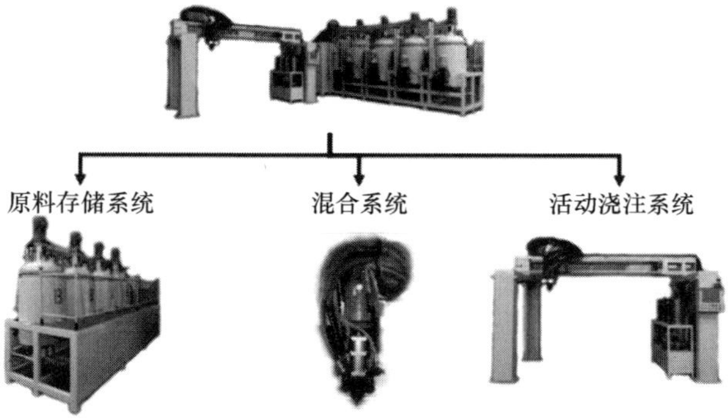

图 2-22　主要部件及系统示意图

（1）第一代产品特点

① 主料使用三罐三泵式结构，如图 2-23 所示，以适应不同的材料配比，在配比 100∶（10～100）的范围内都可以使用，在市场前期不知道哪家原料能够稳定的情况下、在项目启动前期不确定哪家原料能够达到要求的情况下、在作为实验机频繁打样各类产品的情况下，都能够满足要求。

② 原料输送系统采用最原始的开放式结构，优点是在实验阶段很容易因为操作保养不到位造成堵塞或者损坏，开放式结构的易维护保养能够让工作更简单。缺点是在输送系统的温度控制和恒定方面比较差，尤其是冬天，如果室温低于 10℃，常会出现因为原料低温固化而堵塞输送系统的问题。

③ 混合枪头是在常规低压发泡机的基础上进行第一次改进，主要注重的是达到长时间工作温度稳定，但是在其他一些细节方面没有明显改进。

④ 辅料系统、真空系统、清洗系统、自动补料系统都采用最基本的结构，仅能满足初级需求。

图 2-23　第一代浇注机

图 2-24　第二代浇注机

（2）第二代产品特点

① 主料使用六罐四泵式结构，如图 2-24 所示，在适应大范围的材料配比情况下，还增加了应对批量订单连续化生产的需求；将量产工作料罐和试验料罐进行了区分，满足接到量产订单的客户同时存在的量产需求和打样需求。

② 原料输送系统增加了切换功能，实现各料罐原料的快速切换。同时增加了加温功能，避免原料低温固化造成的堵塞。

③ 活动浇注桁架进行了升级，在结构更加稳固的基础上，增加了自动清洗位。同时软件运动控制方面引入线性控制，避免了匀速运动造成的两侧积料过多的问题。

④ 自动控制方面进行了多处升级，更贴合量产使用。

（3）第三代产品特点

① 从原料储存系统到输送系统都进行了根本升级，如图 2-25 所示，实现了原料温度的全程控温，将原有的连续量产能力进行了革命性的升级。

② 对混合枪头进行了大规模的升级换代，在温度控制上从原来的恒温变为控温，同时改变了密封结构，从根源上规避了一些常见故障的发生。

③ 自动化控制的选配件增多，包括但不限于：量产型添加剂系统、流量闭环控制系统、储料罐自动清洗系统等。

图 2-25 第三代浇注机

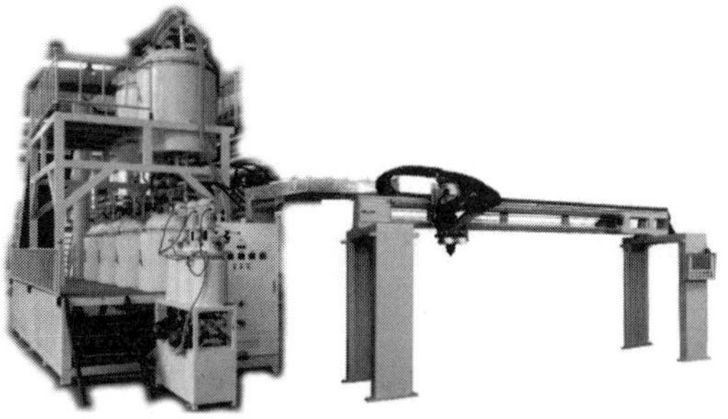

图 2-26 第四代浇注机

（4）第四代产品特点

① 更加趋于专机专用，可以是洗衣机大小的便携式打样试验机，也可以是大型双层量产设备，如图 2-26 所示。

② 对量产稳定性的要求越来越高，一些高精度的流量计等配件选用成为常态。

③ 对自动化程度要求越来越高，规避各种因人为操作造成的失误。

8. 生产工艺

无溶剂聚氨酯合成革由于没有湿法过程，只采用干法线生产。不同用途的合成革有不同的物理性能要求，因此根据不同的性能要求可以选用不同的生产工艺，不仅可以大幅提高生产效率，还可以节约成本，取得效益最大化。以三涂四烘的干法生产线为例，如图 2-27 所示，根据涂布次数的不同，主要有以下几种生产工艺：

（1）一刀法工艺

一刀法工艺是一次涂布成型，原料均为无泡孔结构的聚醚或者聚酯体系。优点是生产工艺简单，易于控制，产品物理性能优良；缺点是产品种类过多时调色比溶剂型合成革困难，表面容易有小气泡。一刀法工艺主要生产两类产品，一类是对耐磨耐刮要求非常高的产品，比如机场、车站电影院等的座椅、按摩床等；第二类是无折痕水晶镜面革产品，该类产品水晶感、立体感强，达到湿气固化镜面革效果，但该工艺的生产效率是湿气固化工艺的几十甚至上百倍，同时由于分子结构中脲键含量低，该工艺生产的镜面革－20℃低温耐挠曲超过 5 万次，超越湿气固化工艺生产的镜面革，可以用于鞋革和箱包革。一刀法生产耐磨耐刮革产品的流程如图 2-28 所示，一刀法生产无折痕水晶镜面革流程如图 2-29 所示。同样是采用一刀法工艺，但两类产品的生产流程有很大差别，用一刀法做耐磨耐刮革需要在离型纸上刮涂、半干贴合及后熟化，因此做该类产品最少需要两段烘箱。图 2-27 中典型无溶剂合成革用干法生产线，可以在一涂或二涂或三涂位置加装无溶剂浇注设备，

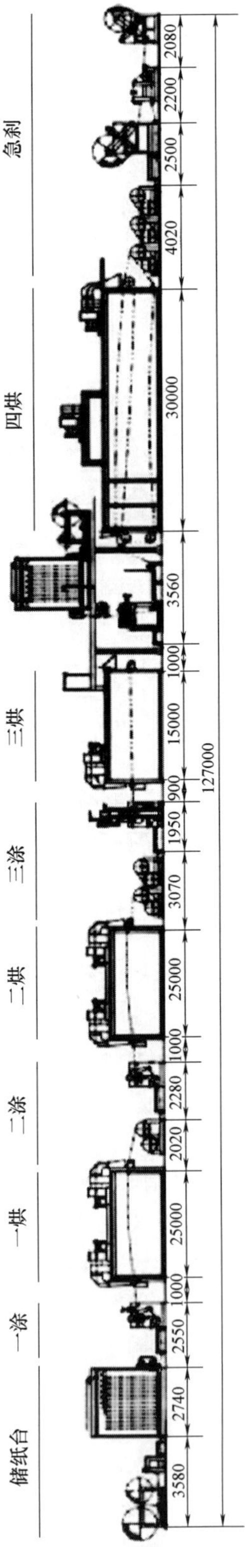

图 2-27 三涂四烘干法生产线示意图

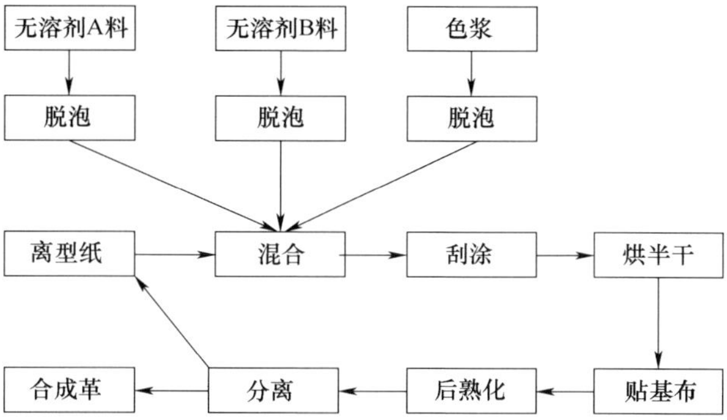

图 2-28　一刀法生产耐磨耐刮革产品流程示意图

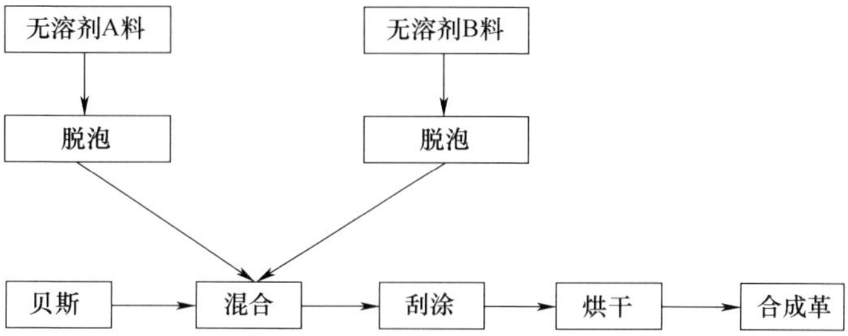

图 2-29　一刀法生产无折痕水晶镜面革工艺流程示意图

在二涂、三涂、四涂前加装贴布装置即可；而一刀法生产无折痕水晶镜面革则不需要离型纸，直接在贝斯上刮涂无溶剂料，仅需一个涂台一段烘箱即可，但所需的生产线必须带有针板。

（2）两刀法工艺

一刀法工艺生产无溶剂聚氨酯合成革虽然简单，但由于双组分料调色较为困难，特别是面对颜色多样化的产品调色十分烦琐且批次色差较大；另外一刀法工艺生产的产品必须是无泡孔结构，因此手感不是太好，无法满足做服装等柔软类产品的要求。为了解决这种缺陷，市场上很多生产无溶剂合成革厂家选用两刀法做服装革、沙发革和箱包革。第一刀选用水性聚氨酯树脂，主要提供不同的表面效果；第二刀选用无溶剂聚氨酯发泡树脂，主要提供厚度、剥离强度、曲折等物理性能。该工艺的优点是面层颜色易于调节，无溶剂聚氨酯发泡树脂密度和硬度易于调节，配方可调节空间大。图 2-27 中典型无溶剂合成革用干法生产线，可以在二涂或三涂位置加装无溶剂浇注设备，在三涂或四涂前加装贴布装置即可生产，两刀法工艺最少需要两涂三烘，目前市面上所有的干法线均可满足要求，只是烘箱长短的不同造成生产速度的不同。图 2-30 是两刀法生产无溶剂聚氨酯合成革工艺流程。

（3）三刀法工艺

一刀法和两刀法工艺可以满足绝大部分产品对手感及物性的要求，但有一些特殊产品对产品的耐磨耐刮性能、剥离强度、手感及表面触感均有非常高的要求，如车辆革、运动鞋革等，因此生产的时候采用三刀法工艺，第一刀水性面层树脂，提供不同表面效果及滑爽、耐磨耐刮等性能，可以根据所需要求添加手感剂、滑爽剂及耐磨耐刮助剂；第二刀水

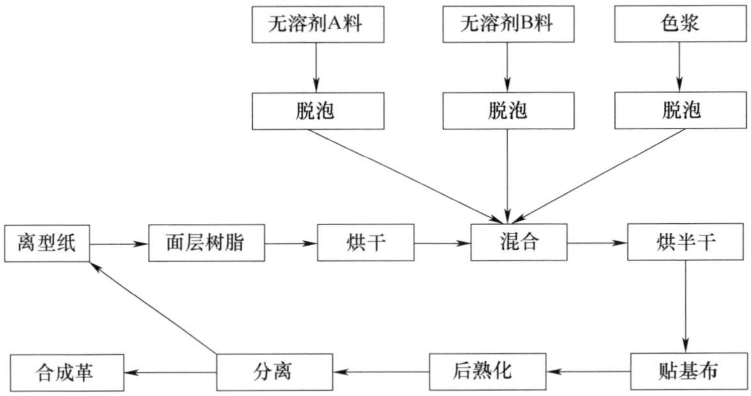

图 2-30　两刀法生产无溶剂聚氨酯合成革工艺流程示意图

性粘接层树脂，主要起到面层与无溶剂层的桥接作用，因为一旦面层树脂中加入了滑爽剂、耐磨剂等助剂后，面层与无溶剂层很难粘接在一起，因此必须要一刀粘接层；第三刀无溶剂聚氨酯发泡，主要提供厚度、剥离强度、曲折等物理性能。做三刀法工艺必须要如图 2-27 所示的三涂四烘干法生产线，图 2-31 是三刀法生产无溶剂聚氨酯合成革工艺流程。

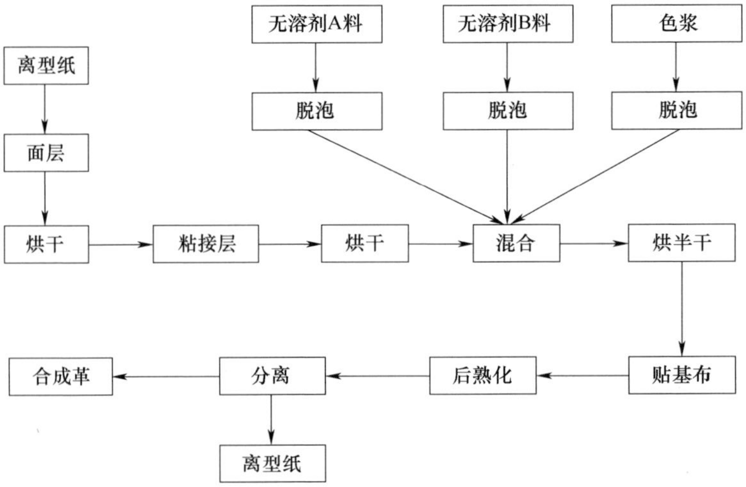

图 2-31　三刀法生产无溶剂聚氨酯合成革工艺流程示意图

除此之外，三刀法还有一种生产工艺是第一刀刮涂水性面层树脂烘干，第二刀刮涂无溶剂聚氨酯发泡树脂并烘干，第三刀刮涂水性黏结层树脂后直接贴布。该工艺的优点是没有无溶剂聚氨酯发泡树脂的半干贴过程，避免了贴合干湿度不同对产品品质的影响，缺点是在第二刀刮涂无溶剂聚氨酯发泡树脂后需要完全烘干，而无溶剂聚氨酯发泡树脂在 130℃，4～5min 才可以烘干，因此第二段需要很长的烘箱，而目前整个市场上的干法线并无这种布局，只有极少数厂家通过对干法线的改造拥有这种布局，相比之下此工艺弊大于利，这里就不详细介绍。

9. 生产过程中常见问题分析

无溶剂聚氨酯合成革经过几年的发展已经取得了很大的发展，实现了质和量的快速增长，但由于采用的是全新的材料、全新设备及操作工艺，在实验室打样或者在初期生产过程中经常会出现各种异常。以下总结了在生产过程中经常容易出现的几种问题，做了分析，并给出了相应的解决方案。

（1）粘刀

粘刀是指在无溶剂聚氨酯合成革生产过程中，在无溶剂聚氨酯发泡料经过低压浇注机混合后浇注的干法刀头上，由于反应的pot-life（存放时间）太短，在原料还未完全经过刀口的时候就开始发泡，造成原料在刀口堆积直至完全卡住无法生产，如图2-32所示。在无溶剂聚氨酯合成革推广的前期，当时无溶剂聚氨酯发泡料的pot-life只有1min，因此连续生产1h就会出现粘刀现象，需要停机擦刀，费时费力。

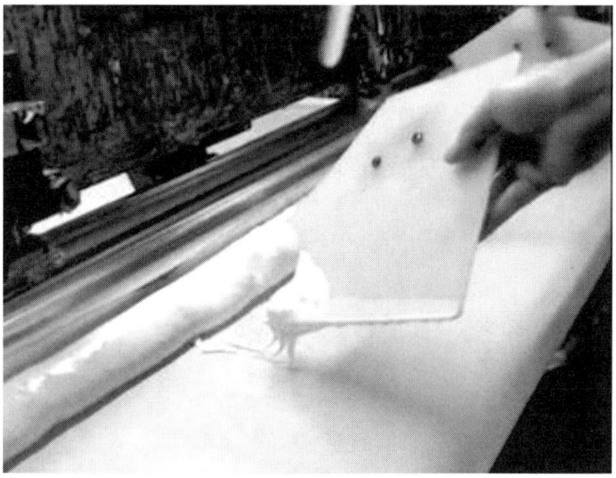

图2-32 粘刀

但经过树脂厂几年不懈的努力，目前市场上在售的产品pot-life已经长达10min，且不影响后熟化性能，完全可以确保24h连续生产，虽然树脂的pot-life已经可以满足连续性生产，但还是需要注意生产的时候刀口不可堆积过多的原料，因为原料过多时，一方面过刀时间会大幅延长，另外一方面堆积在一起的料缓慢反应放热，且热量无法快速排出，会造成原料在刀口放热越来越多，反应越来越快，长时间连续生产也会出现粘刀的风险。

（2）表面针孔、开裂

在无溶剂聚氨酯合成革生产中经常会出现表面针孔及开裂现象，如图2-33所示，严重影响产品的外观、耐磨耐刮特性等物性，严重的甚至无法使用，经过总结发现原因主要有以下几个方面：

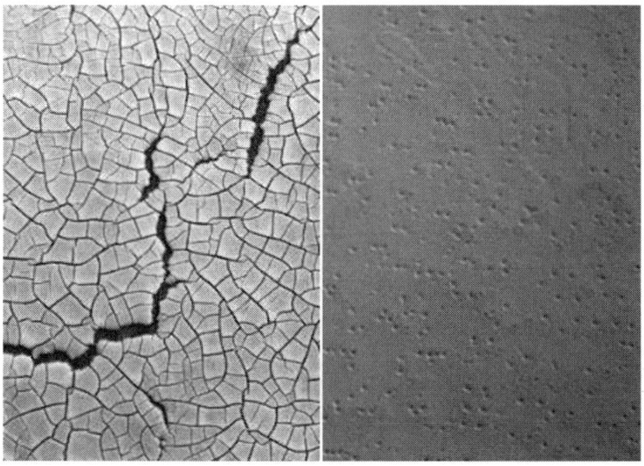

图2-33 革表面针孔、开裂

① 面层黏度过高：进入烘箱后表面干燥太快，底部水汽无法排出，造成表面开裂。

② 涂层太厚：面层烘干后底层未干，继续烘的时候水汽无法排出，造成表面开裂。

③ 烘箱初始温度过高：面层进入烘箱后黏度过高，小气泡破裂后，未重新流平就已固化形成针孔。

④ 排风量太小：水汽在烘箱里面无法排出，相对湿度饱和，水分无法从面层排出，表面会出现开裂。

针对以上四种造成异常的原因，在实际生产过程中可以通过以下几种方式来解决：

① 面层黏度控制在 2～3Pa•s；

② 降低涂布间隙，单刀涂布厚度要低于 15 丝，12 丝最佳；

③ 烘箱阶梯升温，初期 80℃，逐步升温到 120℃；

④ 加大排风，尽快将水汽排除。

(3) 面层与无溶剂层分层

面层与无溶剂层分层在无溶剂聚氨酯合成革生产中比较常见，在行业内俗称脱皮，如图 2-34 所示。

图 2-34 面层与无溶剂层分层

脱皮的原因主要是面层树脂跟无溶剂聚氨酯发泡层粘接不牢，但并不是完全粘接不上，因此很多时候在生产时通过手撕皮膜并不太容易发现，只是到成品检测剥离的时候才发现，但已经造成较大损失，因此为了避免或者减少这种损失，一方面要求在生产的时候要在线检测剥离，另一方面要找到造成脱皮的根本原因。通过分析，脱皮有以下几种主要原因：

① 面层与无溶剂层为不同类型：根据相似相容原理，不同类型的材料相容性会差，比如选用聚醚型面层树脂搭配聚酯型无溶剂聚氨酯发泡树脂，或者聚酯型面层树脂搭配聚醚型聚氨酯发泡树脂就会很容易造成脱皮，因此无溶剂聚氨酯合成革在生产之前一定要通过实验选择与无溶剂聚氨酯树脂相匹配的面层树脂。

② 面层加入过量滑爽剂：很多产品由于需要不同的表面效果或者耐磨耐刮性能，在实际生产中会向面层树脂中加入滑爽剂，但无溶剂聚氨酯树脂由于不含溶剂，涂布后无法破坏面层树脂渗透到面层中去，使得无溶剂聚氨酯发泡层本身与面层的粘接性比溶剂型的差，一旦再加入过量的滑爽剂，这种层间粘接效果会更差，甚至会出现层间分离造成脱皮，因此加入滑爽剂面层在大生产前一定要测试层间粘接性。

(4) 无溶剂层不熟化或成品死皱

无溶剂聚氨酯发泡树脂在生产过程中会出现不熟化或者泡沫回弹很差的现象，图 2-35 是正常泡沫与回弹性差的泡沫对比，做成成品的表现是经过堆压后出现无法恢复的折纹，俗称死皱，特别是在做对手感要求高的服装革等产品时，很容易陷入误区，以为做出来的手感比以前更好，殊不知已经出现产品质量问题，在后期做服装的时候非常

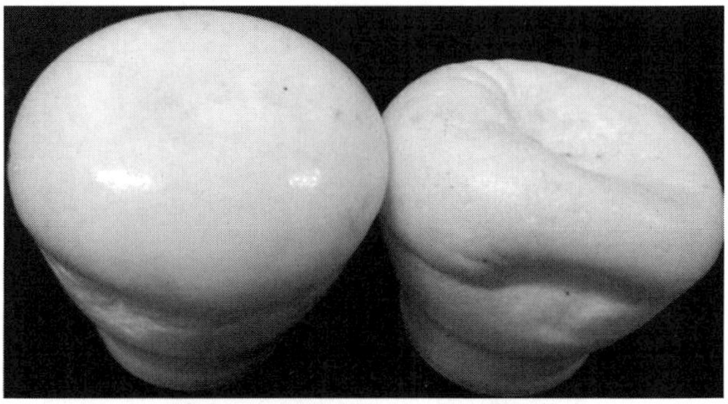

正常　　回弹性差

图 2-35 泡沫回弹性能对比

容易出现死皱。

在无溶剂聚氨酯产品品质正常的前提下，造成这种异常的主要原因及解决方法如下：

① 混合比例偏差过大：由于浇注设备设置、管道堵塞或者人为操作造成实际生产比例与理论比例偏差过大，造成一个组分过量太多，树脂整体相对分子质量过小，产生的现象是泡沫的回弹很慢，但偶尔可以回弹回来，泡沫硬度也比正常低很多，成品手感也很软。解决方法是每次在生产前手工计量混合比例，稳定后发泡，泡沫的上升时间、手感、硬度等参数正常后可以开始生产，在生产过程中每间隔 30min 需要在线取样监测上升时间、手感、硬度等参数，一旦出现异常必须立即停机重新测试混合比例。

② 使用不合适的水性面层树脂：目前市面上很多水性聚氨酯面层树脂是通过羧酸和三乙胺成盐来进行水性化，在面层烘干后，三乙胺挥发后羧基游离出来，而无溶剂发泡聚氨酯所用的催化体系基本都是胺或者有机金属盐，在涂布完无溶剂聚氨酯发泡层树脂后，面层中的羧基会严重影响无溶剂层的后熟化，造成无溶剂发泡聚氨酯层熟化很慢甚至不熟化，因此水性面层最好选用磺酸盐类或者外乳化类水性聚氨酯，这两类水性面层对无溶剂聚氨酯发泡层的后熟化基本无影响。如果使用前述含有羧基的水性聚氨酯面层树脂，在使用前加入固化剂将羧基封闭，也可以做到不影响无溶剂聚氨酯发泡层的后熟化。

（5）加入阻燃剂后泡沫无法熟化

很多应用领域对合成革的阻燃特性有要求，如沙发革、装饰革及汽车革等。为了达到阻燃要求，通常在无溶剂聚氨酯料中添加阻燃剂，前面有介绍不同类型的阻燃剂，应用在无溶剂聚氨酯合成革中的无卤阻燃剂主要是磷系阻燃剂，由于磷系阻燃剂具有较高的酸值，会对碱性的无溶剂聚氨酯催化剂体系有很大影响，造成泡沫不能完全熟化（反应完全）。图 2-36 所示是添加阻燃剂后熟化不完全的泡沫。因此在实际生产前，需要对加入阻燃剂的种类、添加量及阻燃效果进行测试，达到要求后才可以进行生产。最好是选用表面进行包覆处理过的阻燃剂同时搭配少量无机阻燃剂一起使用，这样可以做到完全不影响泡沫的熟化。

图 2-36　添加阻燃剂不熟化的泡沫

（6）剥离强度不够、手感太硬或太软

除了面底与无溶剂发泡层分层造成剥离强度不够，还有另外一种就是与基布贴合不牢造成剥离强度不够，同时还会造成合成革手感太软或者太硬，主要原因是半干贴的时候贴得太干或者太湿。贴得太干时，无溶剂聚氨酯发泡料渗透到底布太少，很容易从底布上分离，剥离强度低，手感与正常比较太软，这个很容易理解。如果贴合太湿，剥离强度一样很低，因为贴合得太湿，无溶剂聚氨酯发泡料绝大部分会渗透到底布中去，造成面层与底布间的接着面积减少，剥离强度降低，同时造成合成革手感僵硬。为了解决这类问题，在实际生产中一定要控制车速、烘箱温度、风量、贴合压力、贴合间隙的匹配性，一旦确定后切勿随意变动。

三、TPU合成革制造技术

（一）TPU树脂

TPU是热塑性聚氨酯的简称，是一种特殊的弹性材料，具有高模量、高强度、高伸长率、高弹性以及优良的耐磨、耐油、耐低温、耐老化等性能，在一定温度下可加热熔融，故可采用压延工艺或转移涂层工艺制备无溶剂合成革。由于在制革过程中无有机溶剂排放，也属典型的环境友好材料。

TPU树脂通常采用反应注射成型（Reaction Injection Molding，RIM）技术制备。RIM是反应注射成型是在研究液体注射成型的基础上发展起来的、20世纪60年代德国Bayer公司首创的聚氨酯加工技术。

RIM是将两种或多种具反应性的液体组分（原料）在一定温度下注入模具型腔内，在其中直接生成聚合物制品的成型技术，即将聚合与成型加工一体化。RIM成型原料为液体，有成型快、节能、对产品适应性强、成本低、易增强等优点。RIM技术显著特点之一是成型过程受物理条件影响，如模具的尺寸和温度、反应物料温度等，故需对反应的动力学和热力学展开研究。RIM技术还具有下列特点：

① 参加反应的原料之间的比例可以精确调节。两组分之比可从2∶1调节到1∶4，从而在同一台RIM机上可得到性能不同的制品，如软泡沫制品、弹性体和硬泡沫制品等。

② 由于参加反应的各组分都是液体，其黏度很低，充模时的流动性高，使充模压力和锁模力都很低，这不仅有利于降低成型设备和模具的造价，而且很适合成型大面积、薄壁和形状很复杂的注射制品。

③ 制品是通过交联或聚合成型的，而不是通过冷却成型，成型中并不需要热的模具型腔来激活反应，实际上由于反应热的存在，往往需要冷却模具。

RIM成型设备主要包括用于准备液态组分的供料和贮料系统，用于保证液态组分按照适当的流量和压力输送的计量泵送系统，单个或几个高压混合头组成的高压混合撞击系统，具有将模具夹持和打开功能的载模器，如图2-37和图2-38所示。

1. 反应注射成型工艺

RIM成型工艺流程主要包括原料储存、计量、混合、充模、固化、顶出和后处理。单体或预聚物以液体状态经计量泵以一定的配比送入混合头混合，混合物注入模具后在模具内进行快速反应并进行交联固化，脱模后即为RIM制品。

（1）储存

两种原料液通常在一定温度下储存在两个储存器中，储存器一般为压力容器，除用来储存注射所用的液态组分外，还需要能承受一定的压力，这种压力是为了保证液压泵能够

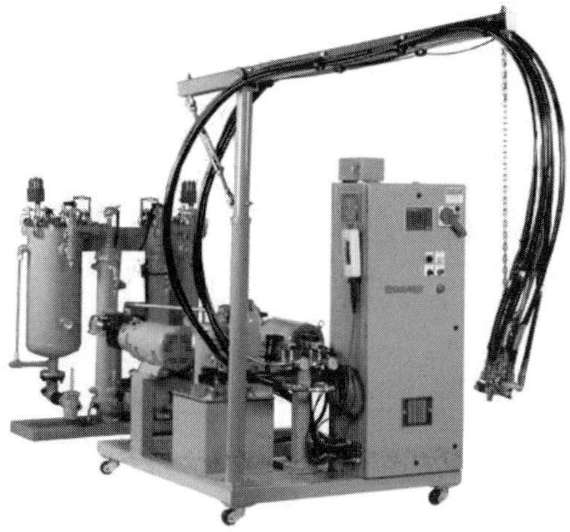

图 2-37 反应注射成型设备

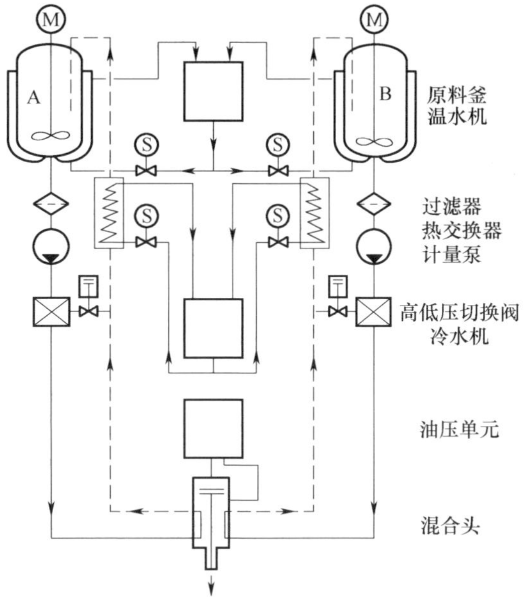

图 2-38 反应注射成型机平面示意图

对其抽取的组分进行稳定计量，在不成型时原料液通常在 0.2～0.3MPa 的低压下在储存器、换热器和混合头中不断循环。另外，储存器上一般都需要配备黏度和温度控制器，内部还装有搅拌装置，这样做除了能够满足注射温度要求外，也是为了防止原液中固体组分的沉析，保证液态组分在注射成型过程中具有良好的流动性和均匀性。对于 TPU 的制备，原料罐的温度一般为 20～40℃，温度控制精度为±1℃。

（2）计量

不同组分原料液的计量一般由液压系统来完成，液压系统由泵、阀及辅件组成控制液体物料的管路系统与控制分配缸工作的油路系统组成。喷出时，则需经过低高压转换装置转换为设定的高压喷出。原料液的计量用液压定量泵进行计量输出。一般来说，用于输送两种物料的高压泵是由一个同心轴电机带动的，如果任意一原料泵发生故障，则会导致电动机转速下降，使另一高压泵转速也同时降低，流量减少，而两种组分的比例却未改变。为严格控制注入模腔进行反应的各原料液配比，要求计量精度至少为±1.5%，最好控制在±1%以内。

（3）混合

在 RIM 成型中，产品质量几乎有一半直接取决于混合头的混合质量，生产能力则几乎完全取决于混合头的混合质量。它们的基本原理都是将压力转化为速度，使各组分之间产生强烈的碰撞混合作用。一般采用的压力为 10.34～20.68MPa，在此压力范围内能获得较佳的混合质量。混合时强烈的撞击使混合质量得到了保证，因此在成型时，即使所用配方要求的各种原料泵送量悬殊，也能获得可直接用作最终产品的均匀反应混合物。

（4）注射充模

反应注射物料充模的特点是料流的速度很高，为此要求原液的黏度不能过高，黏度过高的混合料难以高速流动。黏度过低的混合料也会给充模带来一系列麻烦：一是混合料容易沿模具分型面泄露和进入排气槽，从而给模具排气造成困难；二是料流可能夹带空气进入模腔，严重时会造成不稳定充模；三是会使化学反应加剧，在很短时间内产生大量的反应热，反应热引起升温，轻者增大制品的收缩率，重者会导致热降解；四是会造成混合料中固体粒子在流动中沉析，不利于保持制品质量的一致。一般规定聚氨酯混合料充模时的黏度不应小于 0.1Pa•s。

由于反应过程是一个放热过程，在加工过程中会导致温度上升，因此原料初始温度与此温升之和必须小于材料分解温度，聚氨酯体系的分解温度约为 200℃，聚氨酯原料体系由放热反应造成的温升大约 130℃，因此，原料的初始温度不得超过 90℃。充模阶段由于充模速度过高引起的湍流会造成最终制品上形成气泡，通常模腔内平均流速一般不应超过 0.5m/s。

（5）固化

由于具有很高的反应性，聚氨酯两种单体原液的混合料在注入模腔后，可在很短的时间内完成固化定塑。由于聚氨酯的导热性差，大量的反应热使成型物内部温度远高于表层温度，致使成型物的固化是从内向外进行。在这种情况下，模具的换热功能主要是为了散发热量，以便将模腔内的最高温度控制在树脂的热分解温度以下。

2. 利用 RIM 技术制备 TPU

RIM 成型技术最早应用于聚氨酯类橡胶、塑料、弹性体的生产，氨纶纤维也是先采用该技术制备 TPU，然后经熔融纺丝而制备的。TPU 的制备工艺流程主要包括原料储存、计量、混合、熟化等，而无需充模、固化、顶出和后处理等成型工序。通过配方的调整，利用 RIM 可生产出不同密度的软、硬 TPU 制品，不同密度结构的泡沫材料以及不同模量的 TPU 弹性体粒料等。

生产 TPU 所用原料有多异氰酸酯以及能与多异氰酸酯起反应的混合化合物、多元醇、催化剂、表面活性剂、阻燃剂及其他添加剂。

影响聚氨酯性能的主要因素包括化学组成软段和硬段之比、化学结构的类型异氰酸酯的化学反应类型、密度、交联度和相分离程度。异氰酸酯是形成聚氨酯硬链段的主要材料，通常适合于（RIM-TPU）工艺的异氰酸酯为 MDI（4,4′-二苯基甲烷二异氰酸酯），纯的 MDI 异氰酸酯的官能度为 2.0，在室温下固态熔点为 42℃，需对其加以改性，使之在室温时成为液体，以适合 RIM 工艺要求。一般有碳化二亚胺改性的液化 MDI（C-M-MDI）和聚氨酯改性的液化 MDI（U-M-MDI）。不同改性液化 MDI 对 RIM 工艺和所制材料性能有不同的影响：U-M-MDI 制得的 RIM 制品伸长率和撕裂强度好，但耐热性差、脆化温度较高；C-M-MDI 制得的 RIM 制品脆化温度较低，但它的弯曲弹性模量和热稳定性优于 U-M-MDI。聚合多元醇主要有聚醚多元醇和聚酯多元醇，聚醚多元醇由于黏度小、流动性好，而较适合 RIM 体系。用于 RIM 的聚醚多采用环氧乙烷封端的高活性聚醚。扩链剂一般是能和异氰酸酯反应生成刚性链段的低相对分子质量的二元醇或二元胺，RIM-TPU 常用的扩链剂是 1,4-丁二醇（BDO），BDO 扩链剂的用量影响着材料的硬段、软段组成，进而影响材料的性能。

经高压混合头（图 2-39）反应挤出的预聚物，需经进一步熟化，使异氰酸酯和多元醇等反应完全，以保证 TPU 的热力学性能满足使用需求。市场上的 TPU 多为粒料，其熔融温度、热力学性能随配方设计的不同而不同。

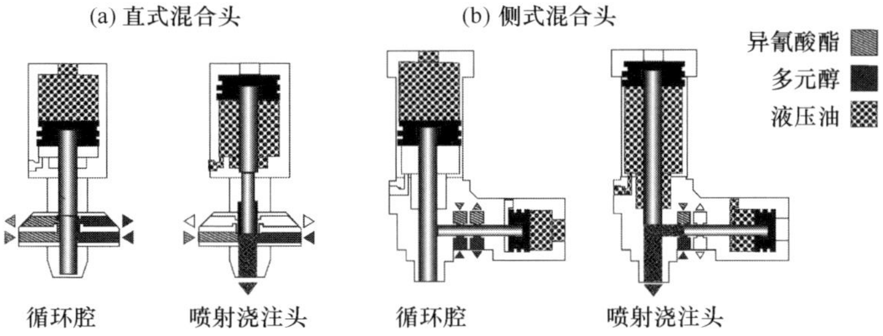

图 2-39　高压混合头示意图

(二) 基于 TPU 树脂的合成革制造原理与技术

以热塑性聚氨酯（TPU）或热塑性聚烯烃（TPO）为原料，可以制备无溶剂合成革。具体工艺是：将 TPU 粒料熔融分别制成 TPU 薄膜面料、TPU 热熔胶膜、TPU 发泡底料，然后按照上层 TPU 面料→中间层 TPU 胶膜→TPU 发泡底料顺序，经热压贴合机于 120～230℃热压贴合（3～30s），制成热塑性无溶剂合成革。另外，佛山飞凌皮革化工公司生产的一种双组分无溶剂发泡底料，其发泡温度低（＜130℃），双组分 PU 本身就是黏合剂，无需粘接层。

台湾高鼎化学公司借用传统的人造革压延设备，成功制备出了基于 TPU 树脂的无溶剂合成革，其工艺示意图如图 2-40 所示。

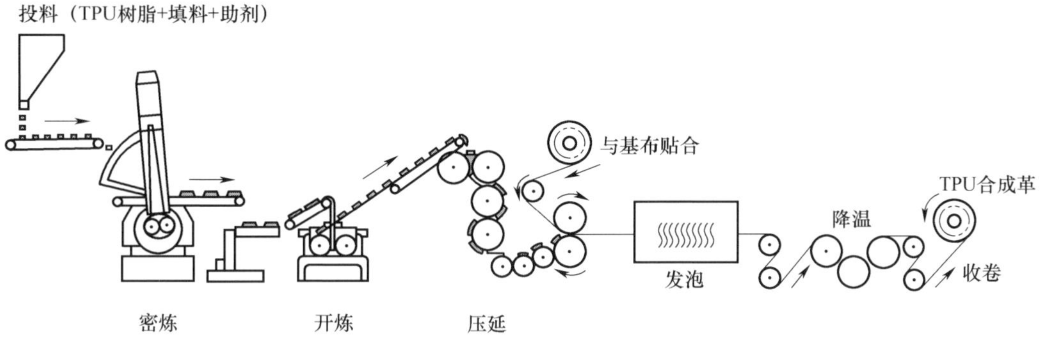

图 2-40　基于 TPU 树脂的无溶剂合成革工艺示意图

工艺流程：TPU 树脂＋填料＋助剂→密炼→开炼→压延→与基布贴合→（发泡）→冷却→收卷（TPU 合成革）。

利用该方法制造无溶剂合成革需要特殊的压延设备，投资较大，各工段的加工温度比传统工艺要高，能耗偏大；另外，如果缺少发泡环节，成革的丰满度和透气、透湿性能及卫生性能也尚待提高。与双组分无溶剂合成革制造工艺相似，该方法在制造羊巴革、染色革等效应革时也会受到一定的限制，表面处理和面层、粘接层仍宜采用水性树脂。

如果将 TPU 树脂的压延技术和水性树脂的表面处理、面层、粘接技术相结合，即表面处理层、面层、粘接层采用水性树脂，中间层采用 TPU 树脂，既可以克服水性发泡体系的成本、质量稳定性控制问题，又可平衡无溶剂体系的设备配伍和表面处理效应不足的问题。

四、基于有机硅材料的合成革制造技术

有机硅是一类具有许多独特和宝贵性能的新型化工产品，曾主要作为航空、尖端技术、军事技术部门的特种材料使用。随着现代工业的发展，各类有机硅材料以其优异性能及广泛应用而获得“科技发展催化剂”及“工业维生素”的双重美誉，各类硅烷、硅氧烷中间体以及由它们制得的硅油、硅橡胶、硅树脂（包括它们的二次加工品）等产品，已在建材、电子电气、织物整理、日化、医药工程、汽车、家电等行业获得广泛应用。

有机硅与纺织行业的联系非常密切。全世界有机硅产量中约20%用于纺织印染助剂，从化纤的抽丝、牵伸、仿羽绒纤维的生产，到纺织前整理的梳理、并条、复洗，染中的增深、增艳、消泡，以及织物后整理的涂层、防水、拒油、亲水、防污、防静电处理和柔软、回弹整理，几乎每道工艺都要使用有机硅助剂。有机硅已被公认为是性能优异的纺织印染助剂种类，在助剂中的地位无可比拟。

皮革化学品也是有机硅应用的一个重要方向。有机硅在皮革中的应用主要包括皮革防水剂、皮革鞣剂、皮革加脂剂、皮革涂饰剂和手感剂等。通过在皮革中添加有机硅助剂，可以明显改善皮革制品的质量，并赋予皮革一些新的性能，使皮革表面更加滑爽、柔软、丰满且有弹性。

20世纪末期，一些有机硅材料研究工作者开始尝试思考将有机硅作为涂层材料运用于合成革的可行性与实现方式。传统合成革的涂层材料主要为聚氨酯（PU）和聚氯乙烯（PVC）两种。这两种材料均为石油行业衍生产品，而世界石油资源经过人类多年的开采，储量日益减少，已使全球石化行业感到前所未有的资源压力。同时，以PU、PVC为涂层材料的传统合成革在制造过程中还会对环境造成严重污染。与之相比，有机硅是可以不依赖石油和天然气而生产的一类有机化工材料（比如其主要源头基础原料之一的硅矿石约占地壳质量的95%），虽然其开采价值还需要视矿石的质量、蕴藏量、开采的难易等因素决定，但仍然可以说取之不尽、用之不竭；同时，利用有机硅产品中的液体硅橡胶开发合成革涂层材料，可采用有机硅氢加成反应体系，不需要使用有机溶剂，无副产气体，可大大减少环境污染。加之有机硅具有耐高低温、电气绝缘、耐氧化稳定性、耐候性、难燃、憎水、耐腐蚀、无毒无味以及生理惰性等优异特性，因此，以有机硅作为合成革的涂层材料予以应用，理论上完全具备可行性与现实意义。

2000年前后，基于有机硅材料卓越的环保、耐候性能，以及其具有表面能低、摩擦因数大的特点，美国耐克（NIKE）、安德玛（Under Armour，UA）公司开始推广应用以有机硅涂层替代PVC涂层的橄榄球止滑运动手套。这标志着有机硅材料开始以复合材料基本涂层的身份出现在新的应用舞台，并逐渐拉开后续有机硅合成革研制的帷幕。

此后，基于有机硅涂层的合成革制造技术经历约15年的发展历程后基本发展成熟。由于此前运动手套用复合材料在制造工艺方面系采用将液态有机硅涂层直接刮涂于纺织基材上（单片规格基材丝印上胶）固化的方式进行，无法进行规模化生产，同时其产品无论是表面纹饰视觉效果还是触感舒适程度都远远达不到合成革产品的使用要求，有机硅合成革制造技术的研发也就主要沿着解决规模化工业生产与解决产品表面纹饰与触感这两个方向进行。其中，在解决规模化工业生产制造工艺方面，2003年左右，耐克、安德玛公司的韩国供应商企业与中国供应商企业开始采用在离型材料上进行连续涂布、贴合、固化并

最后剥离的移膜工艺。该工艺与传统合成革的干法移膜制造工艺原理基本一致，具有效率高、操作方便、品质稳定等特点，并在采用预制纹路离型纸作为离型材料时同步形成产品表面纹饰，从而基本解决了有机硅合成革工业化规模制造的基础工艺问题。

而在解决产品触感以及确保涂层材料满足产品各项功能性指标方面，有机硅合成革的研发者们则付出了更多努力。在触感改善方面，韩国大宇国际株式会社曾提出可通过后工序利用硅表面涂布剂处理的方式（典型如喷涂有机硅手感油）来改善触感，但存在溶剂污染、产品表面耐磨耗强度差等问题。而以惠州赛力珑新材料有限公司为代表的中国企业则另辟蹊径，通过单独设计开发包含触感面层在内的涂层组合体系并在干法工艺实施时分次连续涂布的方式从而成功地解决此问题。

（一）有机硅涂层材料

1. 有机硅化合物概述

有机硅，即有机硅化合物，是指含有 Si—C 键且至少有一个有机取代基是碳原子直接与硅原子相连的化合物，如二甲基二氯硅烷（$(CH_3)_2SiCl_2$），四乙基硅烷 $Si(C_2H_5)_4$ 等。习惯上也常把那些通过氧、硫、氮等使有机基团与硅原子相连接的化合物当作有机硅化合物。此外，如正硅酸乙酯 $Si(OC_2H_5)_4$ 及聚硅酸酯等，虽然严格意义上应属于无机硅化合物的范畴，但因其与有机烷氧基硅烷及有机硅酸酯性能相近且关系密切，故习惯上也常将其归入有机硅化合物一类。

有机硅化合物品种众多，可以按不同的方法进行分类。如按立体结构分类，可以分为环状聚合物、线型聚合物以及梯形、笼形、树形、立体网状聚合物等；按分子主链结构分类，则可分为有机硅烷、聚有机硅氧烷、聚硅烷、杂链有机硅聚合物、有机硅共聚物等，其中以硅氧键（Si—O—Si）为骨架，侧基通过硅原子与有机基团相连组成的聚有机硅氧烷（简称聚硅氧烷）是有机硅化合物中为数最多、研究最深、应用最广的一类，占总用量的 90%以上。在中国，人们一般习惯将硅烷单体和聚有机硅氧烷称之为有机硅，但更多的时候会狭义地特指聚硅氧烷。聚硅氧烷一般又可分为硅油、硅橡胶及硅树脂等产品。

有机硅化合物在地壳中并没有天然存在。硅是自然界中含量最丰富的元素之一，它在地壳质量中的丰度在 27%左右，仅次于氧（约 46%）。由于硅原子对氧原子具有极大的亲和力，故自然界中无游离状态的纯硅，而是以氧化物的形式出现，主要是二氧化硅和硅酸盐等无机硅化合物。有机硅化合物则完全属于合成化合物，是随着有机硅化学的发展而被陆续制得的。有机硅化合物是一类可以不依赖石油和天然气而生产的一类有机化工材料，其主要生产原料包括金属硅（由硅矿石煅烧制得）、甲醇和盐酸，制得中间体甲基单体和硅氧烷后，进一步反应可得到多种有机硅产品。

有机硅化合物的合成研制始于 19 世纪 60 年代。1863 年，法国化学家弗里德尔（C. Friedel）及克拉夫茨（J. M. Crafts）利用四氯化硅 $SiCl_4$ 与二乙基锌 $Zn(C_2H_5)_2$ 在 160℃下的封管中反应制得第一个含 Si—C 键的有机硅化合物 $Si(C_2H_5)_4$。1941 年，美国通用电气公司（G. E. CO.）的罗乔（E. G. Rochowt）发明了“直接合成法”，可一步合成有机硅中间体二甲基二氯硅烷（$(CH_3)_2SiCl_2$），从而奠定有机硅工业化生产基础，并相继为通用电气、道康宁等公司所采用。自此，有机硅工业的发展期真正开始，并在 1965 年后进入全面发展的繁荣时期。在中国，有机硅工业起始于 20 世纪 50 年代初，改革开放后迅速发展。经过几代人的共同努力，中国的有机硅工业已发展成为国内化工行业为数不多通过自主创新并拥有自主知识产权的重要民族工业，目前已经占据世界有机硅产业的半壁江山。纵观有机硅化学的发展历程，其发展时间并不很长，至今不过 100 多年。然而由于有机硅化合物分子结构独特，其产品具有许多优异性能及具有广阔应用领域，因而有机硅化学已成为有机高分子领域中发展最快的一个分支。

有机硅工业的基本工艺过程简短叙述如下。

首先将二氧化硅与碳进行电化学热还原反应，产生单质硅。然后单质硅在铜催化剂作用下与气态甲基氯（CH_3Cl）反应生成有机氯硅烷 R_xSiCl_{4-x}，其中 R 为甲基（Me，Methyl）。这种化学反应通常在流化床反应器中进行，其反应方程式如图 2-41 所示。

$$MeCl+Si\xrightarrow[250\sim300℃]{Cu}Me_2SiCl_2+Me_3SiCl+MeSiCl_3+SiCl_4+MeHSiCl_2+Me_2HSiCl+\cdots\cdots$$

图 2-41　有机氯硅烷反应方程式

反应后的混合物通过分馏分离，可得到制备有机硅的关键中间体 Me_2SiCl_2。当设定合适的反应条件时，可以获得 80%以上的产品，其他甲基氯硅烷则对制备应用于制衣行业的有机硅十分重要。

有机硅制造的下一步是水解以制备低聚甲基硅氧烷的混合物，如图 2-42 所示。

$$Me_2SiCl_2\xrightarrow[-HCl]{+H_2O}(Me_2SiO)_x+HO(Me_2SiO)_yH$$

环氧硅烷　　低聚硅氧烷

$x=3,4,5$　　$y=2,3,4,\cdots$

图 2-42　有机硅的水解反应示意图

类似地，可通过 $R'RSiCl_2$ 水解制备相应的低聚有机官能硅氧烷，其中 R′代表除甲基以外的有机官能团。

之后，通过（$Me_2SiO)_x$ 的开环聚合或线型硅氧烷 $HO(Me_2SiO)_yH$ 的缩聚制备高相对分子质量的聚硅氧烷 $Me_3SiO(Me_2SiO)_nSiMe_3$ 或 $HO(Me_2SiO)_nH$，其中 n 为聚合度，其范围一般为 10 至 10000。通常，可通过控制反应的聚合度获得特定黏度的有机硅聚合物，从而开发具备不同性能的产品。当用其他有机物作为有机官能团时，在硅氧烷主链或末端位置插入有机官能团，可以进一步调整硅氧烷的性质。

2. 聚硅氧烷的结构与性能

（1）聚硅氧烷的分子结构

聚硅氧烷是以硅氧键（Si—O—Si）为骨架、侧基通过硅原子与有机基团相连组成的聚合物。聚硅氧烷的硅原子通过氧原子而相互连接起来，其中氧原子可以是一个、二个、三个甚至四个，从而决定了每个有机硅氧烷链节的官能度（能参与反应的官能团数）。当官能度分别为单官能（M）、双官能（D）、三官能（T）时，剩余的化合价则被至少一个有机基团（R）所饱和。当官能度为四官能（Q）时，此四官能度链节则通过与其他链节一起构成聚有机硅氧烷。构成聚硅氧烷的有机硅氧烷链节（结构单元）见表 2-6。

聚有机硅氧烷的链节可以用以下通式表示：

$$R_nSiO_{(4-n)/2}$$

其中，n 为硅原子所接有机基数量，n 的值为 0、1、2、3。由于无官能团的 R_4Si 不能作为聚有机硅氧烷的结构单元，故上式中 n 不能等于 4。当 $n=0$ 时，即为四官能度链节，此时该链节通过与其他硅氧烷链节一起构成聚硅氧烷。

表 2-6　　　　　　　　　　　聚硅氧烷的链节（结构单元）

结构式	组成	官能度	符号
$R_3Si—O—$	$R_3SiO_{1/2}$	单官能团	M
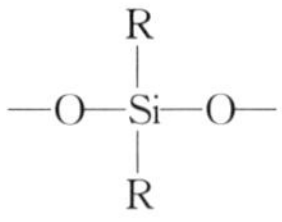	$R_2SiO_{2/2}$	双官能团	D
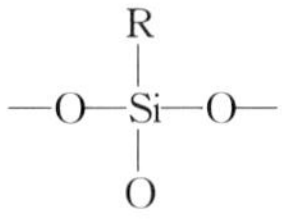	$RSiO_{3/2}$	三官能团	T
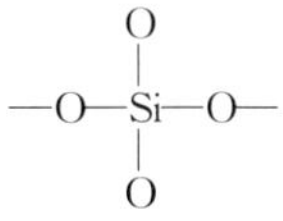	$SiO_{4/2}$	四官能团	Q

相应的，聚有机硅氧烷的通式可以表示为：

$$[R_n SiO_{(4-n)/2}]_m$$

上式中，m 为聚合度，$m \geqslant 2$；n 为硅原子所接有机基数量，但也可理解为硅原子所接有机基的平均数量，或有机取代基对硅原子的比值 R/Si，故此时 $n=1 \sim 3$，但可以为非整数：

① 当 $n=2$ 时，只能得到单环结构低聚合度聚硅氧烷，或高摩尔质量的线型结构聚硅氧烷。当该聚硅氧烷为单环结构的低聚物时，聚合度 m 最小为 3（此时为低聚物六甲基环三硅氧烷 D3），最大可达到 200 左右，但 95%以上为 3～7（相应为低聚物 D3～D7）。当聚硅氧烷为线型结构时，其黏度随聚合度 m 增大而增加，最后可获得黏滞的塑性体[36]（如热硫化硅橡胶的基础聚合物生胶）。

② 当 $n>2$ 时，该聚合物为低摩尔质量的线型聚硅氧烷（如硅油）或支链型聚硅氧烷。而通过改变 M、D、T 的比例，可获得不同聚合度的线型聚硅氧烷或不同构型与聚合度的支链型聚硅氧烷。

③ 当 $n<2$ 时，此聚有机硅氧烷为交联结构的网状高聚物或稠环、螺环、笼形结构的低聚体。

（2）线型聚有机硅氧烷：硅油与硅橡胶

单官能和双官能的有机硅氧烷链节相结合即可得到线型聚有机硅氧烷，其结构式如图 2-43 所示。

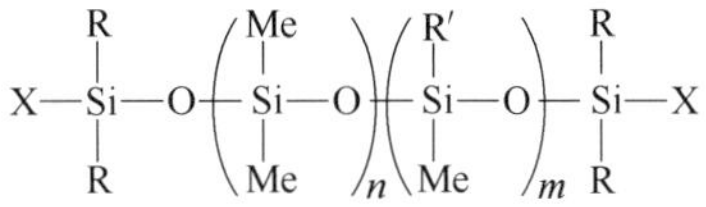

图 2-43　线型聚有机硅氧烷结构示意图

上式中，R 为烷基、芳基；R′为烷基、芳基、氢、碳官能基及聚醚链等；X 为烷基、芳基、链烯基、氢、羟基、烷氧基、乙酰氧基、氯、碳官能基及聚醚链等；n、m 为聚合度，一般可从 0 到 104。n、m 越大，聚合度越高；当 n、$m=0$ 时，该线型聚有机硅氧烷即为最小链节数的六有机基二硅氧烷（$R_3SiOSiR_3$）。线型聚有机硅氧烷中，不同的有机基对聚有机硅氧烷的物理特性有重要影响。有机基为烷基时，烷基的大小对聚合物的黏温系数、冰点及耐热性都有很大影响；相同的聚合度下，聚合物的折射率、表面张力及密度会随碳原子的数量增加而递增。聚有机硅氧烷中，硅油以及硅橡胶的基础聚合物一般都属于线型聚有机硅氧烷。

硅油通常是指室温下为液体油状物的线型聚硅氧烷。线型聚有机硅氧烷中硅原子连接的最主要的有机基为甲基以及适量的乙烯基、苯基等，也可以连接少量羟基、氢等。相应地，常见的硅油包括甲基硅油、乙烯基硅油、苯基硅油、羟基硅油及含氢硅油等，其中甲基硅油、苯基硅油为非反应型硅油，乙烯基硅油、羟基硅油及含氢硅油等则因为含有反应型基团而称为反应型硅油。

硅橡胶则是以线型聚有机硅氧烷为基础聚合物，加入补强填料、交联剂及其他配合物而制成的混合物基料，经配合、硫化可形成弹性体（一般而言，硅橡胶可以指硫化前的混合物基料，也可以指硫化后的弹性体）。硅橡胶一般可分为热硫化硅橡胶和液体硅橡胶两类。其中热硫化硅橡胶是由线型高聚合度（相对分子质量一般为 40 万～80 万，包含 5000～10000 个硅氧烷结构单元，一般称之为生胶）的聚有机硅氧烷配合补强填料、增量填料及赋予各种性能的添加剂配制而成的基料，液体硅橡胶则是由中等聚合度的线型聚有机硅氧烷为基础聚合物配合填料、各种助剂及添加剂配制而成的具有自流平性或触变性的基料，二者皆可在交联剂及其他配合物作用下硫化形成硅橡胶弹性体。

（3）交联结构聚硅氧烷：有机硅树脂

有机硅树脂或硅树脂是以 Si—O—Si 为主链、硅原子上连接有有机基、具有高度交联结构的硅氧烷高聚物。其结构一般如图 2-44 所示。

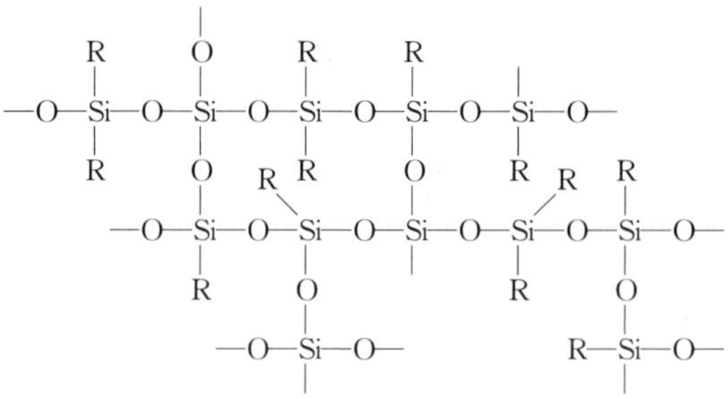

图 2-44　有机硅树脂结构示意图

由此可见，硅树脂中，T 链节单元（或 Q 链节单元）是必须具备的成分。其他链节单元及配比不同时，则形成各种不同性质的硅树脂。

（4）聚硅氧烷的性能

聚硅氧烷与砂石、玻璃、陶瓷及石英等无机物一样含有 Si—O—Si 键结构单元，同时又含有 Si—C 键（烃基）而具有部分有机物的性质，是介于有机和无机聚合物之间的聚合物，因而兼备了无机材料与有机材料的性能。

有机硅材料的许多特性主要源于 Si—O 键的局部离子性质和高键能，以及其独特分子结构。Si—O 键的键能约为 462kJ/mol，明显高于 C—C 键的 374kJ/mol，其主链结构在超过 200℃的情况下仍保持热稳定性。Si—O—Si 键夹角约为 142.5°，导致该键的旋转势垒低，所以有机硅较柔软。这种柔韧的骨架与侧基甲基又形成较长的键 Si—C 键（键长约 0.192nm）和较低的分子力，进一步增强了有机硅的柔韧性，形成具有高自由体积的聚合物，使得它们具有可渗透性。同时硅氧烷键的柔性使得有机硅聚合物能够有效地将低能甲基侧基团呈现给空气界面，从而能够提供比低表面张力有机聚合物聚乙烯（$31mJ/m^2$）还要低的表面自由能（$22mJ/m^2$）。

此外，有机硅的这些特性可通过控制有机硅聚合物的相对分子质量、沿聚合物骨架或端基添加有机官能团、成为聚合物的分支、控制交联和交联密度以及与其他有机聚合物共聚 5 个基本途径进一步实现功能价值。

综合而言，有机硅聚合物与其他有机聚合物相比所具有的独特性能主要表现在以下几个方面：

① 热稳定性及耐候性：Si—O 键是聚硅氧烷的骨架，键能高，而 Si—C 键的键能也不低；同时，Si、O 原子的电负性差异大，键的极性大，对所连接的烃基起到了屏蔽作用，提高了氧化稳定性。这种 Si—O—Si 键的高键能和离子特性使得聚硅氧烷具有相当好的热稳定性能。同时，Si—O—Si 键无双键存在，不易被紫外光与臭氧分解，耐候性能优异。

② 低温柔顺性：螺旋结构的聚硅氧烷主链柔软、易旋转，Si—C 键侧转动位阻小，尤其当侧基是甲基时，键长约为 0.188nm，甲基可绕 Si—C 轴自由旋转，到－195℃也不停止。因此，聚硅氧烷具有优异的低温柔顺性，如硅橡胶在极低的温度下也能保持其弹性，在－50～200℃其硬度和拉伸强度的变化都比较小。

③ 表面张力和表面能低、疏水、耐水解：分子链卷曲并具有螺旋结构的聚硅氧烷分子间的作用力十分微弱，其表面张力低于大多数有机材料，表面能低，可与所有氟碳表面浸润，能与各种各样的基材保持持久的黏附力。侧接有机烃基的氢原子和水的氢原子相互排斥，使水分子难以与聚合物的氧接近，具有低吸湿性和良好的疏水效果。此外，聚有机硅氧烷在无催化剂的情况下具有良好的水解稳定性。

④ 电气绝缘性：聚硅氧烷具有良好的电气绝缘性，其介电损耗、耐电压、耐电弧、耐电晕、体积电阻系数和表面电阻系数等均在绝缘材料中名列前茅，且其电气性能受温度和频率的影响很小，是一种稳定的电绝缘材料，能适应恶劣的工作环境且具有极高的可靠性。

⑤ 生理惰性：聚硅氧烷无毒、无味，对人体无不良影响。从生理学的角度，聚硅氧烷是一种十分耐生物老化的惰性物质，与动物机体无排异反应，有较好的抗凝血性能。

（5）基于液体硅橡胶的革用涂层材料

有机硅作为合成革涂层材料的应用时间较短，目前已知主要采用液体硅橡胶。原因在于合成革的生产作业对涂层材料的可涂性有较高要求，且涂层形成后须在强度、硬度、延伸率等方面满足基本的功能性要求，而液体硅橡胶是最好的选择。

① 液体硅橡胶的力学性能：聚硅氧烷由于其分子间的作用力弱，作为一种材料使用时的力学性能相对较差（尤其是当相对分子质量过小时），高摩尔质量的聚硅氧烷在硫化后其拉伸强度一般也不超过 0.5MPa，延伸率在 100%以内。这就一定程度上限制了聚硅氧烷的使用范围，更达不到合成革涂层材料的要求。

为此，大多数商用硅橡胶都是利用中等规模聚合度以上聚硅氧烷通过进行补强填料添加的方式来提升其力学性能，可使拉伸强度达到 5MPa 以上，延伸率则可达到 500%以上。添加补强填料后力学性能大幅改善的机理在于增加了聚硅氧烷的交联度。补强之前，主要存在聚合物与聚合物的交联与缠结，补强之后，则增加了填料与聚合物之间的共价交联、氢键交联与范德华力交联、填料与聚合物分子链的缠绕交联、填料被聚合物分子浸润引起的交联以及填料与填料之间的交联等。

液体硅橡胶是由中等聚合度的线型聚有机硅氧烷为基础聚合物，配合补强填料、各种助剂及添加剂配制而成的具有自流平性或触变性的基料，其在交联剂及其他配合物作用下硫化形成硅橡胶弹性体后，力学性能可以得到极大改善。目前各有机硅合成革厂商所采用液体硅橡胶的硫化后强度应普遍在 5～8MPa，延伸率在 300%，硬度则根据产品设计要求一般在邵氏硬度 30°～60°。

② 黏度与可涂性：作为涂层材料的液体硅橡胶在胶料制备、储存和涂布过程中都存在较复杂的流变性问题，并与其黏度相关。液体硅橡胶在其流变过程中呈现非牛顿流体的性质，并具备一定的触变性，属于触变性塑性液体。二氧化硅填料尤其是气相白炭黑可以赋予其更高的屈服应力、更显著的剪切变稀和触变性。

液体硅橡胶的黏度随着聚硅氧烷相对分子质量增大而逐步增加，且超过临界相对分子质量时黏度会迅速增加。这是因为液体硅橡胶的线型聚硅氧烷为弱极性大分子，分子间主要存在范德华力作用，相互作用力较弱，但会随着相对分子质量的增加而增加，并在超过临界相对分子质量后开始出现物理缠结，从而导致黏度迅速上升。此外，硅橡胶一般用二氧化硅（气相法白炭黑或沉淀法白炭黑）做补强填料，随着二氧化硅体积分数的增加，液体胶的黏度也会逐渐增大，并且在体积分数超过一定值时黏度会急剧增大。

作为涂层材料使用时，液体硅橡胶必须在硫化后满足一定的强度参数指标，这就要求线型聚硅氧烷达到一定相对分子质量的同时，补强填料也要达到一定的体积分数，从而导致液体硅橡胶黏度增加。工艺方面，由于有机硅合成革的制造工艺目前均采用干法移膜工艺，要求涂层材料的黏度不能太大，否则涂布过程中液间剪切应力过大，涂布线需要提供更大的牵引张力，而离型纸的抗张强度不一定能达到要求。此外，为便于涂层对基材实现更好渗透、浸润，也要求涂层材料的黏度不能过高。因此，合适的液体硅橡胶涂层材料必须在其硫化后强度与其硫化前黏度二者之间取得均衡。

③ 与基材的粘接性：粘接是涉及面广而机理复杂的问题。目前已提出的粘接理论包括机械嵌合理论、吸附理论、静电理论、扩散理论、化学键理论、酸碱理论等，且不同的胶粘系统可能存在不同的胶粘理论。

作为涂层材料的液体硅橡胶一般以极性很小的乙烯基硅油添加极性的白炭黑制得，整体而言仍为弱极性材料。其与基材的粘接方面，一般认为是以涂层渗透固化后形成的机械嵌定榫接握裹力及涂层分子与基材分子间的范德华力及氢键为主。为使有机硅合成革产品的涂层剥离强度达到要求，针对不同成分的纺织类基材，可以通过对液体有机硅进行适当结构控制与增加极性基团来调节改善。

（二）有机硅涂层形成原理

液体硅橡胶经过基料制备、涂布及硫化过程而最终形成有机硅合成革的弹性体表面涂层。在此之前，则还需要对涂层材料进行组合体系设计与验证，以使硫化后的涂层满足合成革涂层的各项功能性指标。

1. 涂层材料组合体系设计

对有机硅涂层进行多层组合体系设计，可以达到利用不同功能涂层分别满足表面手感、整体涂层物性及与各类基材粘接性要求的目的。特别是为解决液体硅橡胶因为表面张力小、表面能低导致合成革涂层表面生涩、触感不佳的问题，需要对表面涂层进行特殊设计与合成开发。一般而言，涂层材料的组合体系设计需要从以下三个方面进行考虑：

（1）表面手感涂层设计与开发

液体硅橡胶表面张力和表面能低，具有拒水、耐污易清洁等优异特性，但同时导致材料表面爽滑性不好，手感较差，因此需要单独进行手感层的设计开发。

（2）高强度、低触变、低黏度涂层材料设计与开发

合成革的涂层物性会对液体硅橡胶的硫化后强度提出要求，而为了便于干法涂布工艺生产作业，涂层材料的黏度与触变性也必须控制在一定范围内。因此，高强度、低触变、低黏度涂层材料的设计与开发就显得十分必要。一般的方法，可以从液体硅胶分子结构控制、补强填料选型及添加比例着手，同时通过改善分散工艺、增强补强填料的分散效果来控制。

（3）高接着性能粘接涂层材料的设计与开发

为满足有机硅生态革在涂层剥离强度方面的物性要求，液体硅橡胶涂层应针对 PET、PU 及生物质基纺织材料等基材与有机硅粘接涂层的高接着性能进行设计与验证，一般可通过在粘接涂层中复配多类硅烷偶联剂的方式予以解决。

2. 基料制备

液体硅橡胶基料为涂布、硫化之前呈黏稠状可自流平的混合物，其组分包括基础聚合物、补强填料、交联剂、催化剂、反应抑制剂及其他添加剂。基料的配制过程是先将补强填料分散至基础聚合物中（这是液体硅橡胶制备最主要的工作，其过程请参考其他文献资料），然后依次将其他组分与胶料进行搅拌至均匀即可。

以下是涂层材料基料各组分的基本介绍。

（1）基础聚合物

作为合成革涂层材料的液体硅橡胶主要由以下两种结构形式的含乙烯基（Vi）的线型聚二有机硅氧烷作基础聚合物，如图 2-45 所示。

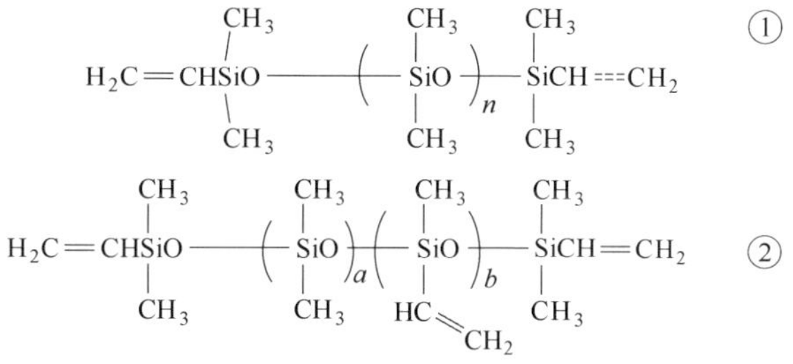

图 2-45　液体硅橡胶结构示意图

以上第①式为 α,ω-二乙烯基聚二甲基硅氧烷，即端乙烯基硅油（Vi-PDMS），第②式为端乙烯基聚甲基乙烯基硅氧烷（Vi-PMVS），及含侧链乙烯基硅油。涂层材料一般采用端乙烯基硅油作为基础聚合物即可，但添加少量含侧链乙烯基硅油则可增加交联密度，对硫化后弹性体的强度、硬度、伸长率及撕裂强度均有一定调节作用。此外，基础聚合物用于配制涂层材料时，建议运动黏度在 0.005～0.05m^2/s 为宜。

（2）补强填料

各种形态的液体硅橡胶都需要加入填料补强及调节稠度后才具有实用价值。在涂层材料中的补强填料目前均为白炭黑。白炭黑是一类轻质无定形的二氧化硅，因其制法不同而分为气相法白炭黑（燃烧法）和沉淀法白炭黑（湿法）两种，二者在分子结构、平均粒径、比表面积、表面羟基含量等方面均存在一定差异。一般而言，气相法白炭黑的补强效果更好，对黏度的影响较大，但可添加分数较少。

白炭黑表面存在的羟基（—OH）使其与液体硅橡胶的基础聚合物浸润性不好，配制的胶料在存放过程中黏度会增加，甚至出现结构化。所以在配制胶料时应采取热处理措施，或预先将白炭黑用硅烷进行表面处理。将白炭黑分散到基础聚合物中，一般在捏合机中进行，分散的效果将直接影响液体硅橡胶的性能。此外，用于涂层材料的液体硅橡胶中白炭黑的质量分数以不低于15%为宜，否则其硫化后强度会偏低。

（3）交联剂

液体硅橡胶涂层材料一般采用含有Si—H键的线形甲基氢聚硅氧烷（即一般所称含氢硅油）做交联剂。其分子结构式一般如图2-46所示。

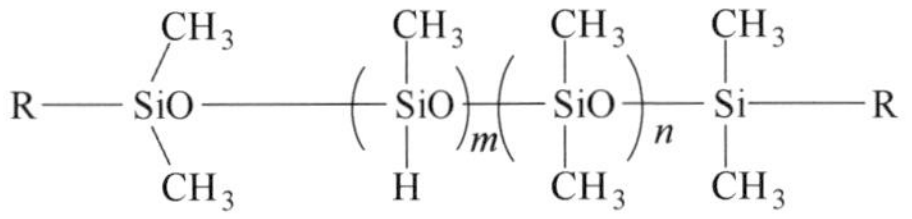

图2-46　甲基氢聚硅氧烷线型结构示意图

上式中，R为CH_3或H。根据R是否为氢键及m是否为0，相应含氢硅油可以是端含氢硅油或侧含氢硅油。添加比例方面，应根据含氢硅油的含氢量与乙烯基的比例进行计算。

（4）催化剂

液体硅橡胶涂层材料目前一般采用铂络合物做催化剂，俗称铂金水或卡斯特（Karstedt）催化剂，是一种高活性、高催化效率的催化剂，可高效催化Si—Vi和Si—H进行加成反应，且不会有副反应。

Karstedt催化剂是在醇中用铂卤化合物和Si上连有乙烯基的硅氧烷或聚硅氧烷反应，然后用碳酸钠中和、苯洗涤后制得的铂配合物。其中，铂与1,3-二乙烯基四甲基二硅氧烷或1,3,5,7-四乙烯基-1,3,5,7-四甲基环四硅氧烷的配合物，在液体硅橡胶中有很好的相容性和较高的硅氢反应活性，并且有较好的保存稳定性，是最广泛使用的液体硅橡胶催化剂。使用过程中，需根据配合物中催化成分的含量（mg/kg）计算使用量，比如按3000（mg/kg）的铂金水，其相对整体基料的质量分数应在1%以内。

（5）反应抑制剂

当基础聚合物乙烯基硅油中加入含氢硅油交联剂及铂催化剂后，常温下胶体即可开始进行硅氢加成交联反应（后详述）。为使液体硅橡胶涂层材料适应实际生产工艺要求，须利用反应抑制剂进行硫化速度调节，保证涂层材料的可操作时间。

反应抑制剂的作用原理是，反应抑制剂能在室温下与催化剂中的铂原子形成配位键，防止Si—Vi基或Si—H基同时参加配位；而当胶体加热至一定温度后，抑制剂的配位键分解或减弱，Si—Vi基及Si—H基即可快速发生交联反应。

加成反应型液体硅橡胶一般可选用甲基丁炔醇基乙炔基环己醇做反应抑制剂，其分子结构式分别如图2-47所示。

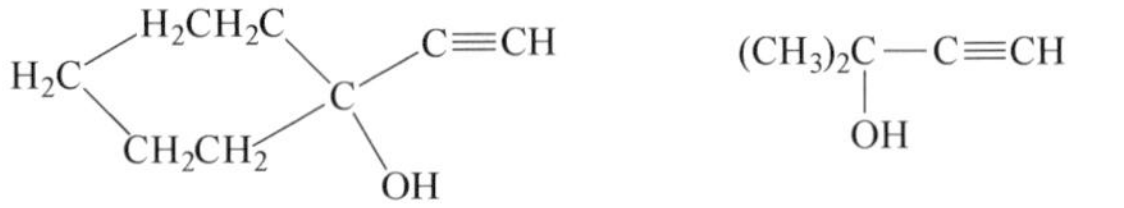

图2-47　液体硅橡胶结构示意图

针对涂层材料的液体硅橡胶，一般反应延迟剂的添加量需要控制在整体基料质量分数应的1‰以内。

（6）其他添加剂

涂层材料中的其他添加剂主要是有机硅色浆颜料（或染料）和粘接性添加剂等。

3. 涂布

涂布是利用相关涂布设备将液态硅橡胶均匀涂布于基材或离型纸上以制得涂层的方

法，后续有机硅合成革制造工艺中将进行详细介绍，此处不赘述。

4. 硫化

硫化又称交联、熟化，因最初的天然橡胶制品用硫黄作交联剂进行交联而得名。随着橡胶工业的发展，可以用多种非硫黄交联剂进行交联，同时硫化概念的应用也扩展到非天然橡胶领域。因此现在硫化更科学的意义应是“交联”或“架桥”，即线性高分子通过交联作用而形成的网状高分子的工艺过程。

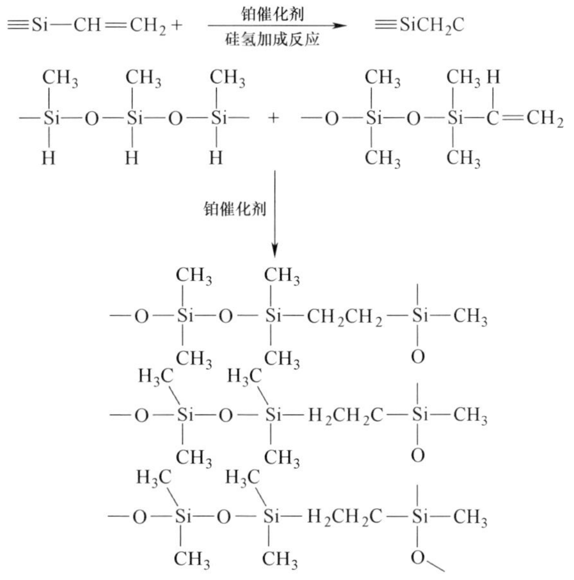

图 2-48　液体硅橡胶硫化方式示意图

液体硅橡胶一般有两类硫化方式。第一类是官能基的缩合反应，基础聚合物在交联剂、催化剂的存在下，活性基团进行缩合，脱出小分子，进行交联固化。第二类是加成反应，基础聚合物乙烯基硅油与交联剂含氢硅油在铂催化剂的作用下进行硅氢化反应，形成三维网状结构的弹性体。

作为合成革涂层材料的液体硅橡胶目前均采用加成反应硫化方式。其基本反应式如图 2-48 所示。

加成反应的基本特点包括：可深层固化、无小分子脱出（无副产物）、收缩率小、工艺简单等。

（三）有机硅合成革制造工艺流程及技术要点

1. 有机硅合成革基本制造工艺简介

与传统干法 PU、PVC 合成革类似，有机硅合成革目前均采用干法移膜的基本制造工艺。该工艺以离型纸作为涂层载体，需经过两次（A、B 层）或两次以上（A、B、C 层）的涂层材料的涂布、固化过程，其中基材贴合置于最后一次涂布后立即进行，将基材直接压贴于涂层材料之上后随离型纸进入烘箱并固化成一体，最后进行纸革分离卷出。整体而言，利用干法工艺制作有机硅合成革简单易行，离型纸可重复利用，能耗较少。图 2-49 为“三涂三烘”的有机硅干法移膜工艺示意图。

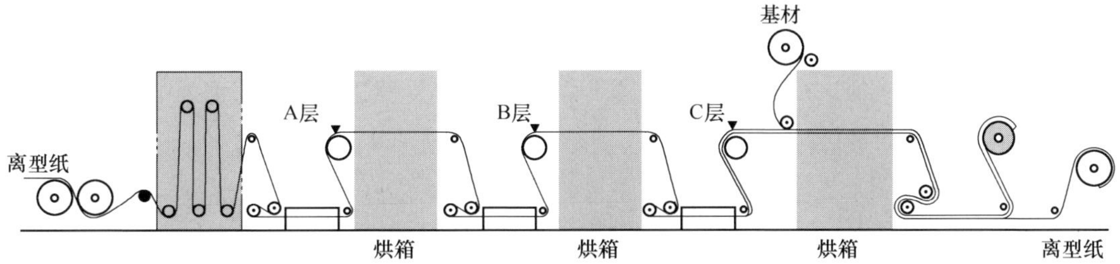

图 2-49　“三涂三烘”的有机硅干法工艺示意图

2. 有机硅合成革典型制造工艺流程及其技术要点

典型的有机硅合成革制造工艺过程为：涂层胶料制备与验证→涂布线开车准备→第一

涂头位面层胶料涂布与烘道内硫化→第二涂头位强度层胶料涂布与烘道内硫化→第三涂头位粘接层胶料涂布、基材贴合及烘道内硫化→剥离收卷→产品检验、包装等。具体说明如下。

（1）涂层胶料制备与验证

涂层胶料制备前必须由研发、工程部门提供相应物料清单（BOM）及作业指导书（SOP），生产部门据此分别进行各涂层胶料调配。作为反应型涂层材料，胶料调配完成后，必须分别取样并按生产制程参数的温度要求进行固化性能验证，防止出现涂层材料调配过程中因误加或漏加反应物导致生产过程中出现固化不良。验证工作的另一项重要内容是进行颜色比对。取颜色已调配好的胶料，在相应即将使用的离型纸样上进行手工样或小机样制作，制程参数与生产要求相一致，并贴合相应基材。固化剥离后，按产品检验要求，在规定的光源条件下进行颜色比对。

本工艺阶段的技术要点包括：

① 涂层胶料各组分必须称量准确：尤其是铂催化剂和反应抑制剂（甲基丁炔醇或乙炔基环己醇），由于在胶料中的质量分数很小，一旦称量出现较大误差，可能严重影响后期胶料的硫化过程与硫化后的硅橡胶物性指标。必须针对不同物料采用不同量程与精确度的量具，并定期进行效验。

② 管控物料的添加顺序：一般的操作顺序是先投入已加入补强填料的基础液体硅胶料，其次是色浆料，二者初步搅拌分散后，接着投入铂催化剂并搅拌均匀。最后再将交联剂含氢硅油和抑制剂投入并搅拌分散。

③ 保证胶料各组分搅拌、分散均匀：有机硅涂层的搅拌分散设备可以采用三轴行星机或其他合适的搅拌设备。需要注意的是，由于有机硅涂层胶料一般黏度较大，搅拌分散过程中如果搅拌速度太快，容易产生大量热量致使胶料温度快速上升并提前进行硫化交联，导致胶料报废。一般建议转数控制在30r/min以内，搅拌时间30min以上。

（2）涂布线开车准备

涂布线开车准备工作主要包括确认离型纸型号及其剥离性能、确认基材无误且贴合面对应方向准确（如有必要）、确认各涂头物料准确无混淆、确认涂布生产线状态良好等。

准备工作的另一项重要工作是确认作业指导书中对产品的涂布制程工艺参数有明确规定，并为涂布线各岗位人员所掌握。基本的制程参数至少应包括各涂头的涂布间距、涂布线离型纸牵引速度、各烘箱的温度参数、各涂层的硫化时间及基材贴合间距的五个方面进行规定。

之后，进行导纸（或导布）与生产用离型纸的牵引连接与烘道升温。其中烘道加温可根据生产实际情况递延进行，以节约能源。第一烘道的温度达到设定参数要求后，即可正式开始涂布作业工序。

本工艺阶段的技术要点：要特别注意排查可能导致整批次产品不良的隐患因素。这些隐患主要存在两个方面：一是离型纸整体剥离性能不良未被检出，二是各涂层胶料、基材型号（及贴合面）出现混淆未被检出。

（3）第一涂头位的面层胶料涂布与烘道内硫化

第一涂头位涂布刀在压力作用下到达相应位置后，首先进行刀头与离型纸之间间距的粗略设定。该间距的设定只是为了确保离型纸与刀头之间保持安全距离，避免刀头破坏离型纸。之后投面层胶料于涂刀前方的离型纸上（投料方式目前一般以人工投料方式进行），同时将涂布线离型纸的牵引速度提升至正常作业速度水平。此时再进行实际涂布间距的精确设定。之后，均匀涂布的面层胶料随离型纸进入第一烘道，在一定温度下进行一定时间的温度烘烤，加速完成硫化过程。

本工艺阶段的技术要点：

① 涂布间距：硫化后的第一涂头位面层胶料对有机硅合成革最终产品的手感与耐磨耗性能具有至关重要的影响，而这种影响除了主要取决于该涂层胶料配方的关键作用外，涂层厚度也是一个重要方面，因此本工艺过程中涂布间距的精确设定就显得尤为重要。由于面层胶料相较于底层胶料会硬度偏大而延伸率偏小，因此面层胶料厚度不宜过大，涂布间距以不超过 0.15mm 为宜，以免导致产品出现手感僵硬现象。实际生产过程中应根据不同离型纸型号及客户喜好进行多次验证后实施。

② 烘烤温度与硫化时间：为确保面层胶料在随离型纸穿出第一烘道前达到足够的硫化程度（为提高生产效率，一般而言涂布过程中有机硅涂层并不需要达到 100%硫化程度），需要在一定的温度下保持一定的硫化时间。一般情况下，温度应该不低于 90℃，不高于 130℃。温度太低会大大增加硫化时间，太高则会影响离型纸的使用寿命。硫化时间方面，则一般在 5～10min 为宜。

③ 涂布速度与牵引张力：涂布速度主要取决于两个因素，涂层胶料黏度和烘道长度，并且需要综合考虑第一、二、三涂的涂层胶料黏度与烘道长度。涂层胶料黏度越大，涂布过程中涂层液间剪切力越大，涂布线需要给予的牵引张力也越大，这就会对离型纸的抗张强度提出更高要求。目前有机硅合成革的涂层运动黏度一般会在 0.05～0.5m^2/s，根据厂商的经验数据，相应的涂布速度以不超过 10m/min 为宜。至于烘道长度的影响，则主要是从确保涂层硫化时间的角度考虑（因此，对于既有涂布生产线而言，涂布速度须根据“短板”原理进行设定；对于新定制设备，则需要在方案阶段基于涂布速度与涂层硫化时间要求综合设计烘道长度）。

牵引张力方面，如上所述，由于涂层黏度较大，有机硅合成革的涂布生产线需要施加给离型纸的牵引力相较于传统 PU、PVC 合成革涂布线要更大一些。此外，涂布速度增加也会导致牵引张力显著提升，此时特别需要关注离型纸运行过程中的紧张状态，防止出现断纸现象。

（4）第二涂头位强度层胶料涂布与烘道内硫化

与第一涂头位相比较，第二涂头位强度层胶料涂布与烘道内硫化的工艺并无差异，须在涂布间距、涂层硫化温度及硫化时间方面根据产品在本涂层的配方设计要求对参数进行相应设定，但一般也可以与第一涂层差别不大，不赘述。

本工艺阶段的技术要点主要是把握好涂布间距的参数设定。要考虑硫化后的第一涂层因为离型纸纹路以及涂层黏度，会出现朝上涂层面以同一水平面为基准面时其 Z 轴方向的高度（注意不是厚度）仍呈非均匀分布的情况（可以直观地理解为朝上的涂层面仍明显具有与离型纸纹路相似的高低差波浪面，虽然不同纹路的离型纸其波浪面程度会有差异），进而在本次涂布间距设定时进行相应补偿。一般建议此工艺阶段的涂布间距设定在

0.15～0.25mm。

（5）第三涂头位粘接层胶料涂布、基材贴合及烘道内硫化

第三涂头位的涂层胶料涂布工艺仍然与前两个涂头位的涂布工艺相一致，依次进行投料、涂布间距设定工序。由于此阶段需要进行基材贴合，相应增加贴合间距设定工序，且此贴合间距设定可以先于第三涂头涂布间距设定进行（贴合间距参数可根据产品涂层整体设计厚度和基材厚度参数提前计算）。之后，将基材穿过贴合辊与粘接层胶料压合，随离型纸进入第三烘道进行涂层硫化。硫化完成后，涂层与基材固化成一体，进入纸革剥离工序。

本工艺阶段的技术要点包括：

① 贴合间距设定：贴合的理想状态是涂层将基材表面纤维充分浸润并进入基材组织内一定深度，使涂层与基材具备最大的接触曲面面积。涂层渗透过多时，会影响革产品的握裹手感，渗透不够时则会导致剥离强度不够。但在实际工艺过程中，这是很难进行精确控制的。经验数据表明，将贴合间距按照涂层渗透进入基材0.1～0.2mm进行设定是比较合适的，具体过程中还需根据基材本身的厚度、基材材质、客户要求等进行综合评估并打样验证后实施。

② 烘道内硫化温度与硫化时间：此工艺阶段的烘道内硫化与前两次烘道内硫化不同的是，本次涂布后的粘接层涂层胶面上部有基材覆盖，底部已硫化涂层厚度增加，因此烘道内热空气的热能传导至涂层的速度会明显降低，导致本次涂层的硫化速度会相应降低，因而需要更高的硫化温度或更长的硫化时间。一般建议此阶段的硫化温度在120℃以上，硫化时间则不少于15min。

③ 基材热烘烤过程中的收缩变形：本工艺过程中要特别注意基材热烘烤过程中的收缩变形状况。基材变形过大时会导致出现贴合不良或纸革提前分离，使产品报废。解决的办法一是基材提前烘烤进行预收缩处理，另外则是降低烘道内温度（此种情况下应提前对本次涂层配方进行设计修改以满足新的硫化参数要求）。

（6）剥离收卷、检验包装

有机硅合成革的剥离收卷、检验包装工艺与常规合成革成熟的剥离收卷及检验包装工艺一致，不赘述。

技术要点：有机硅涂层硫化后会产生2%左右收缩，因此齐边过程要考虑此因素影响，可相应调整齐边宽度进行补偿。

3. 有机硅合成革制造过程中的其他注意事项

（1）离型纸的适应性

有机硅涂层不适用于硅系离型纸，因涂层材料可能会与离型纸的硅系离型层发生不同程度的交联反应，导致后期产品无法剥离或剥离困难。

（2）涂布速度的稳定性

有机硅涂层为非牛顿流体，其涂布过程中液间剪切力与涂布速度之间呈非线性关系，涂布速度变化过程中不仅涂布线牵引张力会发生较大变化，同时涂层厚度也会相应变化。因此生产过程中应该尽可能保持涂布速度的稳定，尽量减少不必要的速度改变。

（3）静电消除工作

有机硅合成革制造工艺的涂布阶段会由于涂层液间摩擦产生静电，同时纸革分离时也

会有大量静电产生，因此要做好相应的除静电工作，比如设备接地良好、车间加湿及安装专用除静电装置等。

（4）烘道排风

有机硅涂层的加成硫化过程中无反应副产物，涂层固含量可以达到 100%（反应抑制剂、水分等含量极少，可以忽略），此时工艺过程中一般不需要专门进行烘道废气排放，或只需要间或排放，烘道内热空气以内循环为主，从而尽量节约能源。

（四）有机硅合成革性能特点及需要继续解决的问题

1. 有机硅合成革性能特点

基于有机硅涂层的合成革由于其涂层材料具有特殊的分子结构而被赋予许多优异性能。其性能特点主要体现在以下方面：

（1）良好的耐温、耐候、耐水解特性，耐老化性能强

涂层材料聚有机硅氧烷以 Si—O 键为主链结构，无双键存在，Si—O 键的键能高，高温或辐射下分子的化学键不易断裂和分解，具有比其他高分子材料更好的热稳定性以及耐辐照和耐候能力，不易被紫外光和臭氧所分解，可在一个很宽的温度范围内使用，且化学性能和物理力学性能随温度的变化都很小，同时具备优异的耐水解性能，能适应严苛环境，耐老化性能强。而以有机硅作为涂层材料，可以使合成革在相当的程度上同样具备这些性能。比如，有机硅合成革可以在 −50～200℃ 的宽幅温度范围内长期使用（基材可以适用的情况下），也可以在潮湿的环境中长期使用而不会出现涂层水解等。

（2）人体亲和性好，无毒抗过敏

有机硅合成革具有人体亲和性好、无毒抗过敏的优异特性。这是由于涂层材料聚有机硅氧烷类化合物是已知的最无活性的化合物中的一种，十分耐生物老化，无毒性，与动物体无排异反应，并具有较好的抗凝血性能，是一种事实上的生理惰性材料。

（3）表面张力和表面能低，拒水、防污易清洁、耐霉变

有机硅高分子材料的分子链性状稳定但十分柔顺，且分子间的作用力比碳氢化合物要弱得多，与同相对分子质量的碳氢化合物相比，其黏度低，表面张力弱，表面能小，成膜能力强。使用这种低表面张力和低表面能有机硅高分子材料作为涂层材料时，合成革表面会具有很好的疏水性能，使环境中的脏污杂质难以附着于表面，或即使附着也很容易去除，易于清洁打理。同时，有机硅高分子材料由于并不是一种真正意义上的有机物，并不能提供微生物生长所需要的“土壤”环境，因此有机硅合成革的耐霉变性能也非常优异。

（4）良好的透气、透水汽性能

有机硅是一种大分子材料，分子呈螺旋结构，其 Si—O 键键长较长，键角较大，位垒能低，分子链柔软、易旋转、可压缩，分子间间距较大，因此空气分子和水汽分子均较容易通过，从而使得有机硅合成革具有较好的透气、透水汽性能。

（5）良好的电气绝缘性能与阻燃性能

有机硅产品都具有良好的电绝缘性能，其介电损耗、耐电压、耐电弧、耐电晕、体积电阻系数和表面电阻系数等均在绝缘材料中名列前茅，且其电气性能受温度和频率的影响很小，是一种稳定的电绝缘材料。有机硅聚硅氧烷产品同时具备良好的阻燃性能，在不添加任何阻燃剂成分的条件下即可达到 94-HB 的阻燃等级。因此，在基材相同且涂层材料不做特别阻燃绝缘处理的前提下，有机硅合成革相较于其他涂层合成革会有更优异的电气

绝缘性能与阻燃性能。

（6）触感体验柔软细腻

聚有机硅氧烷具有螺旋形分子构型，其分子间力较小，硫化后的弹性体回弹性好，性状稳定。作为涂层材料使用时，可通过结构控制进一步调节涂层材料硫化后硬度，使合成革的涂层面柔软细腻，触感体验极佳。

2. 需要继续研究与解决的问题

（1）有机硅合成革表面处理工艺研究

由于有机硅材料具有表面张力小、表面能低的特点，因此成膜后在其表面再进行表面处理如改色、印花、压花、增光、消光、抛光、烫亮、湿气固化等后处理操作时存在表面处理层难以附着、再涂性差的特点，降低了通过后处理工序改善产品美学视觉效果的可行性。因此，如何通过有机硅涂层表面能的调节，提高其再涂性，需要进行进一步研究解决。

（2）有机硅发泡涂层的开发

发泡涂层的应用可以使合成革具备更佳的手感，并减少合成革单位面积质量。由于有机硅涂层材料强度一般较 PU、PVC 偏低，现有技术条件下的有机硅发泡涂层尚无法达到合成革发泡层的使用强度要求，因此需要进一步研制高强有机硅材料和发泡技术，并开展其在有机硅合成革中的应用研究。

（3）热塑性有机硅涂层的开发应用

现有有机硅涂层的成膜反应机理为液体硅胶加成反应交联体系，其硫化过程为热固化方式且为不可逆反应。相应地，有机硅合成革产品很难再进行后续热整理工艺，同样降低了通过后处理工序改善产品美学视觉效果的可行性。因此，进行热塑性有机硅涂层的开发应用研究应该成为有机硅合成革继续发展的一个方向。

（4）有机硅涂层与 PU、PVC 等其他涂层的复合应用研究

作为目前市场上占据主流的合成革涂层材料，PU、PVC 类涂层材料的应用虽然一方面面临较大的环保压力，但另一方面，其在材料特性及价格方面仍然具有其自身的适用性。而随着水性、无溶剂涂层的发展，将有机硅涂层与 PU、PVC 等其他涂层的复合应用研究可能成为一个可以期待的方向。

（5）固态有机硅面层材料开发及压延工艺研究

现有有机硅合成革干法移膜工艺是基于液体有机硅涂层的制造工艺。随着有机硅涂层材料的继续研究开发，将固态有机硅作为合成革面层材料应用也可能成为一个研发方向，此时可相应地利用压延技术来进行工艺实施。

五、UV 固化聚氨酯合成革制备技术

UV 固化工艺是光化学反应最前沿的应用，通过一定强度的紫外光照射，瞬间固化油墨、涂料、胶黏剂等相关化学品。随着科技的发展，UV 固化所涉及领域也更加广泛。UV 固化工艺从 1960 年诞生以来，就广泛地应用于汽车、电子、通信、航空航天、金属、玻璃及塑料等制品的制造上，在全球涂装工业中占有 4%的比例。凭借其对产品品质的提高和优良的环境表现，以每年 10%以上的速度替代传统固化工艺。近年，UV 固化技术已开始在合成革制造中得到应用。

可 UV 固化聚氨酯一般为侧链或端基含有光敏基团的聚氨酯，它是由脂肪族二异氰酸酯包括六亚甲基二异氰酸酯（HDI）、异佛尔酮二异氰酸酯（IPDI）、二环己基甲烷二异氰酸酯（$H_{12}MDI$）和聚醚/聚酯多元醇逐步聚合形成带支链的预聚物，然后以含光敏基团的化合物（如丙烯酸酯）封端形成的 UV-PUA 预聚物，该类预聚物具有如图 2-50 所示结构。

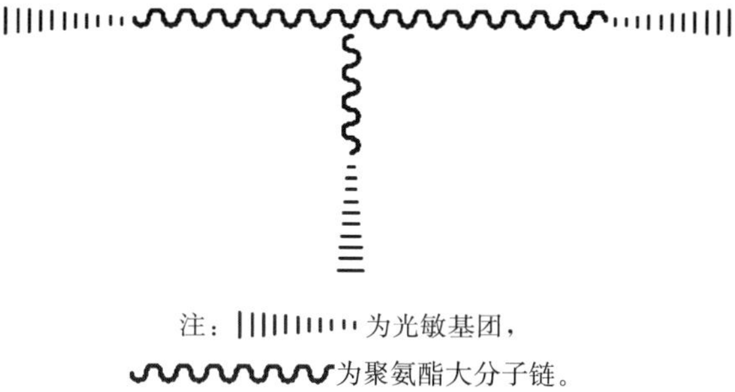

图 2-50　UV 固化 PUA 聚合物的结构示意图

采用 UV 光固化交联技术，替代传统的化学固化交联技术，用物理方法解决化学问题，其生产工艺更简单，能耗更低，效率更高。

（一）UV-PUA 预聚物的合成

在装有机械搅拌器、回流冷凝管、温度计、通氮管的反应釜中，投入一定量的聚醚二元醇和催化剂，开动搅拌并通入 N_2，升温至 45℃，加入二异氰酸酯（$H_{12}MDI$），控制滴加速度使体系温度恒定；滴完后 45℃反应 1h，然后升温至 60℃，直至—NCO 的质量分数接近理论值；将对羟基苯甲醚（HEMQ）溶解于丙烯酸羟乙酯（HEA），以一定速度滴入上述体系中，控温至 65℃反应，直至—NCO 的质量分数≤0.3%；降温至 45℃以下出料。

（二）涂料配方组成

光固化涂料配方一般由 UV-PUA 树脂、活性稀释剂、光引发剂和助剂构成。各组分的质量分数见表 2-7。

表 2-7　　光固化涂料配方组成

原材料	规格	质量分数/%
UV-PUA 预聚物	自制	60.0～65.0
EOEOEA（乙氧基乙氧基乙基丙烯酸酯）	工业	30.0～35.0
NPG(PO)$_2$DA[（2 丙氧基）新戊二醇二丙烯酸酯]	工业	0～10.0
TMP(PO)$_3$TA[（3 丙氧基）三羟甲基丙烷三丙烯酸酯]	工业	0～10.0
Irgacure 1000	工业	3.0
助剂	工业	0.5～1.5

（三）投料配比对 UV-PUA 预聚物性能的影响

聚氨酯是合成革表面保护涂料中最常用的涂料类型，而在聚氨酯的制备过程中，最常用的二异氰酸酯有甲苯二异氰酸酯（TDI）、异佛尔酮二异氰酸酯（IPDI）。TDI 性能优异，价格低廉，应用最为广泛，但其耐候性较差，户外环境极易发生黄变。IPDI 分子结构中不含苯环，具有极好的耐候性，已应用于对耐候性有较高要求的合成革制品。而 $H_{12}MDI$ 分子中含有两个对称的环己基结构，具有一定的结晶特性，与 IPDI 相比具有更加突出的力学性能和耐高低温性能，且反应活性更高，而价格和耐候性相当。以 $H_{12}MDI$ 作为脂肪族二异氰酸酯，通过选择不同的二元醇制备 UV-PUA 预聚物，性能检测结果见表 2-8。

表 2-8　　不同投料配比对预聚物性能的影响

项目	PTMG-1000			PTMG-2000		
	1#	2#	3#	4#	5#	6#
n(HMDI)∶n(TMG)∶n(HEA)	2.00∶1.00∶2.02	7.00∶4.00∶6.06	3.00∶2.00∶2.02	2.00∶1.00∶2.02	7.00∶4.00∶6.06	3.00∶2.00∶2.02
黏度(60℃)/(mPa·s)	9.2	12.7	16.4	14.9	19.8	25.5
固化速度/(m/min)	18.3	15.7	9.0	16.4	13.8	7.5
拉伸强度/MPa	13.5	9.6	6.7	10.8	8.5	6.2
伸长率/%	69	98	149	163	185	211
耐曲折性(−20℃)/次	6000	15000	35000	≥50000	≥50000	≥50000

说明：UV 固化实验机规格为 3kW。

从表 2-8 可以看出，采用 PTMG-2000 合成预聚物，更适合合成革涂料对柔性及耐曲折性的要求。随着投料配比中聚醚二元醇含量的增加，预聚物的相对分子质量增大，氨酯键数目增多，产物黏度、伸长率、耐曲折性能均提高。由于预聚物相对分子质量增大，其不饱和键密度下降，反而使 UV 固化速度逐渐变慢。在反应过程中，使丙烯酸羟乙酯(HEA) 稍过量可使—NCO 反应完全，保证产物储存稳定性，而过量的 HEA 又可参与交联固化。综合考虑，当选择 PTNG-2000，投料物质的量比为 n（HMDI）∶n(PTMG)∶n(HEA)＝2.00∶1.00∶2.02 时，预聚物具有良好的固化速度和低温耐曲折性能，同时其黏度适中，只需一定量的活性稀释剂即可达到施工要求。

（四）活性稀释剂对涂料性能的影响

在 UV 固化涂料中，预聚物对涂料性能起到决定性作用，但大多数预聚物均具有较高的黏度，为了方便施工，配方中需引入一定量的活性稀释剂来调节黏度。活性稀释剂又参与交联，对涂膜性能具有一定的影响。通过选择不同的活性稀释剂，考察其对涂料综合性能的影响，结果见表 2-9。

表 2-9　　不同活性稀释剂对涂料性能的影响

项目	活性稀释剂					
	EHA	LA	EOEOEA	TPGDA	NPG(PO)$_2$DA	TM(PO)$_3$TA
官能团数	1	1	1	2	2	2
黏度(25℃)/(mPa·s)	4	6	5	12	15	90
固化速度/(m/min)	10.2	9.6	15.8	4.7	6.1	8.3
拉伸强度/MPa	10.5	10.6	10.7	13.8	13.5	16.2
伸长率/%	189	188	186	96	83	51
耐曲折性(25℃)/次	≥80000	≥80000	≥100000	10000	30000	15000
耐曲折性(−20℃)/次	≥50000	≥50000	≥50000	≥50000	15000	6000

从表 2-9 可以看出，单官能度的稀释剂均具有较好的稀释性、柔韧性及耐曲折性能，但其固化速度较慢，交联密度较低，涂膜表面固化不彻底，空气氛 UV 固化时表面易留下指纹印。HEA 价格低，性能优异，但其具有较明显的气味，影响合成革制品的质量。多官能度的稀释剂固化速度快，交联密度大，表面固化彻底，但柔韧性下降明显。采用烷氧基化的多官能度活性稀释剂在保证固化速度的同时又具有极好的柔韧性。因此，综合各

项性能，在合成革表面用涂料配方中活性稀释剂以乙氧基乙氧基乙基丙烯酸酯（EOEO-EA）为主，可再加入少量的丙氧基化新戊二醇二丙烯酸酯［NPG（PO)$_2$DA］或丙氧基化三羟甲基丙烷三丙烯酸酯［TM（PO)$_3$TA］或二缩三乙二醇二丙烯酸酯（TPGDA）。

（五）光引发剂对涂料性能的影响

在UV固化涂料中，光引发剂可吸收UV辐射产生自由基（或质子等），从而引发聚合。光引发剂的添加量对涂膜的固化速度、附着力、残留气味等有一定的影响，通过选择不同添加量的光引发剂 Irgacure 1000（巴斯夫公司），光引发剂用量对涂层性能的影响结果见表2-10。

表 2-10　　光引发剂用量对涂层性能的影响

项目	添加量/%			
	2	3	4	5
固化速度/(m/min)	10.8	15.2	15.8	15.9
附着力/级	0	0	0	1
固化后的气味	无	无	轻微	明显

从表2-10可以看出，随着光引发剂添加量的增加，固化速度明显加快，但到一定量后影响减弱。当添加过多的光引发剂时，由于存在较多的残留，不仅影响涂层的附着力，也存在较明显的气味，影响合成革的质量。一般地，光引发剂的添加量为3%时效果较佳。

参考文献

［1］于吉鹏．水性聚氨酯酸浴凝聚成膜的探究［D］．南昌：南昌大学，2011.

［2］施凌山，马兴元，牛建民，等．一种水性聚氨酯合成革湿法涂层贝斯的生产方法：201210390119.5［P］．2012-10-11.

［3］马兴元，丁博，郭梦亚，等．水性聚氨酯湿法凝固发泡涂层的结构与性能［J］．中国皮革，2016，45（7）：41-43.

［4］冯见艳，王学川，张哲，等．聚氨酯合成革绿色清洁化生产发展趋势分析与探讨［J］．皮革科学与工程，2018，28（1）：25-29.

［5］Rogers J，Smith L，Klager K．Rheology of composite solid propellants during motor casting［J］．Materials Science Research，1978：141-160.

［6］Chattopadhyay K，Raju K．Structural engineering of polyurethane coatings for high performance applications［J］．Progress in Polymer Science，2007，32（3）：352-418.

［7］杨金才．高发泡高回弹发泡体亚微观结构群子参数型工艺、力学性能相关性的研究［D］．北京：北京化工大学，1997.

［8］程和法．泡孔结构对开孔泡沫铝压缩力学性能的影响［J］．热加工工艺，2003（5）：1-3.

［9］姚丽娜．影响聚氨酯泡沫塑料回弹性的因素［J］．上海塑料，2014（4）：7-13.

［10］Wang Q，Zhang D，Haining L，et al．Flame-retardant high-resilience flexible polyurethane foam filled with expandable graphite［J］．Journal of Functional Polymers，2011，24（2）：204-210.

［11］赵祺，雷卫华，古忠云，等．硅橡胶/三元乙丙橡胶泡沫合金性能研究［J］．特种橡胶制品，2000

(6)：8-10.
[12] Pohl W，Schmalkuche C，Leifheit H，et al. Method for producing polyurethane layers and use thereof as imitation leather：1861251B2 [P]. 2006-03-16.
[13] 范浩军，章培昆，陈意，等. 一种无溶剂合成革及其制造方法：201510710090.8 [P]. 2016-03-16.
[14] 马兴元，吴泽，张淑芳，等. 无溶剂聚氨酯合成革的成型机理与关键技术 [J]. 中国皮革，2013，42 (17)：11-13.
[15] 马兴元，高静，张浩然，等. 合成革用无溶剂聚氨酯面层树脂的制备与性能研究 [J]. 中国皮革，2017，46 (3)：59-61.
[16] 陈小卫，吕华波，江平. 一种无溶剂环保聚氨酯汽车革发泡层树脂及其制备方法和应用：201410318119.3 [P]. 2014-10-01.
[17] 陈小卫，吕华波，江平. 无溶剂环保聚氨酯汽车革面层树脂及其制备方法和应用：201410318120.6 [P]. 2014-10-08.
[18] 陈小卫，吕华波，江平. 一种无溶剂环保聚氨酯汽车革的制备方法：201410318118.9 [P]. 2014-10-08.
[19] 陈小卫，吕华波，江平. 一种 UV 固化无溶剂高透无黄变聚氨酯镜面树脂及其制备方法：201610547032.2 [P]. 2016-12-07.
[20] 李海燕，杨卫民，秦柳，等. 复合发泡剂制备 TPU 微孔发泡材料 [J]. 塑料，2016，45 (6)：59-63.
[21] 翟文，张溪，杨焕超. 反应注射成型及其制品性能和应用 [J]. 工程塑料应用，1998，26 (11)：31-33.
[22] Domine D，Gogos G. Simulation of reactive injection molding [J]. Polymer Engineering & Science，1980，20 (13)：847-858.
[23] 王伟明，等. 反应注射成型充模参数的选择 [J]. 中国塑料，1996，10 (3)：12-16.
[24] 申长雨，陈静波，刘春太，等. 反应注射成型技术 [J]. 工程塑料应用，1999，27 (10)：27-30.
[25] 来国桥. 有机硅产品合成工艺及应用：第二版 [M]. 北京：化学工业出版社，2010：20.
[26] 中国工业表面活性剂网. 有机硅纺织印染助剂的开发及其应用 [EB]. 2007-03-03.
[27] 张建雨，桑莹莹. 有机硅在皮革中的应用 [J]. 皮革与化工，2011，28 (6)：11-15.
[28] Duquensne S，Degoutin P，Bellayer C，et al. Self-stratifying epoxy/silicone coatings [J]. Progress in Organic Coatings，2017，103：101-110.
[29] 韩国大宇国际株式会社. 利用相互不同的液态硅橡胶涂布液的合成皮革的制造方法：201280003730.6 [P]. 2014-03-26.
[30] 来国桥. 有机硅产品合成工艺及应用：第二版 [M]. 北京：化学工业出版社，2010：7.
[31] 冯圣玉. 有机硅高分子及其应用 [M]. 北京：化学工业出版社，2004：4.
[32] 赵陈超. 有机硅树脂及应用 [M]. 北京：化学工业出版社，2011：2.
[33] Chrostowska A，Stalke D，Uhlig F，et al. Organosilicon compounds：experiment (physico-chemical studies) and applications [M]. New York：Academic Press，2017：301-322.
[34] 黄文润. 热硫化硅橡胶 [M]. 成都：四川科学技术出版社，2009：1.
[35] 来国桥，幸松民. 有机硅产品合成工艺及应用 [M]. 2 版. 北京：化学工业出版社，2010.
[36] 黄文润. 热硫化硅橡胶 [M]. 成都：四川科学技术出版社，2009：1.
[37] 冯圣玉，张洁，李美江，等. 有机硅高分子及其应用 [M]. 北京：化学工业出版社，2004：379.
[38] Chrostowska A，Stalke D，Uhlig F，et al. Organosilicon compounds：experiment (physico-chemical studies) and applications [M]. New York：Academic Press，2017：301-322.

［39］ 冯圣玉，张洁，李美江，等. 有机硅高分子及其应用［M］. 北京：化学工业出版社，2004：375.
［40］ Zek H Z. Silicone-based water repellents［J］. Waterproof and Water Repellent Textiles and Clothing，2018：153-189.
［41］ 冯圣玉，张洁，李美江，等. 有机硅高分子及其应用［M］. 北京：化学工业出版社，2004：389.
［42］ 雷卫华，朱敬芝，许冰. 加成型液体硅橡胶的流动性及结构性能的研究［J］. 材料导报，2015，29（12）：7.
［43］ 黄文润. 热硫化硅橡胶［M］. 成都：四川科学技术出版社，2009：261.
［44］ 胥卫奇，王国志，刘文兴，等. UV 固化合成革表面用柔性涂料的研制［J］. 现代涂料与涂装，2016，19（10）：1-4.
［45］ Volkringer C，Cohen S. Generating reactive MILs：isocyanate-and isothiocyanate-bearing MILs through postsynthetic modification［J］. Angewandte Chemie International Edition，2010，49（27）：4644-4648.
［46］ 伍松. 聚氨酯丙烯酸酯的合成及紫外光固化皮革涂料的研制［D］. 长沙：湖南大学，2005.
［47］ 夏晓勇，陈捷. 紫外光固化涂料用光引发剂的应用研究进展［J］. 广州化工，2014，42（22）：25-29.

第三章　现代超细纤维合成革制造原理与技术

第一节　超细纤维合成革制造原理

超细纤维通常指线密度 0.33tex（直径 5μm）以下的纤维，它是一种具有无限潜在使用性能的新材料。利用不同技术和方法，可制造出不同纤度、种类及用途的超细纤维，其制造方法有海岛法、直接纺丝法、复合分割法等。

超细纤维合成革是基于溶离海岛型超细纤维发展起来的一种复合材料，由超细纤维和聚氨酯两部分构成：超细纤维三维交联在一起，起到骨架和支撑作用，形成类似于真皮胶原纤维的结构；分布在纤维四周的聚氨酯，使整个合成革基布形成一个整体，它在革体中不是简单的填充，而是具有许多圆形的、针形的发泡结构，其间的发泡结构交错连通，形成微细的通透立体网络，如图 3-1 所示。

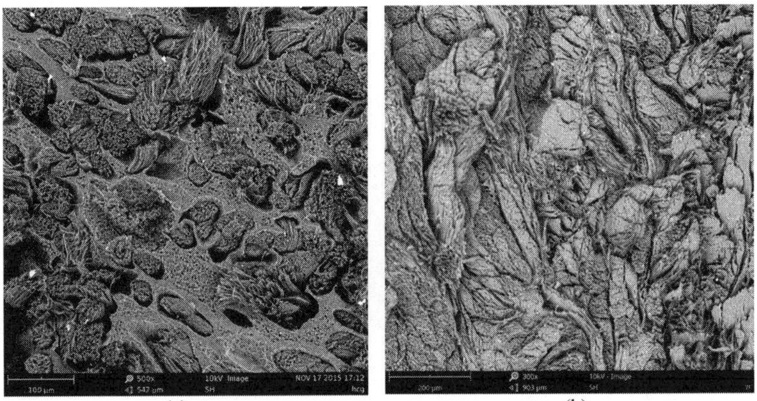

(a)　　(b)

（a）超纤基布截面；（b）天然皮革截面。

图 3-1　超纤基布与真皮截面对比

海岛型超细纤维合成革根据纺丝方式可分为 2 种：共混纺丝和复合纺丝。共混纺丝是将两种或两种以上不相容的聚合物切片或熔体混合进行熔融纺丝，纺制的纤维称为不定岛型超细纤维；复合纺丝是使用两种或两种以上不同化学结构或性能的成纤高聚物熔体，分别通过各自的熔体管道，再经由多块分配板组合而成的复合组件进行分配，汇合于喷丝板处，形成复合熔体流，从同一喷丝孔中喷出，使成纤高聚物大分子沿纤维轴向排列成预先设计的纤维截面形状的纺丝方法，纺制得到的纤维称为定岛型超细纤维。

海岛型纤维的分散相聚合物以维系纤维的形式分散于另一种连续相的聚合物中。当把连续相去除后，就得到由分散相形成的超细纤维；若把分散相去除，则得到中空藕状纤维。早期海岛纤维合成革保留连续相，称为藕状纤维合成革；随着科技发展及人们要求的提高，开发了保留分散相的超细纤维合成革，根据其使用的原纤维结构分为不定岛或定岛纤维超细纤维合成革。不定岛型与定岛型超细纤维对比见表 3-1。

表 3-1　　海岛共混纤维与复合纤维对比

对比项	不定岛型(海岛共混纤维)	定岛型(海岛复合纤维)
纤维制作示意图	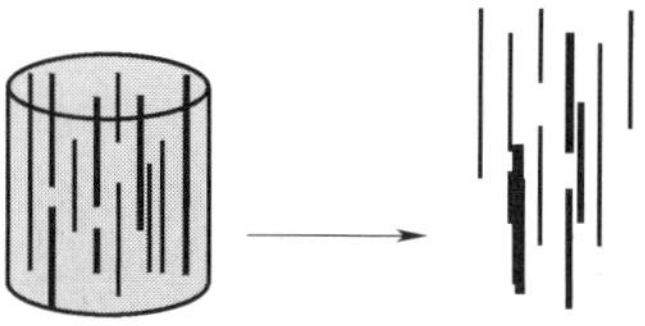	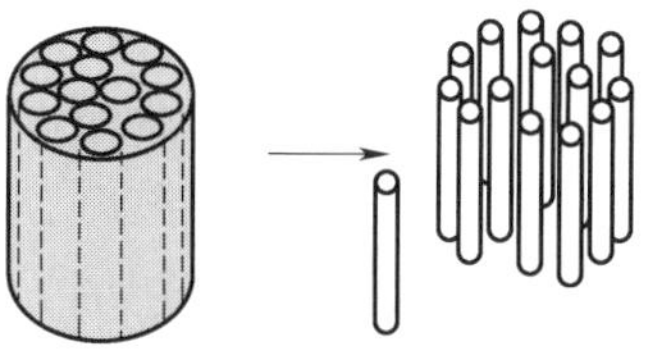
海岛纤维截面图	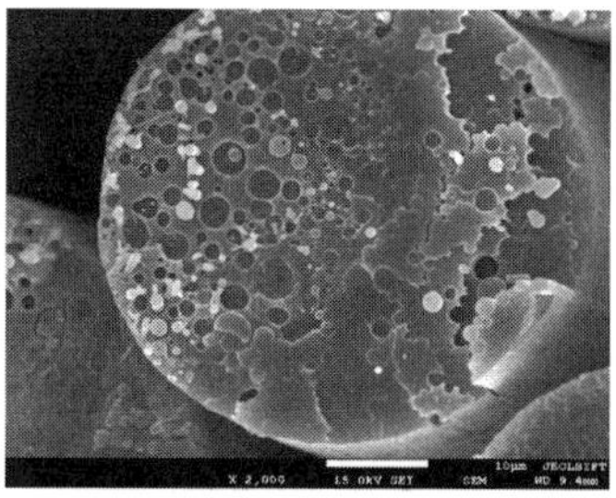	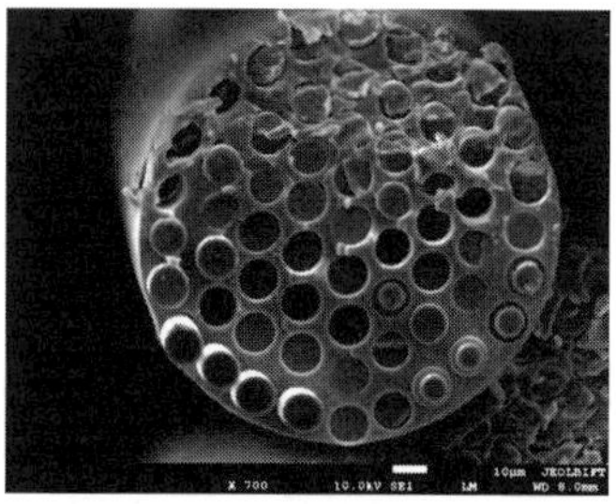
减量后的超细纤维	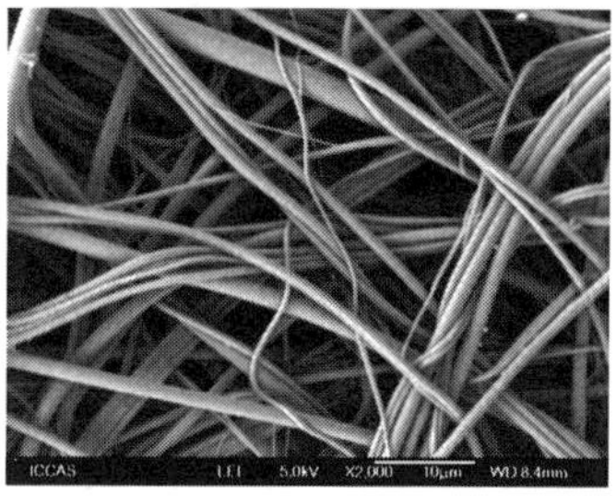	
海岛纤维形成方式	靠共混组分黏度等性质形成海岛纤维，对设备依赖程度低	由纺丝设备复合成海岛纤维，对设备依赖程度高
超细纤维形态	长短、位置随机的超细纤维，形态不可控	单纤维型超细纤维，形态可控
超细纤维横截面的一致性	粗细不一	均一
用途	只能加工成短纤维	广泛，可以加工长丝、短纤维，因此可以做织布或无纺布

海岛型超细纤维合成革按减量方式可分为苯减量和碱减量。苯减量是对以聚乙烯（PE）为海组分的海岛纤维使用甲苯做溶剂，将纤维中的 PE 溶解、洗出而开纤成为超细纤维；碱减量是对以聚对苯二甲酸乙二酯（PET 或改性 PET）为海组分的海岛纤维，在碱液中将 PET 或改性 PET 水解、洗出而开纤成为超细纤维。图 3-2 是传统超细纤维合成革的制造工艺流程。

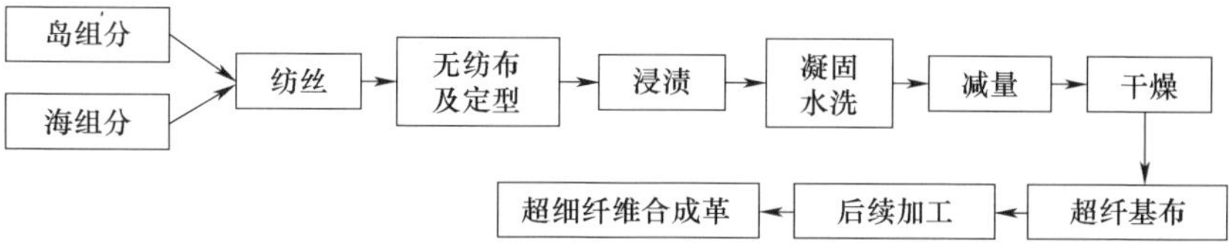

图 3-2　传统超细纤维合成革制造工艺流程示意图

一、海岛型超细纤维的制备

目前应用于超细纤维合成革的不定岛型超细纤维主要是 PA6/PE 型，定岛型超细纤维主要是 PA6/PET（CO-PET）、PA6/PE、PET/CO-PET 型等。

（一）不定岛型海岛纤维的制备

在一定条件下把两种（或两种以上）不相容的高聚物共混、熔融如图 3-3 所示，其中岛组分的高聚物（分散相、微纤）以微小液滴形态分布在海组分的高聚物（连续相、基质）中，见图 3-3 的 1 阶段。当受到径向拉伸作用时，见图 3-3 的 2 阶段，分散相液滴受力形变为微纤维，冷却定型后形成岛组分聚合物以维系短纤维的形式分散于另一种海组分聚合物中的纤维结构，即海岛纤维，亦称基质-微纤型共混纤维。

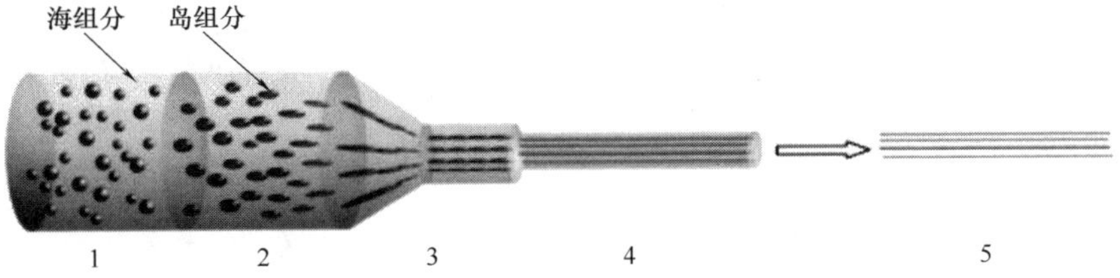

1—岛组分以液滴形式分散在海组分中；2、3—岛组分液滴变为椭球体；
4—经拉伸形成共混海岛纤维；5—去除海组分的超细纤维。

图 3-3　共混海岛纤维加工示意图

图 3-4 是基质-微纤型共混纤维的截面图，由图可以看出纤维的长短、位置是随机的，微纤的细度不一。

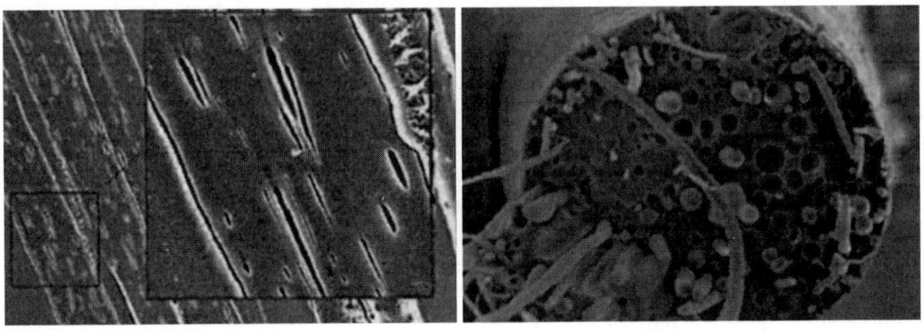

(a) 海岛纤维纵切面　　(b) 海岛纤维横切面

图 3-4　海岛纤维切面图

由于不定岛型超细纤维是由两种不相容的聚合物共混进行纺丝而形成的海岛型超细纤维，因此其海岛结构受到聚合物性能等的影响，具体影响因素有聚合物的相对分子质量及其分布、流变性质、两相相容性、黏度比、共混比、加工温度、剪切速率和拉伸速率等，需要根据实际情况进行调整。

不定岛型海岛纤维短程纺丝工艺流程如图 3-5 所示。成纤物料经粒料系统计量并初步混合，进入螺杆挤出机混合、熔融并过滤，经计量泵精确计量，进入纺丝头由喷丝板喷出，经纺丝上油、拉伸、卷曲等工序制成短纤维。

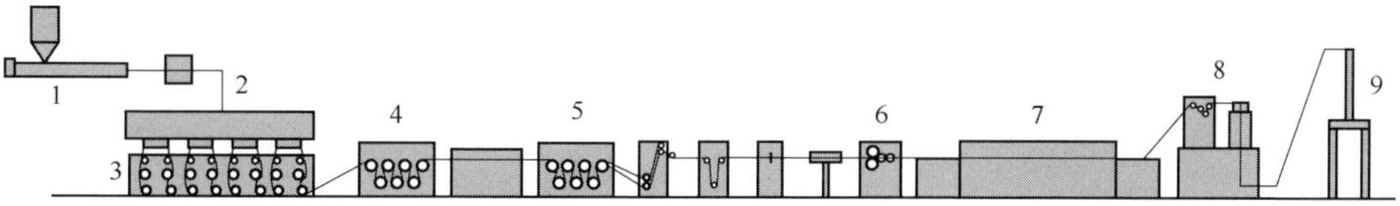

1—螺杆挤出机；2—纺丝箱体及组件；3—上油导丝；4—牵伸；5—二牵伸；6—卷曲；7—干燥调湿；8—裁断；9—打包。

图 3-5　短程海岛型纤维混合纺丝工艺流程示意图

（二）定岛型海岛纤维的制备

图 3-6 是复合纺丝工艺示意图，熔体复合纺丝工艺流程大致为：两种聚合物分别经过切片干燥处理，再各自通过螺杆熔融挤出熔体，经纺丝泵计量后，由不同分配管进入复合纺丝组件（图 3-7）。两种熔体在组件内分为细流再汇合成所需要的截面形状，经过喷丝板纺丝孔挤出。

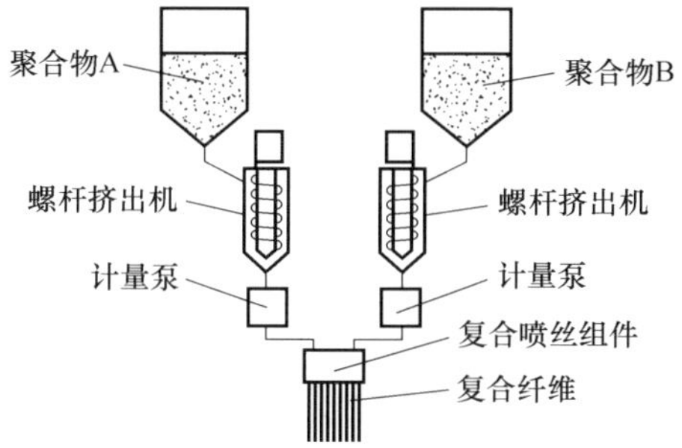

图 3-6　复合纺丝工艺示意图

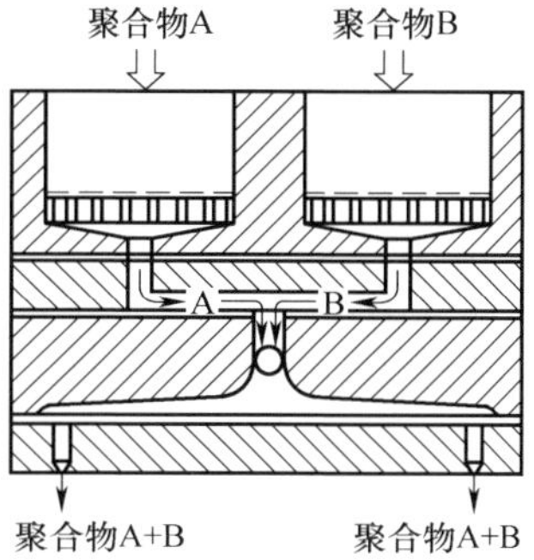

图 3-7　复合纺丝组件示意图

海岛型复合纤维截面的几何形状特征是一种组分像多个分散的小岛一样均匀分布于另一种连续的像海一样漫散的组分内，纤维整体截面基本上为圆形。其成型方法是，岛相组分熔体通过均匀分布在喷丝板导孔圆形截面内的小圆孔流入导孔。海相组分熔体围绕由小圆孔输入的圆形岛相熔体同时流入导孔，如图 3-8 所示。不稳定的共挤出流动，易造成处于截面圆心部分的岛相熔体互相粘连，从而不能制成岛组分均匀分布于海组分中的结构。一般情况下，要求岛相熔体黏度大于海相熔体。

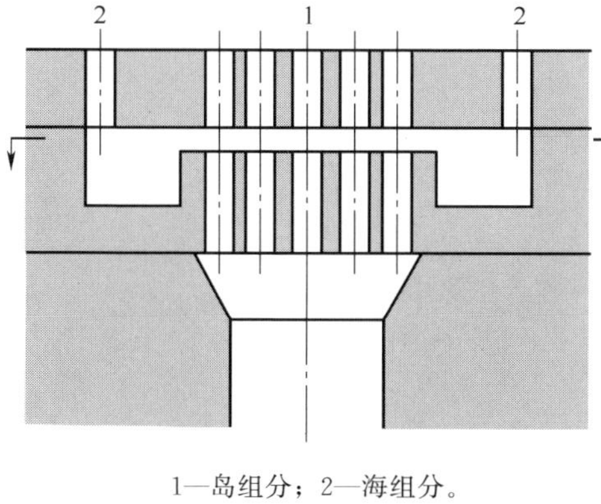

1—岛组分；2—海组分。

图 3-8　海岛型复合纤维成型原理示意图

由于定岛纤维喷丝板的特殊性，定岛纤维不易短程纺，所以，定岛熔体纺丝后需要集束进行牵伸。集束的目的是将单独丝束进行合并，达到比较合理的线密度，便于后加工。整个定岛纤维的纺丝过程被分为前纺和后纺。

前纺工艺包括：两个不同组分的切片，经过各自的螺杆挤压后，在复合喷丝板处复合，经过上油导丝后，依次进入牵伸和落桶，如图 3-9 所示。

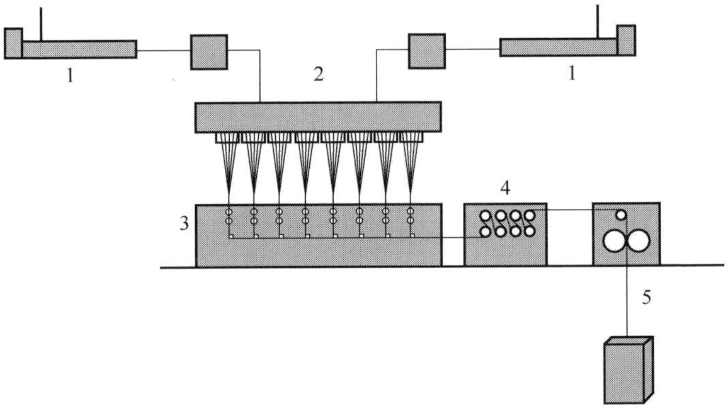

1—螺杆挤压；2—复合；3—上油导丝；4—牵伸；5—落桶。

图 3-9 海岛型纤维复合纺丝前纺工艺流程示意图

后纺主要是对海岛纤维力学性能、加工性能等进行处理，满足加工和使用的要求，包括集束、拉伸、上油、卷曲、干燥定型、切断、打包等，如图 3-10 所示。

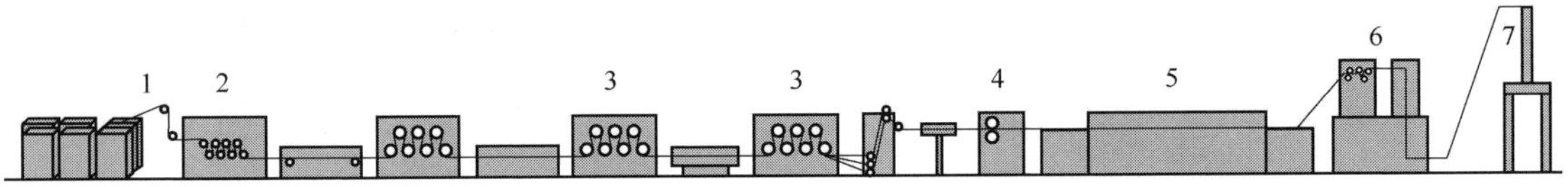

1—集束；2—导丝；3—牵伸；4—卷曲；5—干燥调湿；6—裁断；7—打包。

图 3-10 海岛型纤维复合纺丝后纺工艺流程示意图

二、无纺布的制备

具有一定长度和线密度的散纤维，必须加工成网，然后加固成无纺布，才能供后面工序使用，制成超细纤维合成革。

无纺布，也称为非织造布或不织布，是由定向或随机排列的纤维，通过摩擦、抱合或黏结，或者这些方法的组合而相互结合制成的片状物、纤网或絮垫制品等，是不经过纺纱、织造等传统的织布方法，而使用机械的、化学的、热力的或其他的方法，使纤维网固结在一起而形成的布状、纤维结构的材料，具有工艺流程短、原料来源广泛、成本低、产量高、产品多变、应用范围广等特点。

非织造布的品种很多，分类方法也有多种。按成网方式可分为干法非织造布、湿法非织造布和聚合物直接成网法非织造布；按加固方法可分为机械加固、化学黏合加固和热黏合加固等几种。机械加固法又可分为针刺法、水刺法、缝编法等。

超细纤维合成革用无纺布的主要加工方法为干法梳理成网针刺无纺布，主要由梳前准备、梳理、铺网、针刺 4 个工序组成。

梳理前准备的主要任务是：将不同性能、不同品种或不同批次的纤维原料分别喂入、混合、开松或一起喂入、混合、开松，使纤维包中压紧的纤维块通过机械打击和撕扯而松解成小块的纤维束；将已初步开松的纤维进行进一步混合，使不同的纤维得以充分混合；

将混合的纤维进一步开松，制成混合的纤维层，供梳理机梳理。

梳理的主要任务有：进一步开松纤维并除杂，将纤维原料进一步混合均匀，将块状簇棉梳理成束状再梳理成单根纤维状，将纤维梳理成网。双道夫梳理机还能起到将双层纤网重叠均匀的作用；带有杂乱机构的梳理机还能使纤网的纤维杂乱排列，减小产品纵横向的强度差异。

梳理机生产出的单纤网很薄，通常其面密度不超过 $20g/m^2$，即使采用双道夫梳理机梳理，两层薄网叠合也不超过 $40g/m^2$。一般需通过进一步铺网来获得厚纤网，铺网就是将一层层薄纤网进行铺叠以增加其面密度和厚度。

纤维成网工序所成的纤网强度很低，不能满足非织造布的使用要求，因此必须使纤维网中的纤维彼此黏合或交联，即对纤维网进行针刺加固。固网是非织造布生产工艺过程中的关键工序，它对非织造布的强度和手感等性能有着决定性的影响。

梳理成网针刺无纺布工艺过程如图 3-11 所示。

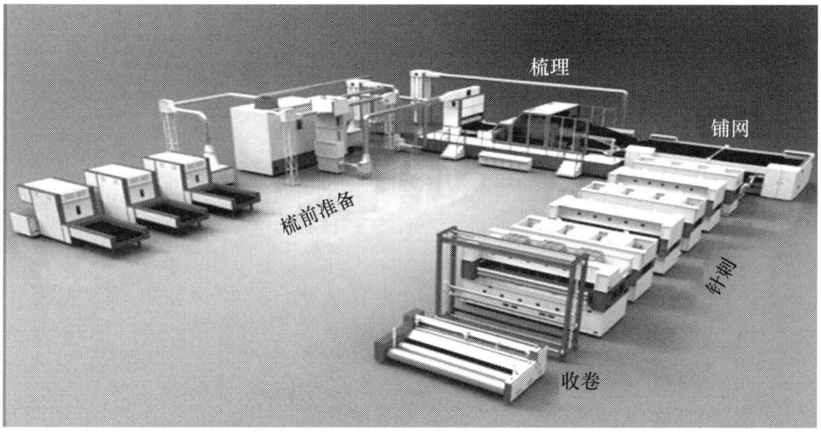

图 3-11　梳理成网针刺无纺布设备全景图

三、基布加工

无纺布定型后，密度、强度等还不够高，海岛纤维还没有开纤成为超细纤维，还基本不具备使用价值，需要对其进行一系列加工才能成为超细纤维合成革基布（Base），这一系列的加工可称为基布加工，基布加工的目的是将调配好的聚氨酯浆料挤压进具有三维网络结构的高密度定型无纺布中，通过相转化使聚氨酯树脂凝固，洗去基布中含有的 DMF，并采用水解或溶解的方式将纤维中的海组分去除，形成由超细纤维和具有微细、通透孔结构的聚氨酯两部分构成的超细纤维合成革基布，基本确定超细纤维合成革的性能和用途。无纺布作为基体层，是超细纤维合成革产品结构中的“骨架”，聚氨酯树脂在超细纤维合成革产品结构中起填充纤维“骨架”间隙的“肉”的作用。

基布加工的流程如图 3-12 所示。

（一）浸渍

浸渍的目的是将聚氨酯浆料均匀地填充在超细纤维无纺布中，超细纤维合成革的浸渍和普通湿法合成革的浸渍相同，因所用无纺布单位面积质量大、密度高，所需浸渍的聚氨

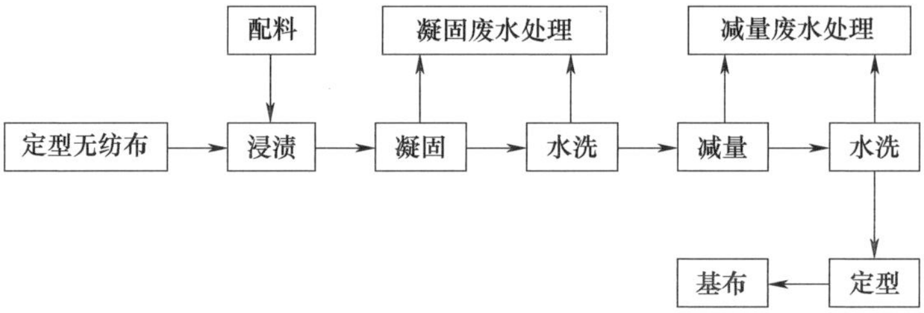

图 3-12　基布加工工艺流程示意图

酯多，所以可以通过强行浸渍方式进行，以保证浸渍效果。根据所需要的基布风格来选择浸渍树脂及浸渍量等条件。

（二）凝固

湿法凝固是将浸渍有聚氨酯浆料的无纺布置于 N,N-二甲基甲酰胺（DMF）的水溶液中，使聚氨酯发生相转变而凝固的过程，主要受树脂种类和浓度、助剂以及凝固液温度、凝固液 DMF 浓度等条件的影响，条件不同形成的聚氨酯聚集形态也不同，所以控制凝固条件可调整聚氨酯泡孔形态。

（三）水洗

基布出凝固槽后，里面含有大量 DMF，若不去除，会造成 DMF 损失及环境污染并对后续工序造成影响。去除基布中的 DMF 采用多段水洗槽溢流，多段榨液的水洗方式进行。

（四）减量

将海岛纤维中的连续相去除而成为超细纤维的操作称为减量或开纤。减量的方式由纤维的连续相成分决定，海组分为聚乙烯通常采用甲苯溶离，海组分为聚酯或者共聚酯采用碱水解进行减量。

对于聚乙烯作为海组分的超细纤维合成革，以热甲苯作为减量溶剂，采用多段溢流方式将聚乙烯连续溶出，习惯称之为抽出，即：将基布连续地送入抽出机内，甲苯溶液以溢流方式连续送入，基布在大量热甲苯溶液中经反复浸渍、压辊挤液使聚乙烯溶出，海岛复合纤维呈束状超细结构，经抽出后的基布在热水追出槽中通过水与甲苯共沸作用排除残余甲苯，达到抽出的目的。

不定岛 PA6/PE 型超细纤维合成革减量前后基布的截面如图 3-13 所示，开纤后一根较粗的海岛纤维变成一束粗细不均的海岛纤维。

对于以 PET 或 CO-PET 作为海组分的海岛纤维，在碱溶液将海组分从超细纤维革基布中水解去除而开纤的方法称为碱减量，碱减量工艺分为间歇式和连续式两种。

由于 CO-PET 在 PET 分子链上引入间苯二甲酸磺酸钠改性链节，所以 CO-PET 比 PET 更容易水解，反应基本原理如图 3-14 所示。

PA6/CO-PET 型超细纤维合成革减量前后基布截面如图 3-15 所示，减量后单根较粗的海岛纤维由于去除了海组分，变成多根呈发散状、单纤间有空隙的超细纤维束。

（五）干燥定型

经过减量后的基布，形态上发生了很大变化，纬向收缩、经向拉长、幅宽不均匀，并且含有大量的水分，不能对基布进行后续加工，因此需要对基布进行干燥定型。对于不需染色的基布，有时为了提高超细纤维革产品的性能，需要对基布进行上油。

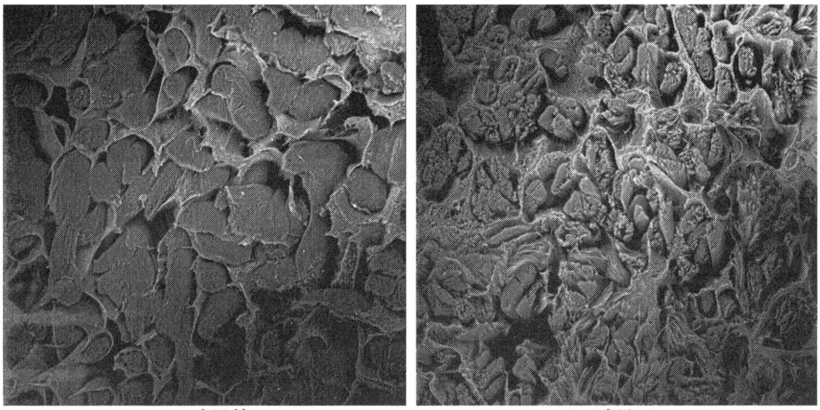

(a) 减量前　　(b) 减量后

图 3-13　PA6/PE 不定岛超细纤维合成革基布减量前后截面图

上油是为了增加基布的一些性能，对基布浸渍水溶性助剂溶液，可增加柔软性、抗菌性、阻燃性等，上柔软剂可提高基布的柔软性和撕裂力等。上油液由一定比例的水性助剂和水调配而成，基布在上油机内的溶液中经反复浸渍挤压，使溶液充分渗入到基布的内部，干燥后提升基布的性能。

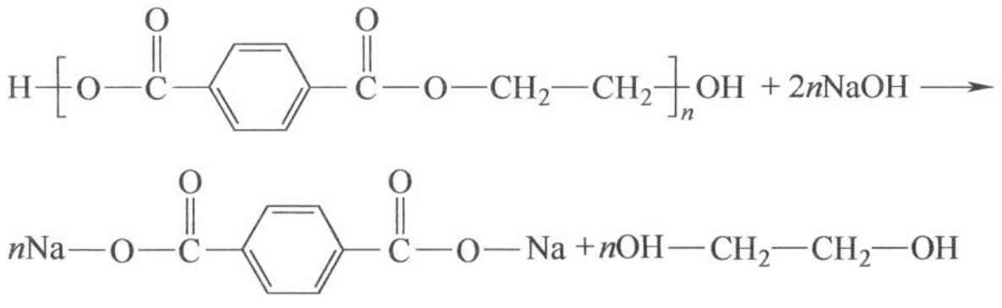

图 3-14　改性链节反应基本原理示意图

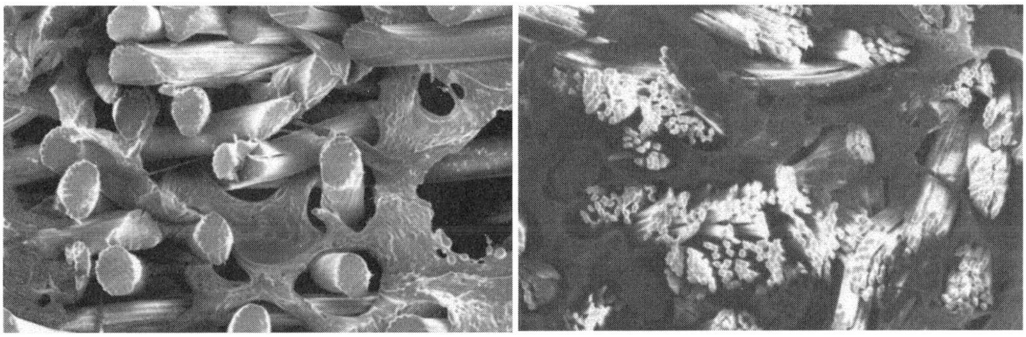

(a) 减量前　　(b) 减量后

图 3-15　PA6/CO-PET 超细纤维合成革基布减量前后截面图

扩幅干燥是利用基布在潮湿状态下具有一定的可塑性，将其门幅缓慢拉宽到规定尺寸，消除部分内应力，使基布的幅宽整齐划一，再经过烘干和冷却后获得稳定的尺寸，以符合成品的规格要求。

四、后加工及整理

经过减量并干燥定型的超细纤维合成革基布一般情况下还不能作为成品，需要对其进行一系列后续工艺加工，以丰富其花色品种、提升品质或增加性能。例如通过揉革、磨面、片皮、染色、干法贴面、印刷、压花等工艺来制备不同类型的产品。

第二节 传统工艺存在的主要问题

传统超细纤维合成革制备过程中，使用溶剂型聚氨酯树脂，溶剂会对环境造成影响。对于以聚乙烯为海的超细纤维合成革，用热甲苯作为聚乙烯的减量溶剂将聚乙烯溶出，使纤维开纤，其中甲苯会对环境造成影响；以PET或改性PET作为海组分的超细纤维合成革，在碱性条件下将海组分水解，也会不可避免地对环境造成影响。

一、凝固过程中的废气、废水

传统超细纤维合成革使用以DMF作为溶剂的聚氨酯树脂浆料进行浸渍，由此产生的DMF污染物以气、液两种形态从生产主系统排出。以液态形式排放的DMF废水主要形成于湿法生产系统；以气态形式排放的DMF废气主要形成于配料及湿法过程产生的废气。

超细纤维合成革生产过程中，DMF废水、废气的产生如图3-16所示。

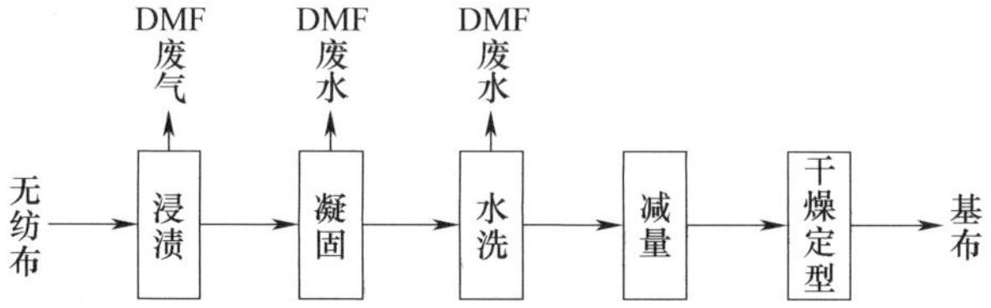

图3-16 超细纤维合成革生产过程产生的DMF废水、废气示意图

由于溶剂DMF易挥发，树脂浆料配制过程会产生DMF废气；浆料由管线送至浸渍槽对无纺布进行浸渍，浸渍过程也会产生DMF废气；浸渍后的无纺布进入凝固槽进行凝固，在凝固过程中，浆料中DMF被水置换，形成泡孔，凝固槽上方会有DMF废气挥发；在水洗槽中反复对基布进行水洗脱除残留DMF时，水洗槽上方的有机废气继续挥发，其主要成分是DMF气体。整个过程随DMF浓度的降低，挥发的DMF气体也逐步减少。

在凝固过程中，浆料中高浓度的DMF被水置换，形成泡孔，凝固槽中的DMF浓度逐渐升高。为了维持凝固槽中DMF浓度的相对稳定，DMF浓度高的凝固液被排放至DMF废液回收罐中，并由水洗槽中低浓度DMF水溶液进行适量补充；水洗过程从水洗槽后部补充工艺水，然后逐槽溢流至前面的水洗槽中，第一水洗槽的水一部分进入凝固槽，剩余部分排至DMF废液回收罐中。除了凝固、水洗过程产生的废水外，还有小部分清洗废水：清洗料桶、清洗浸渍槽等过程都产生含DMF的清洗废水。

因超细纤维合成革的品种不同，其生产配方也不尽相同。一般说来，凝固及水洗废水中的DMF含量为15%～25%，每条生产线产生废水3～5m^3/h。另外湿法配料所添加的各种助剂，如消泡剂有机硅油等，树脂中某些低分子产物，无纺布中的纤维屑等，都将不可避免地部分析出并残留于废水中。

二、甲苯减量和碱减量生产过程造成的污染

（一）甲苯减量生产过程造成的污染

以聚乙烯为海相的超细纤维（定岛、不定岛）合成革，用热甲苯作为聚乙烯的减量溶剂，将聚乙烯溶出，使纤维开纤。溶剂甲苯为无色澄清液体、有苯样气味，能与乙醇、乙醚、丙酮、氯仿、二硫化碳和冰乙酸混溶，极微溶于水；相对密度0.866、凝固点

−95℃、沸点 110.6℃、饱和蒸气压 4.89kPa（30℃）、折射率 1.4967、闪点（闭杯）4.4℃；蒸气能与空气形成爆炸性混合物，爆炸极限 1.2%～7.0%（体积分数）。高浓度气体有麻醉性，易燃，有刺激性；对环境有危害，对空气、水环境及水源可造成污染。由于甲苯的沸点不高、饱和蒸气压比水（4.23kPa，30℃）高，所以甲苯易挥发。

甲苯减量造成的甲苯污染主要有以下几部分：

虽然在甲苯减量过程中，抽出槽及追出槽设有水封，并且向抽出槽和追出槽吹入一定量氮气，来预防甲苯外溢，但不可避免会有部分挥发出来。

甲苯回收过程，虽然在相对密封的设备中进行，但也不可避免会有部分挥发。

减量后的基布中及回收的聚乙烯中，也会含有一定量的甲苯，会在后续的干燥过程中挥发至大气中。

随着设备的改进及工艺的优化，目前生产超细纤维合成革消耗甲苯的量已经由开始的 140～150g/m 降低到约 60g/m，在一定程度上降低了对环境的污染，但是不能根除。

另外，抽出、追出过程的用水约 $15m^3/h$，不能回用而直接排入废水池。随工艺及设备的优化，采用追出高温水对追出槽进水进行预热，自身冷却后过滤出其中聚乙烯及其络合物，放至补水槽进行回收利用的方式，可将废水量降低到 $2m^3/h$，虽然很大程度降低了水资源的浪费，但还是会产生废水。

（二）碱减量生产过程造成的污染

以 PET 或 CO-PET 作为海组分的海岛纤维减量废水产生于开纤剥离工艺。从织物上溶解剥离下来的组分大部分以对苯二甲酸钠盐和聚乙二醇的形式存在于水中，少量不同聚合度的低聚物也进入废水中。废水的主要成分为对苯二甲酸钠盐、聚酯低聚物、乙二醇以及少量的含亲水基团的聚酯改性共聚物和前序加工使用的助剂，因而会对环境造成严重影响。

碱减量废水具有以下特点：

① 产生量大、COD 含量高。一般每千米超纤革减量开纤后排出 10～15t 废水，COD 浓度在 30000mg/L 左右，甚至更高。

② pH 高，碱度大。由于减量开纤工艺大量使用碱液，即便使用的碱液利用率较高，但加工过程中所消耗的大量碱液还是随废水排出，pH 达到 12～14。

③ 对苯二甲酸钠盐含量高：对苯二甲酸钠盐含量高达 50%～75%。

④ 不可生物降解的溶解性 COD 高，从海岛纤维上溶解剥离下来的聚酯成分绝大部分以钠盐和乙二醇的形式存在于水中，约 2%以不同聚合度的低聚物形式进入废水，而少量低聚物和含亲水基团的聚酯改性共聚物是不易生物降解的。

三、后加工及整理过程中的污染

超细纤维合成革后续加工工序中的干法、印刷、喷涂、辊涂等工艺会产生含溶剂的废气，产生的过程及原理与合成革相应工艺类似。

干法配料使用溶剂为 DMF、甲苯、丁酮等，由于干法配料过程无论是投料还是搅拌剪切都是在敞开的容器中进行，不像湿法配料，是在密闭的配料釜中进行，且含低沸点溶剂，因此，配料过程会有比湿法更多的有机溶剂挥发。干法贴面的生产过程在刮涂和烘干过程会产生有机废气。一条生产线生产过程产生的废气量约为 $50000m^3/h$，废气中 DMF

的浓度为1000～4000mg/m^3，甲苯和丁酮的浓度为200～500mg/m^3。正常生产情况下，有机废气中约有92%是经烘箱烘干过程从排气筒以有组织的形式排放，配料过程及涂布过程无组织排放的废气约占8%。有组织排放的废气中DMF可回收，其他溶剂挥发到空中都成为有机废气，喷涂、印花、辊涂等工艺也因使用有机溶剂而产生有机废气。

染色过程中因染色水及水洗水中含有染料及染色、固色助剂而产生废水；水揉工艺也会因助剂及纤维屑残留在水中而产生废水。

第三节　超纤革清洁生产关键材料

超细纤维合成革清洁生产的关键材料主要是为了避免使用有机溶剂造成的污染、降低能耗且能满足超细纤维合成革制备工艺及性能要求的材料，主要分为：水性浸渍树脂、水性涂层树脂、水性柔软剂、水性防水剂及能满足环境友好减量的海岛纤维海组分等。

一、水可溶海组分制备技术

传统超细纤维合成革的两种减量方式都会对环境造成不利影响。苯减量虽然在相对密闭的环境中进行，但减量及PE回收过程仍然会释放大量甲苯（70～120g/m）造成环境污染；碱减量后PET水解成为对苯二甲酸盐和乙二醇，不易回收和高附加值利用，也会造成环境污染和资源的极大浪费。因此，无论采用苯减量还是碱减量工艺，在超纤合成革的生产过程中都不可避免地造成环境污染及资源浪费，严重制约超细纤维合成革产业的可持续发展。

针对这一问题，科研人员在末端治理上做了大量研究工作。例如：在甲苯减量工艺中，通过提升甲苯回收及减量设备的密闭性、增加减量基布的高温水洗次数等手段来降低甲苯的污染，尽管上述方法使消耗甲苯的量由140～150g/m降低到约70g/m，但未从根本上消除甲苯的污染问题。在碱减量工艺中，采用电化学处理、冷却结晶等方法对碱减量废水中的对苯二甲酸盐进行回收，但回收后的对苯二甲酸利用渠道窄，多数情况下作为固废处理，未实现资源化利用，而且仍会有一部分对苯二甲酸残留在含乙二醇的减量废水体系中，造成废水中COD含量高，生化处理难度大。

也有学者研究了水溶性共聚多酯（CO-PET）、聚对苯二甲酸丁二酯（WSPBT）为海组分的海岛纤维，利用海组分的热水可溶性实现海岛纤维的清洁化减量，但海组分中含有强亲水基团—SO_3Na，吸湿性强，无法同时满足水溶减量和纺丝工艺要求（海组分接触水分极易发生粘连，无法进行纺丝后的拉伸、调湿及无纺加工）；也有专利公开了使用聚乙烯醇（PVA）作为海组分进行纺丝的方法，但PVA的熔融温度与分解温度很接近，不适合直接熔融纺丝。即便分子中含—SO_3Na、—OH等亲水基的水溶性聚合物能作为海组分用于海岛纤维熔融纺丝，也不能彻底解决上述问题，因为它们的亲水性不能改变，减量后溶于水中极难回收，不利于资源化，会造成环境污染或者以高能耗为代价进行回收。这也可以从传统超细纤维合成革生产工艺得到验证：碱减量法以CO-PET（PET分子中引入亲水基团—SO_3Na）为海相，需要在碱性条件进行水解减量，因为“真正的‘水溶性聚酯’很难用于纺丝加工”，若在PET分子中引入亲水基团少，则不能水溶，只能加速碱性条件下水解，若引入亲水基团过多，则不具备湿热稳定性。

所以，在超细纤维合成革研究、生产中，减量造成的环境污染和资源浪费问题，末端治理不能根治，海组分替换还没有有效突破。此共性问题不解决，超细纤维合成革的清洁生产无法从理论上和实践上得以突破。

海岛纤维减量造成环境污染或资源浪费主要应归因于海组分聚合物自身的缺陷：只能被有机溶剂溶解或被碱水解。如果海组分聚合物是一种水溶性可控的聚合物，既能熔融纺丝，又能在水溶液中温和减量并回收利用，则上述环境污染及资源浪费问题便可迎刃而解。

欲实现上述构想，其海组分聚合物需要满足 3 个条件：①具备一定的理化性能，满足熔融复合纺丝的基本要求；②水溶性可控，即分子中含有亲水性可以调控的基团，能在温和环境里实现水溶（减量）和不水溶（回收）的相互转换；③相互转化时材料分子主体结构和力学性能等不发生变化，回收后可以利用。

基于此，四川大学颜俊等首次提出以聚氨酯弹性体中引入潜在亲水基团，如羧基，利用其离子化前（—COOH）和离子化后（—COO$^-$）的亲水性差异，实现其水溶与水不溶相互转换，这类聚氨酯便可作为理想的海组分，以此海组分纺制海岛纤维制备超细纤维合成革，有望从源头解决超细纤维合成革减量造成的环境污染及资源浪费。水溶性可控的聚氨酯弹性体的合成及水溶性转化反应式如图 3-17 所示。

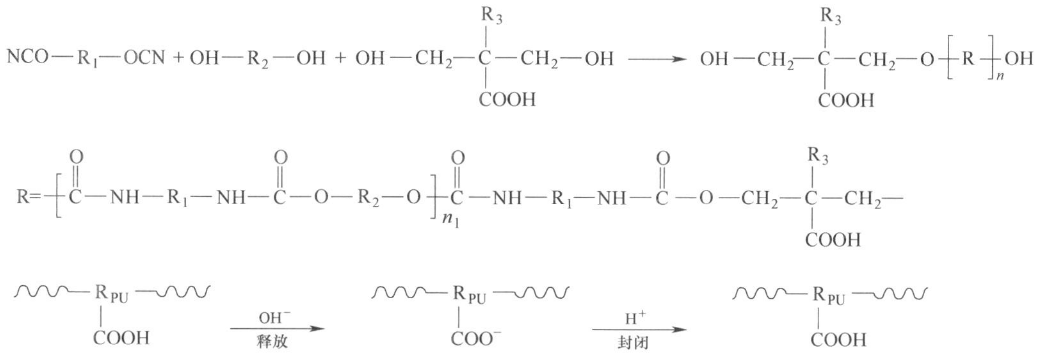

图 3-17　水溶性可控的聚氨酯弹性体的合成及水溶性转化反应式示意图

专利“一种基于 RIM 技术制备的水可溶、可纺聚氨酯弹性体”公开了一种水溶性可控的聚氨酯弹性体，将含有潜在亲水基团的二元醇组分和二异氰酸酯组分通过 RIM 技术制备得到线性聚合物。因其含有潜在亲水基团，能在不破坏分子主链的前提下实现水溶与不水溶相互转换：亲水基团释放前为不亲水的弹性体，可用于海岛纤维海组分纺丝；亲水基团释放后为水溶性高分子化合物，可在温和条件下进行减量开纤；封闭亲水基团后不水溶，可在温和条件下实现回收。

二、水基浸渍用聚氨酯

以水基聚氨酯替代溶剂基聚氨酯是减少 VOCs 排放的有效途径。超细纤维合成革用水性浸渍树脂主要可分为三大类：甲苯减量用水性浸渍树脂、碱减量用水性浸渍树脂及仿超纤用浸渍树脂。

三类超细纤维合成革用水性浸渍树脂均要求有良好的回弹性、程度可调柔软度及一定程度的耐水解性能，同时，由于超细纤维合成革制备工艺的差别，也有各自的特点：甲苯减量用水性浸渍树脂要求高的耐溶剂性能；碱减量用水性浸渍树脂要求有高的耐碱性能；仿超纤用浸渍树脂要求提高或不降低原有基材的撕裂强度。

此外，每大类树脂根据工艺或用途不同又有不同要求：甲苯减量用水性浸渍树脂用于浸渍 PET/PE 型纤维无纺布比 PA6/PE 型纤维无纺布要有更高的回弹性；碱减量用水性浸渍树脂用于浸渍 PA6/CO-PET 型纤维无纺布比 PET/CO-PET 型纤维无纺布的耐碱性能要强一些；染色型超细纤维合成革也可使用易染色型浸渍树脂。

（一）超纤浸渍树脂的基本要求

超纤浸渍树脂用量大，需要满足超纤的手感及物性要求，并且需要满足减量的工艺要求，这些都对其有较高的要求。

1. 回弹性结构要求

含浸用水性聚氨酯回弹性的好坏直接决定着超细纤维合成革的回弹性，因此要求有良好的回弹性。

多异氰酸酯单体是制备 PU 树脂最主要的原料之一。最常用的有甲苯二异氰酸酯（TDI）、二苯基甲烷二异氰酸酯（MDI）、异佛尔酮二异氰酸酯（IPDI）、六亚甲基二异氰酸酯（HDI）、二环己基甲烷二异氰酸酯（$H_{12}MDI$）等。

芳香族异氰酸酯最显著的特点是其结构中含有苯环，这一基团的存在除了提升芳香族多异氰酸酯的反应活性外，还赋予了聚氨酯良好的力学性能，以其制备的聚氨酯在强度及回弹性方面均优于脂肪族异氰酸酯。与不对称二异氰酸酯 TDI 相比，由于 MDI 分子对称性好，聚氨酯链段更易于旋转，分子链段在受到拉伸作用后容易恢复，其聚氨酯膜的回弹性好。除此之外，以其制备的聚氨酯膜具有较高的模量及撕裂强度。因此，含浸用水性聚氨酯选择芳香族异氰酸酯时，可优先选择 MDI 或 MDI-50。

但是，芳香族异氰酸酯存在一个缺点，是所制备的聚氨酯在使用过程中不耐黄变，即使在合成过程中添加抗氧剂，但随着使用时间的增长，抗氧剂被逐渐消耗或是迁移出来，聚氨酯会出现泛黄现象，这会导致超细纤维基布发生黄变。除此之外，单独以芳香族异氰酸酯制备水性聚氨酯会出现树脂模量过高，柔软度难以调节的现象，因此，含浸用水性聚氨酯在制备过程中还需使用到脂肪族异氰酸酯。

脂肪族异氰酸酯反应活性低，具有良好的耐候、耐低温性，以其制备的聚氨酯具有耐黄变的特点。异氟尔酮二异氰酸酯（IPDI）和二环己基甲烷二异氰酸酯（$H_{12}MDI$）分子中均含有环状结构，它在一定程度充当了刚性基团的作用，实验发现，若只单独以 IPDI 或 $H_{12}MDI$ 为原料，所制备出的聚氨酯膜的塑料感极强且较硬，手感差；除此之外，二环己基甲烷二异氰酸酯（$H_{12}MDI$）分子中的环状结构同时存在船式与椅式构象，在拉伸过程中，极大地限制了聚氨酯分子链的旋转与运动，聚氨酯膜回弹性差。单独使用六亚甲基二异氰酸（HDI）所合成的聚氨酯力学性能较差，但 HDI 直链结构能赋予分子链段柔顺性，所合成的聚氨酯膜的柔软性较好，使分子链段易于旋转，回弹性良好。所以含浸用水性聚氨酯在制备过程中，脂肪族异氰酸酯可以选择 IPDI 与 HDI 混合使用。

在合成 PU 树脂的组分中，多元醇的用量占到原料总量的 65%左右，主要包括聚酯二元醇和聚醚二元醇，平均相对分子质量一般在 1000～4000。聚酯二元醇基聚氨酯具有较高的力学强度，成膜的丰满性及回弹性较好，唯一不足的是，其耐水解性差，酯键容易在热碱液的作用下发生水解而断裂。与之相比，醚键不容易水解，并且聚醚多元醇的醚键易于旋转，具有较好的柔顺性，有良好的低温性能。以聚四氢呋喃醚二醇合成的非结晶型聚氨酯，其回弹性以及丰满性都会得到提升。

2. 耐寒性及耐碱性要求

含浸用水性聚氨酯手感的好坏直接决定着超细纤维合成革的手感，若含浸用水性聚氨酯的耐寒性较差，在低温下，分子链段柔顺性变差，聚氨酯成膜变硬，那么所制备的超纤革在低温下会出现手感变硬的现象，这就要求所制备的聚氨酯具有优异的耐寒性。所以，超纤革含浸用水性聚氨酯在结构上应尽量使用聚醚多元醇来提升聚氨酯分子链段的柔顺性及耐寒性。

超纤含浸用水性聚氨酯用于碱减量工艺时必须具有优异的耐碱性；用于苯减量时由于对成品的耐碱水解性能的要求，也需要有良好的耐碱性。酯键容易在该工艺条件下水解，与之相比，醚键不容易水解，并且聚醚多元醇的醚键易于旋转，具有较好的柔顺性，有优越的低温性能。一般来说，在含浸树脂的制备过程中优先选择聚醚型二元醇，如聚丙二醇、聚四氢呋喃醚二醇等，或者选择耐碱性较好的聚醚聚酯共聚型二元醇等。除此之外，聚氨酯结构中交联密度的提升也有利于提升水性聚氨酯的耐水解性能。

（二）仿超纤浸渍用树脂

仿超纤合成革的加工是用树脂将织布浸渍，凝固后，进行后续加工制得成品，过程中不进行减量，因而对浸渍用树脂也有特殊的要求。

仿超纤浸渍树脂需要满足仿超细纤维合成革在使用过程中手感柔软、丰满、回弹性好及抗撕裂强度高等要求。表 3-2 为以不同相对分子质量聚醚多元醇为软段，以 MDI-50 为硬段，在其他条件相同的情况下合成的水性聚氨酯树脂的力学性能。树脂 1 软段为 PPG4000（相对分子质量 4000，下同）；树脂 2 软段为 PPG4000 与 PTMG2000，且 PPG4000 与 PTMG2000 的比例为 1∶1；树脂 3 软段为 PTMG2000。

表 3-2　　水性聚氨酯膜力学性能

树脂类别	100％模量/MPa	断裂拉伸强度/MPa	断裂伸长率/％
1	1.17	＞9.26	＞1038(未断)
2	2.02	18.36	850.4
3	2.63	30.92	648.5

树脂 1 的 100％模量及断裂拉伸强度最低，断裂伸长率最高，含浸基布手感最为柔软。树脂 2 与树脂 3 的 100％模量与断裂拉伸强度均升高，断裂伸长率降低。其原因是，以 PPG4000 为聚氨酯软段，其分子柔顺性较好，分子链在拉伸过程中更加容易伸展，其断裂伸长率较大。而以 PTMG2000 为软段，其链段柔顺性不及 PPG4000，所以随着树脂中 PTMG2000 用量的增加，树脂 2 与树脂 3 柔软度不及树脂 1，且二者的 100％模量与断裂拉伸强度均升高，断裂伸长率降低。

聚氨酯的力学性能和结晶性影响仿超细纤维合成革基布手感。理想的含浸聚氨酯应在使用温度区间内呈现弹性态，否则在使用温度下产生结晶或发生相态转变都会对仿超细纤维合成革基布的手感及柔软性产生不利影响。图 3-18 分别是聚氨酯树脂 1、2、3 的 DSC 和 DMA 分析图谱，其中，图 3-18（a）为树脂的 DSC 曲线，图 3-18（b）为树脂损耗因子随温度变化曲线。

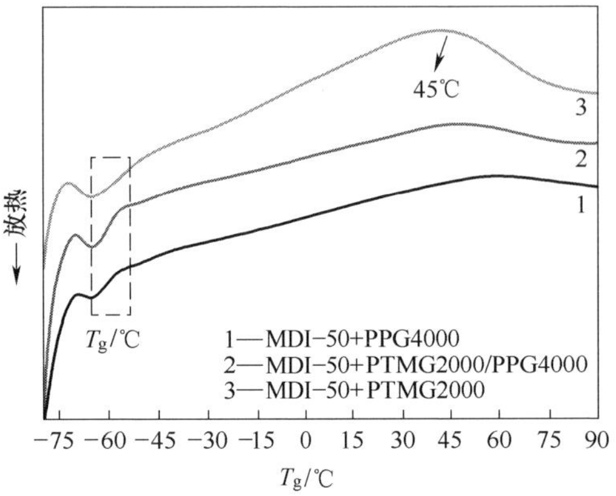

(a) 树脂DSC曲线

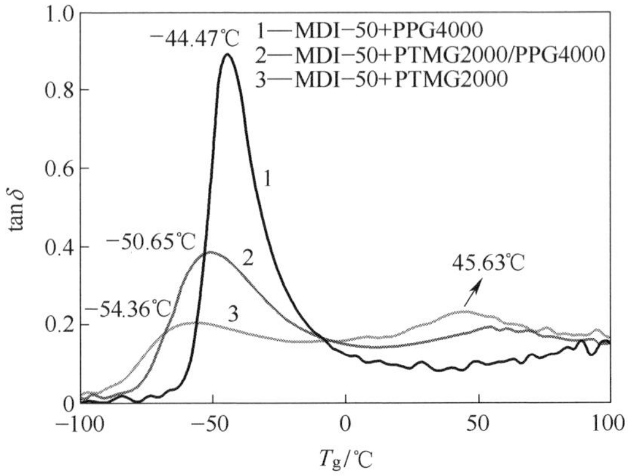

(b) 树脂损耗因子变化曲线

图 3-18 玻璃化转变温度及结晶性示意图

图 3-18（a）的 DSC 测试结果显示，三种树脂玻璃化转变温度均在－60～－45℃，结合图 3-18（b）的 DMA 测试结果，树脂 1 的 T_g（玻璃化转变温度）为－44.47℃，树脂 2 的 T_g 为－50.65℃，树脂 3 的 T_g 为－54.36℃。出现这种结果主要与聚氨酯树脂的软段低温柔顺性有关，在低温下，PPG 分子链中侧甲基的空间位阻效应限制了分子链的运动，导致分子主链不易旋转，所以其玻璃化转变温度最高。随着树脂 2 与树脂 3 中 PTMG 含量的增加，PPG 所带来的空间位阻效应减弱，玻璃化转变温度逐渐降低，表现出良好的耐寒性。除此以外，在图 3-18（a）的 DSC 测试结果中，树脂 3 在 45℃附近出现分布较宽的吸热峰，在图 3-18（b）中树脂 3 也在 45℃附近出现了 tanδ 突越峰，两种结果一致表明，树脂 3 的聚氨酯软段存在一定的结晶，且这两个峰均是 PTMG 的结晶熔融峰。而前两种树脂并不产生明显的结晶，只有树脂 3 软段相形成了结晶微区，即软硬段之间存在着微相分离，所以树脂 3 含浸的仿超纤基布手感明显不如前两种。

（三）碱减量超纤浸渍用树脂

为了满足超纤基布碱减量工艺中的耐碱性及其在使用过程中耐黄变、手感柔软丰满及回弹性好等要求，浸渍用水性聚氨酯主要以耐碱性聚醚多元醇为软段、脂肪族异氰酸酯为硬段来合成。因聚醚型聚氨酯结构中的醚键内聚能较低，并易于旋转，该类材料低温柔顺性能好，不会因温度差异大而带来手感变化，且耐碱性能优良。以该类原料合成的树脂不仅要满足在使用温度下柔软的特点，还应具有一定的强度，以满足良好的回弹性及丰满度。

在超纤基布的碱减量工艺过程中，其加工温度为 90～100℃，除此之外，在碱减量过程中会辅以挤压等机械作用来使得“海”组分更充分地除去，因此还要求含浸树脂具备较高的黏流态转变温度。若含浸树脂在此温度区间没有较高的储能模量或不具备良好的回弹性，树脂容易经挤压而使得基布变薄，这会影响超纤基布厚度的提升，从而影响超纤革的丰满性。

水性聚氨酯的玻璃化转变温度及结晶与否都会对膜的性能及手感产生影响，将其应用在超纤基布后，也会对基布的手感产生影响。若其玻璃化转变温度较高，其耐寒性差，在使用温度较低时容易出现手感僵硬的现象。若使用过程中出现结晶，成膜会变硬，也会影响超纤贝斯的手感。所以，应用在超纤基布的水性聚氨酯应具有良好的低温柔顺性，并且在使用过程中不产生结晶。四川大学的郭学方等人研究了不同 R 值（—NCO/—OH）和不同异氰酸酯配比对含浸基布丰满度和柔软度的影响，图 3-19 为不同 R 值的聚氨酯膜的 DSC 与 DMA 测试结果，图 3-19（a）为 DSC 测试结果，图 3-19（b）为 DMA 的损耗角曲线；图 3-20 为不同 IPDI 与 HDI 质量比的聚氨酯膜的 DSC 与 DMA 测试结果，图 3-20（a）为 DSC 测试结果，图 3-20（b）为 DMA 的损耗角曲线。

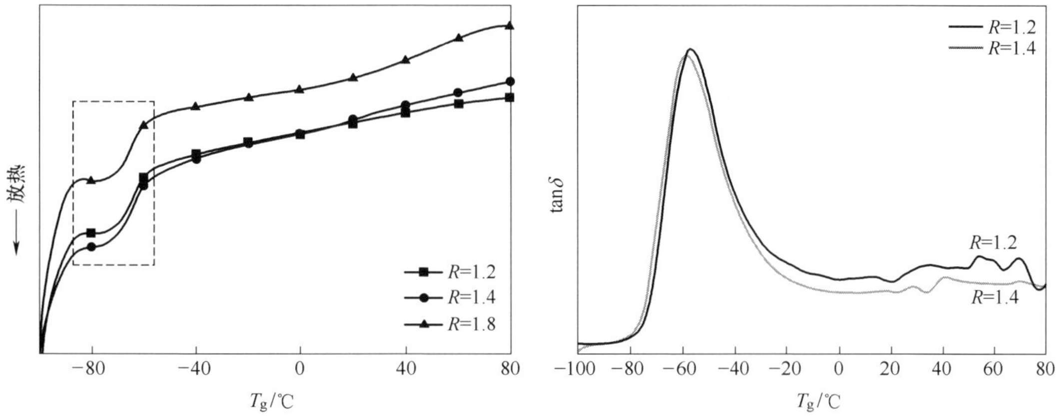

(a) 不同R值聚氨酯膜DSC曲线　　(b) 不同R值聚氨酯膜DMA曲线

图 3-19　不同 R 值水性聚氨酯膜玻璃化转变温度及结晶性示意图

不同 R 值的水性聚氨酯膜的玻璃化转变温度都比较相近，且在常温下没有结晶峰出现；玻璃化转变温度均在－60℃左右，说明其耐寒性良好。而且水性聚氨酯膜的 DMA 图中也没有出现结晶峰，可以说明聚氨酯膜在使用温度范围内不产生结晶，不会因温度的差异对手感产生影响。

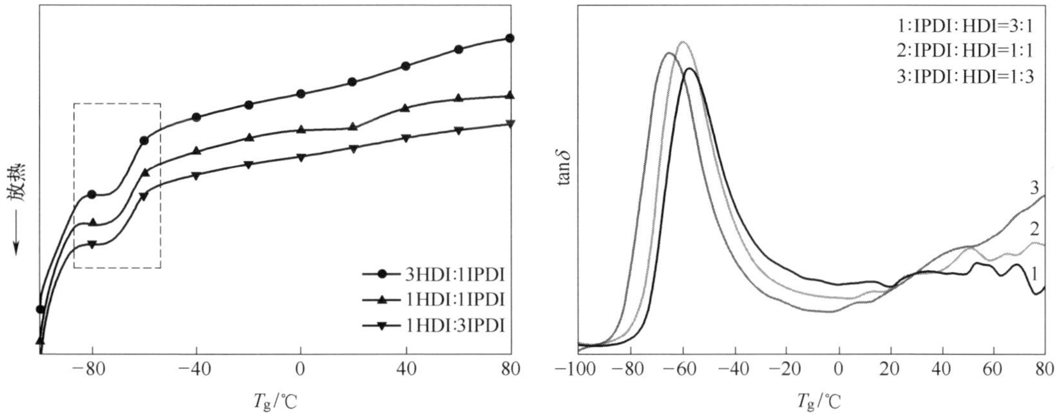

(a) 不同配比聚氨酯膜DSC曲线　　(b) 不同配比聚氨酯膜DMA曲线

图 3-20　不同 IPDI 与 HDI 比的水性聚氨酯膜玻璃化转变温度及结晶性示意图

水性聚氨酯膜的玻璃化转变温度都比较相近，且在测试温度区间内没有结晶峰出现，随着 HDI 用量的增加，玻璃化转变温度降低，这是由于分子链段中亚甲基含量的增加有利于其柔顺性的提升，水性聚氨酯的耐寒性良好。但是在 DMA 损耗角曲线图中，在

20～80℃出现曲线的漂移现象，且 HDI 用量越多，其漂移现象越为明显，这可能是因为随着 HDI 含量增加，分子链规整度提升，硬段产生微弱结晶，软硬段出现微相分离。所以超纤基布含浸用水性聚氨酯在合成过程中，HDI 用量不宜过多，否则容易产生结晶，使超纤基布的手感发生较大变化。

将上述树脂用于碱减量超纤基布，并与溶剂型 PU 含浸制备出的超纤革的性能对比见表 3-3，使用 PA6/PET 定岛型纤维非织造布，岛数量为 37，“海”组分与“岛”的比例为 30∶70。

表 3-3　　不同超纤革基布减量率、厚度、柔软度

含浸树脂成分及特点		开纤基布性能参数		
		减量率/%	厚度/mm	柔软度/mm
空白样(不含浸树脂)		30.3	0.91	8.91
水性聚氨酯	R=1.2	33.7	1.41	7.10
	R=1.4	32.8	1.48	7.13
	R=1.8	35.1	1.40	7.44
	IPDI∶HDI=3∶1	33.7	1.41	7.10
	IPDI∶HDI=1∶1	33.8	1.50	7.05
	IPDI∶HDI=1∶3	37.6	1.20	6.80
溶剂型聚氨酯		—	1.21	7.56

由表 3-3 可知，基布在不含浸树脂时减量率为 30.3%，与理论值非常接近。由于空白样基布经碱减量后其成分仅存聚酰胺纤维，所以厚度最低（空松），柔软度值高达 8.91。当基布含浸水性聚氨酯树脂或者溶剂型聚氨酯树脂时，经过碱减量工艺所得的基布与空白样相比，由于聚酰胺纤维之间填充了聚氨酯树脂，基布的厚度均增加，柔软度均下降。且因碱减量工艺不仅会除去所有“海”组分还会碱解掉少量的聚氨酯树脂，所以基布含浸树脂之后的减量率均大于 30.3%。当基布含浸不同 R 值的水性聚氨酯树脂，所得开纤基布在 R=1.4 时，减量率为 32.8%，在三者中最低，所得基布的厚度也最大，其柔软度值比 R=1.8 时小，其原因可能是 R=1.8 时，减量率明显增大，此时聚氨酯树脂在碱减量工艺中被碱液水解掉的质量较多，基布中超细纤维间隙所含聚氨酯树脂较少，其柔软度提高，所以 R=1.8 时柔软度在三者之中是最高的。

在其他条件相同情况下，当 IPDI 与 HDI 质量比为 1∶1 时，其应用效果最好，基布厚度高达 1.50mm。随着 HDI 用量的增加，当 IPDI 与 HDI 质量比为 1∶3 时，基布的碱减量效果不理想，所得到的基布扁平，柔软度也变差。

以 R=1.4，IPDI∶HDI 质量比为 1∶1 的水性聚氨酯树脂含浸超纤革基布，所得产品在减量率较小的情况下，基布的丰满性优良，厚度、柔软度较高，比较接近溶剂型 PU 制备的超纤革产品。

（四）可染型碱减量超纤浸渍用树脂

染色过程中，纤维越细，比表面积越大，对染料的吸附速度越快，因而上染速度快，上染率高，匀染性差；另外，纤维越细，达到同等色相所需的染料也就越多，染料多就容易向纤维表面迁移，其水洗牢度和摩擦牢度也差；由于超纤基布的纤维细度只有0.001～0.050g/km，所以超细纤维合成革染色的匀染性、色牢度不高。再者，由于构成超纤革的岛纤维和聚氨酯是两种类型不同的高聚物，且高聚物大分子链上活性基团少，所以两者对染料的吸附能力与吸附速度不同，导致匀染性和染色牢度更不容易提高。

阴离子型水性聚氨酯与酸性（阴离子）染料结合牢度不高，造成染色后色牢度比溶剂型聚氨酯差，而阳离子型水性聚氨酯树脂分子链中具有与阴离子染料发生离子作用的基团，且结合位点多，所以含浸后的基布在染色时，具有上染速度快，上染率高，着色艳丽和色牢度高等特点。但阳离子基团含量过多，上染速度过快，超纤基布在染色后容易出现染色不匀的问题。

匀染剂是一种聚氧乙烯醚类非离子表面活性剂，其在纤维染色过程中，先与染料以氢键或盐的形式结合形成稳定的聚集体，达到缓染的目的，在高温染色时，匀染剂-染料聚集体分解释放出染料，再使染料与纤维结合，从而改善超细纤维基布染色不匀的问题。因此，开发含匀染链段的阳离子型水性聚氨酯，有望同时解决色牢度和匀染性的问题。

三、水性整理剂

（一）柔软剂

合成革在经过浸渍、减量及干燥定型等一系列加工后，会产生纤维粘连、树脂包覆纤维等现象，造成板结、发硬等现象，使手感变得粗糙。为了克服这个缺点，就需要使用柔软剂来加以改善。

柔软剂是一类能降低纤维摩擦因数的化学物质。当降低摩擦因数后，手感触摸有平滑感，易于在纤维或织物上移动；纤维与纤维或其他材料之间易于相互移动，也就易于变形。综合感觉就是柔软。柔软剂除能使织物柔软外、往往还兼有抗静电、防再污染、提高平滑性、撕破强力和提高缝制性等效果。

柔软剂一般需要满足以下要求：

① 具有优良的柔软性、平滑性、蓬松性；

② 对材料的白度或染色牢度影响小；

③ 在各种柔软加工条件下（浸渍、浸轧、温度、pH 变化等），工作液要有相当的稳定性；

④ 柔软整理后的材料不宜受热变色，在储藏中不应产生色泽、气味、手感的变化；

⑤ 人体皮肤接触后无不良影响，符合环保要求；

⑥ 按不同的处理要求，能具有适当的吸水性、拒水性、防静电性等性能。

随着染整工业的发展，各种柔软剂相继出现。总的来说，按柔软剂化学组成可分为非表面活性类、表面活性剂类、反应型和高分子聚合物乳液型4类。其中高分子聚合物乳液型中的有机硅柔软剂在合成革领域应用较为广泛。

有机硅柔软剂主链为—Si—O—，比—C—O—链长，因而分子链更加柔软，具有优良的润滑柔软性能，疏水性好等优点，且合成过程无毒、无环境污染，成本合理，符合人们追求卓越品质和生态环保的要求，因而有机硅柔软剂成为目前使用最多的后整理剂之一。有机硅是以聚硅氧烷为主链的聚合物，按照反应活性及与纤维的反应性可以将有机硅柔软剂分为三大类，即非活性有机硅柔软剂、活性有机硅柔软剂和改性有机硅柔软剂，这也代表了有机硅柔软剂发展的 3 个时代。

第一代有机硅柔软剂始于 1940 年，这个时期的代表产品是二甲基硅油和含氢硅油的机械共混物，二甲基聚硅氧烷（DMPS）是第一代有机硅柔软剂的代表。从结构上看，二甲基硅油没有活性基团，具有较强的疏水性，很难与纤维产生牢固结合，所以耐洗性很差。正是较强的疏水性和较高的相对分子质量这两个特性，使其难以制备成一个非常稳定的乳液，导致在生产使用过程中乳液会出现漂油，甚至破乳现象。

第二代有机硅柔软剂始于 1959 年，以高相对分子质量的端羟基聚硅氧烷的出现为标志，该柔软剂主要为羟基硅油乳液和含氢硅油乳液。二甲基硅氧烷（DMPS）线型结构的两端羟基取代或者羟基封头，使其具有一定的亲水性，在金属催化剂存在下能在织物表面形成网状交联结构，使织物具有很好的柔软性和耐洗性。根据制备时使用的表面活性剂不同，活性有机硅柔软剂还可以分为阳离子、阴离子、非离子和复合离子几种类型。

由于第二代有机硅柔软剂存在着功能单一，在使用中易破乳漂油等问题，20 世纪 70 年代后期，有机硅工作者开发了第三代有机硅柔软剂。在硅氧烷侧链上引入氨基、聚醚、羟基、环氧基等各种活性基团，从而提高织物的耐洗性、防缩性、亲水性，同时赋予织物不同风格。不同的官能团能赋予织物不同的风格，见表 3-4。

表 3-4　　不同基团改性有机硅油的性能

改性有机硅油的功能基团	改性有机硅油的应用性能
$—C_3H_6NH_2$、$—C_3H_6NHC_2H_4NH_2$	反应性、吸附性、超柔软性好，但易泛黄
$—C_3H_6(OC_2H_4)_n(OC_3H_6)_mOCH_3$	亲水性、抗静电性好，但柔软性差
$—(CH_2)_nCOOH$	反应性、润滑性好，但使表面张力增加
$—C_3HOCH_2\underbrace{CH—CH_2}_{O}$	反应性、吸附性好，但平滑感差

无论是哪一代的有机硅柔软剂，其中起柔软作用的主要是有机硅化合物分子中的聚硅氧烷链段。聚硅氧烷的主链是一种易挠曲的螺旋形直链结构，由硅原子和氧原子交替组成，围绕 Si—O 键旋转所需的能量几乎为零，这表明 Si—O 的旋转是自由的，可以 360°旋转，这使得主链十分柔顺。在聚二甲基硅氧烷的每一个硅原子上有两个甲基，这两个甲基处在垂直于两个相近的氧原子连接线的平面上。硅原子的每个甲基可以绕 Si—O 键轴旋转、振动。由于甲基的旋转，这些氢原子要占据较大的空间，从而增加了相邻分子的距离，所以聚硅氧烷分子间的作用力比碳氢化合物弱很多，由此所得到的硅油比同分子质量的碳氢化合物黏度低，表面张力小，成膜性强。

（二）防水剂

虽然各类超细纤维合成革使用的材料不同，但由于材料中聚氨酯、涤纶等疏水性不强，尼龙有一定的亲水性，水性聚氨酯有强亲水性，且可能在制备过程中使用了带亲水基团的化工原料而将亲水基团引入革内，使得部分种类的超细纤维合成革对水有较强的亲和力，防水性不强。这不仅影响其力学性能，还影响其使用性能，因此特定场合需要对其进行防水处理。

合成革表面和内部存在许多毛细管，因此容易被液体所润湿，当合成革接触面的表面能小于液体的表面能时就不会被液体润湿。防水剂就是利用其具有的低表面能，改变合成革表面层的组成，并能沉积于合成革表面，从而降低合成革表面的表面张力并且不改变其基础结构，使其既具有良好的拒水性，又不改变其手感和风格的产品。

在纺织品的防水整理领域里，我国目前使用的防水剂主要有以下几类：石蜡、硬脂酸铝等配成的乳液，吡啶季铵盐和硬脂酸铬络合物，羟甲基三聚氰胺衍生物，聚醚、聚氨酯系列，有机硅型防水剂，有机氟型防水剂。目前在合成革领域中，有机氟类防水剂、有机硅类防水剂是主流。

1. 有机氟类防水剂

氟元素是自然界中电负性最大的元素，当碳链上的氢原子被氟原子取代后键长变短，键能增加，含有 C—F 键的化合物分子间凝聚力非常小，使化合物表面的自由能显著降低，从而具有很难被各种液体润湿、附着的特有性质，表现为优异的疏水疏油性。含氟防水剂含有连续排列的长链氟烷基化合物（R_F），它的表面张力很低，不仅低于各种油类的表面张力，也远低于水的表面张力，含氟整理剂经整理后沉积或吸附于材料表面，极性基团与材料结合，而 R_F 长链在外层，形成拒水、拒油薄膜层，使材料表面布满疏水性基团，减少或消除材料对水的吸附作用，表面张力下降，从而达到拒水拒油目的。

制备含氟织物整理剂的方法很多，目前最常用的就是用聚氨酯改性有机氟化合物，或者是用丙烯酸酯改性有机氟化合物。

用聚氨酯改性有机氟化合物制得的聚合物，经其整理的织物，既可以改善整理后织物的防水性、耐磨性，也可以提高织物表面的透气性能，是一种比较常用的改性有机氟化合物的方法。聚氨酯耐磨性好，韧性优良，安全无毒无污染，在固体表面成膜性好，因此，用聚氨酯对含氟化合物进行改性，制得的产物整理后的织物，既具有聚氨酯优异的力学性能，又降低了织物的表面能，提高了织物的防水性、抗污性、生物相容性和耐热性等。

用丙烯酸酯改性有机氟化合物制得的聚合物，简称含氟丙烯酸酯，经其整理的织物，不仅具有含氟化合物优异的防水性能、抗污性能，而且具有聚丙烯酸酯良好的成膜性和附着性，因此，含氟丙烯酸酯被广泛地应用于整理剂的制备。含氟丙烯酸酯共聚物防水剂一般包含 4 个部分的大分子结构：含氟烷基、缓冲链节、无氟碳链结构单体和其他功能性基团。含氟丙烯酸酯的制备方法很多，可以将含氟基团引入聚丙烯酸酯的侧链上，也可以用溶液聚合法和微乳液聚合法来制备。溶液聚合法虽然方法简单，不需要高温控制，但是，由于存在溶剂，既不环保，成本也高；而乳液聚合法不仅制备工艺简单易控，使用方便，而且相比溶液聚合法对环境污染小且成本低。因此，乳液聚合法已成为目前制备含氟丙烯酸酯类织物防水整理剂最主要的制备方法。

虽然，聚氨酯改性有机氟化合物和含氟丙烯酸酯都能赋予整理后的合成革良好的防水性能和抗污性能，但是不能赋予其非常优异的柔软性能，与有机硅整理剂相比，整理后材料的手感相对粗糙。

2. 有机硅防水整理剂

有机硅材料性能优良，拒水性能优异，因此被广泛地用于建筑、纺织、皮革、造纸等领域。有机硅的防水性是由于含氢硅油分子中，硅氧键上的甲基本身按逆时针方向转动，使甲基中的氢原子向外掠扫，像伞一样将硅氧链完全遮蔽在甲基的旋转面内。

有机硅防水剂的主链是重复的 Si—O 键，有机基团直接连接在硅原子上的聚合物，其分子中 Si—O 键间距长，Si—O—Si 间的键角大，键能也大，而且硅氧链有甲基屏蔽，因此，其链段非常柔软，此外，硅氧链间相互作用力小、摩尔体积大，所以表面张力小。有机硅防水剂在织物纤维表面成膜时，硅甲基有序地朝外，伸向空气，在织物纤维表面形成一层防水的薄膜。它的特殊分子结构使它具有良好的成膜性和高透气性、耐高温性以及拒水性等优异性能。

有机硅类织物防水剂整理的织物具有耐久性防水效果，特别适用于合成纤维及其混纺织物，在合成纤维织物特别是长丝织物上的防水效果、耐水性和干洗性非常好。

3. 氟硅聚合物防水整理剂

氟硅聚合物集合了有机氟与有机硅的优点，具有非常广泛的应用前景。目前，在纸张、织物、涂料、皮革整理剂等方面都是一个研究热点。氟硅类聚合物一般为有机氟改性有机硅聚合物，特别是含氟有机硅类聚合物。氟硅聚合物由于其特殊的分子结构，可同时发挥含氟化合物和聚有机硅氧烷的优异特性，使其优势互补，解决氟、硅化合物单独使用时存在的一系列问题，既能赋予织物优异的柔软性能，也能赋予织物良好的防水性能，且具有优异的耐高低温性、耐候性、耐腐蚀性、化学稳定性。

氟烃基改性聚硅氧烷是氟代脂肪族化合物对相对分子质量较低的聚硅氧烷改性的产物，其既具有有机氟优良的防水性，又具有有机硅聚合物的柔顺性。氟烃基改性聚硅氧烷有多种制备方法，如通过酯化反应、氨解反应、硅氢加成反应、羟丙基聚硅醚化反应、开环反应等均可将氟烃基引入聚硅氧烷中。另外，长链氟代丙烯酸酯与小分子巯基聚硅氧烷的反应，氟代脂肪醇-异氰酸酯与小分子末端氨基聚硅氧烷的反应也可以将氟烃基引入聚硅氧烷分子中。在应用时，可以向反应中加入钛酸酯等交联剂，以提高整理后织物的防水性能。

第四节　超细纤维合成革现代制造技术

传统超细纤维合成革生产过程中，使用溶剂型树脂对无纺布进行一系列加工，过程中不可避免地产生溶剂的挥发，同时产生废水污染；减量过程也会产生废水、废气污染及资源浪费。随着人们环保意识的加强，环保法律、法规的健全，开发基于水性树脂或无溶剂树脂的超细纤维合成革现代制造技术将成为超细纤维合成革的发展方向。

一、基于水性树脂的仿超纤浸渍技术

前文已述，仿超纤合成革是合成革行业近年来发展起来的产品，与超细纤维合成革相比，其不使用无纺布而使用织布，所使用织布的纤维越细，做出来的革的绒感越强。由于仿超纤合成革不使用海岛纤维，所以其加工过程不需要经过减量工艺。仿超纤合成革的加工过程可以先将织布染色，浸渍过程中在树脂中添加颜料对树脂着色，从而避免成品染色过程需要同时染纤维和树脂而造成的一系列问题。仿超纤合成革手感与超纤合成革类似，具有质轻、柔软、透气性好、拉伸强度高等特点，可用于包装材料、服装、鞋、箱包等多个领域。由于其制备工艺简单且成本很低，在市场上得到广泛的应用。

传统仿超纤革使用溶剂型树脂浸渍织布，为了解决溶剂型树脂使用过程对环境造成的影响，可以使用水性树脂进行浸渍，水性树脂制备仿超纤合成革的工艺流程如图 3-21 所示。

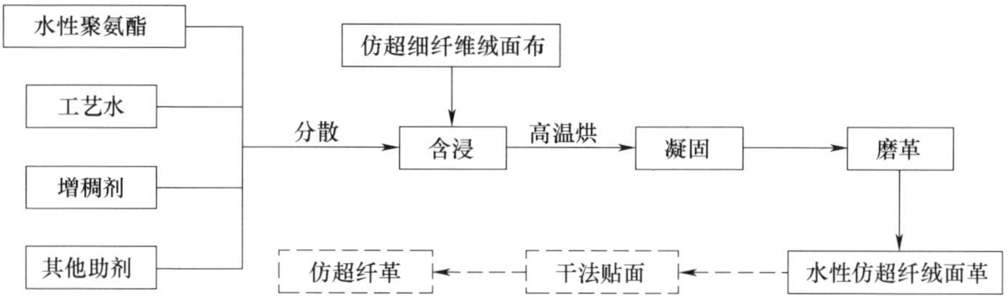

图 3-21　仿超纤合成革制备工艺流程示意图

仿超纤革根据产品类型可以分为绒面革和光面革，光面革是在绒面革的基础上再进行干法贴面，赋予成革颜色和纹路。绒面布分为单面绒和双面绒，单面绒是将布的单面经拉毛机将纱体的纤维拉出纱体外，均匀地覆盖在表面；双面绒是将布的双面经拉毛机起绒。双面绒加工的仿超纤绒面革丰满度及外观比单面绒更好。浸渍水性聚氨酯树脂，可以将配制好的聚氨酯浆料直接浸渍，也可以浸渍机械发泡的聚氨酯浆料，要根据需要选择水性聚氨酯树脂，浸渍机械发泡的聚氨酯树脂做出的产品弹性好、丰满度高。浸渍方式分为普通浸渍和定量浸渍。浸渍树脂对仿超纤革的柔软度、撕裂强度有较大影响，尤其所使用织布的撕裂本来不高，浸渍树脂后需要适当提升撕裂。

以下列工艺为例，讨论浸渍对柔软度和撕裂强度的影响：将水性聚氨酯调配成固含量为 5%～15%的乳液；然后以适量增稠剂调节乳液黏度适中，并加入少量的消泡剂，分散均匀后备用；再将仿超纤绒面布浸入已配制好的乳液中，并经过反复辊轧作用使乳液充分而均匀浸入基布，至基布为原质量的 150%～200%；然后在温度 100～120℃的条件下烘干，聚氨酯树脂烘干凝固；随后对基布表面进行磨革，即得到水性聚氨酯仿超纤基布。

图 3-22 是绒面布与仿超纤基布的表面形貌的电镜照片（1500 倍），（c）为（b）的指定区域放大图，可直观地观察仿超细纤维合成革基布表面微观结构及形貌状态。

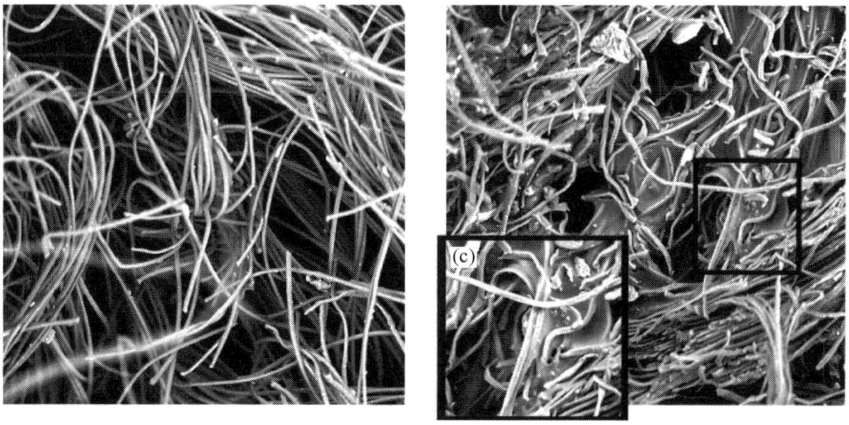

(a) 绒面布　　(b) 含浸后仿超纤基布

图 3-22　基布扫描电镜测试结果

从空白样（a）即仿超细纤维绒面布可以看出，表面纤维较为松散，纤维与纤维之间空隙度大。（b）为含浸水性聚氨酯后的仿超纤基布的电镜照片，水性聚氨酯填充在纤维间，且树脂填充较为均匀，与（a）相比，纤维不及前者松散，纤维与纤维之间紧凑度变大，且纤维被树脂包覆，从而影响仿超纤的撕裂强度、柔软度等性能。

仿超细纤维合成革在使用过程中对柔软度要求较高，这就要求所合成的树脂柔软，以保证含浸后所得基布柔软。其次，含浸后的基布与原绒面布相比，柔软度不能有较大的变化或显著降低，所以这对含浸时树脂的固含量也有一定的要求。图 3-23 为仿超纤基布柔软度测定结果，分别为树脂类型及固含量对基布柔软度的影响。

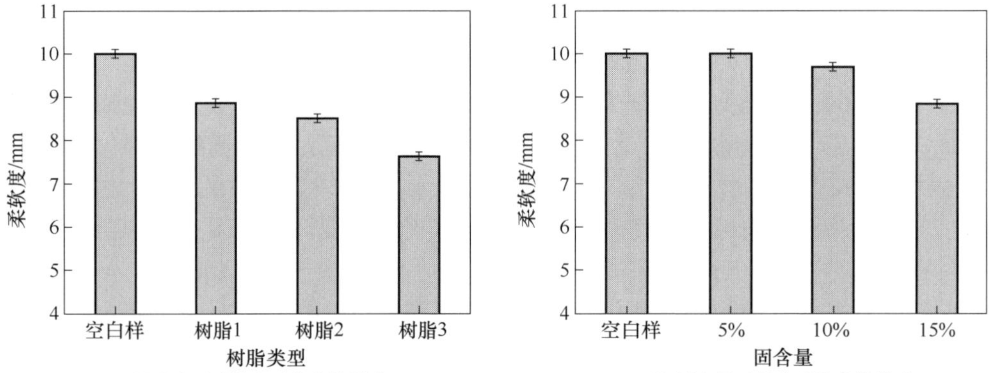

(a) 树脂类型对基布柔软度的影响　(b) 固含量对基布柔软度的影响

图 3-23　基布柔软度测试结果示意图

空白样，即仿超纤绒面布，柔软度最高，达到 10.0mm。在其他条件一致的情况下，当仿超纤绒面布分别含浸三种不同树脂时，所得仿超纤基布以树脂 1 为含浸树脂时，所得仿超纤基布柔软度最高，其值为 8.85mm；其次为树脂 2 含浸所得基布，柔软度为 8.45mm；当以树脂 3 为含浸树脂时，仿超纤基布柔软度最低，其柔软度值为 7.70mm。而由使用聚氨酯膜的力学性能可知，树脂 1 所得聚氨酯膜的 100%模量最低，延伸率最大，其柔软性最好；其次为树脂 2；而树脂 3 所得聚氨酯膜的 100%模量最大，延伸率最小，其柔软性在三者中最低。所以含浸树脂的柔软性越好，所得基布柔软度也越高。

在其他条件一致的情况下，将树脂 1 分别配制成三种不同固含量的乳液，将其应用后所得仿超纤基布，当树脂固含量为 5%时，基布柔软度为 10.0mm，固含量为 10%时，柔软度为 9.70mm，固含量为 15%时，柔软度为 8.85mm，即随着树脂固含量的提高，基布柔软度有下降趋势。因此调整仿超纤柔软度时需要从树脂种类和浸渍树脂量来考虑。

由于仿超纤绒面布撕裂强度较低，在使用过程中织物不抗撕裂，所以需要提升仿超纤基布的撕裂强度。图 3-24 为浸渍树脂类型及固含量对仿超纤基布撕裂力的影响。

仿超纤基布含浸三种树脂后，以树脂 1 含浸的基布横向与纵向撕裂力的提升最为明显，树脂 2 次之，树脂 3 对基布的撕裂力基本没有提升的效果。即随着树脂硬度的升高，所浸渍的仿超纤撕裂呈下降趋势。用不同固含量的树脂 1 含浸基布，当树脂固含量为 15%时，基布撕裂强度提升最大，当固含量在 10%以下时，基布撕裂强度提升并不明显。所以若考虑基布撕裂力的提升效果，仿超细纤维合成革含浸树脂固含量应控制在 10%以上。

除此之外，使用水性聚氨酯制备的仿超细纤维合成革还要具备耐水解、耐撕裂、手感柔软、回弹性好等特性。

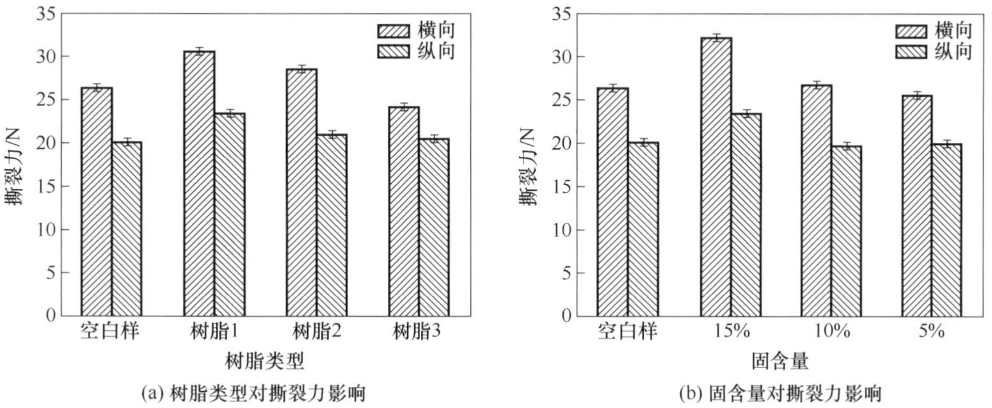

图 3-24　基布撕裂强度测试结果示意图

二、基于水性树脂的超纤基布浸渍技术

为了解决溶剂型树脂浸渍过程 DMF 的挥发及 DMF 回收造成的能耗高、产生废水等问题，近年来发展起来湿法凝固、节水凝固、节能节水凝固三种浸渍、凝固技术。

（一）湿法凝固技术

湿法凝固技术是模拟传统浸渍凝固技术，采用在水溶液中进行凝固的方式，适用甲苯减量及碱减量两种工艺。其原理是将浸渍后的无纺布置于电解质溶液中，使水性聚氨酯（WPU）破乳凝固，电解质可以是水溶性盐或水溶性盐与酸碱的混合物。阴离子型水性聚氨酯破乳凝固原理如图 3-25 所示。

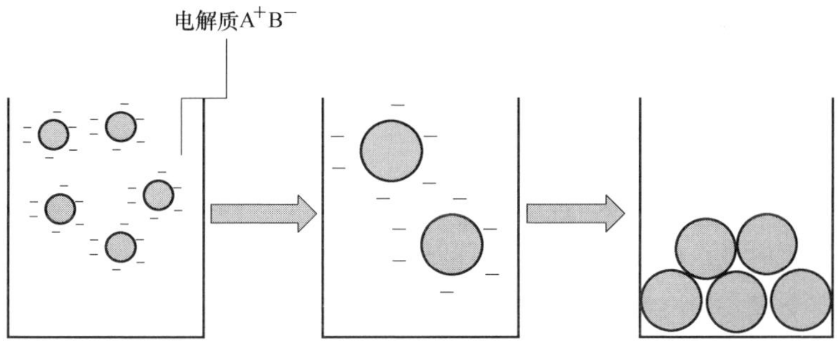

图 3-25　阴离子型水性聚氨酯电解质溶液中破乳凝固示意图

酸、盐与 WPU 中的 COO^- 反应，破坏 WPU 乳液的双电层，WPU 乳胶粒发生不可逆的凝聚、堆积、变形，但此时聚氨酯分子未充分接触、融合，还不完全具备聚氨酯膜的性能，还需要对其蒸汽熏蒸、烘干干燥，使其彻底凝固成膜。

湿法凝固是将无纺布浸渍 WPU 浆料后，进入电解质溶液的凝固槽中进行凝固，然后水洗去除基布中含有的盐等电解质，再进入蒸汽房进行蒸汽熏蒸，最后烘干，工艺流程如图 3-26 所示。

WPU 树脂需要针对所用无纺布材质等进行选择。甲苯减量需要选择耐溶剂型的树脂：在 100℃热甲苯浸渍挤压 10 次后，树脂减重率≤1%。碱减量需要选择耐碱型的树

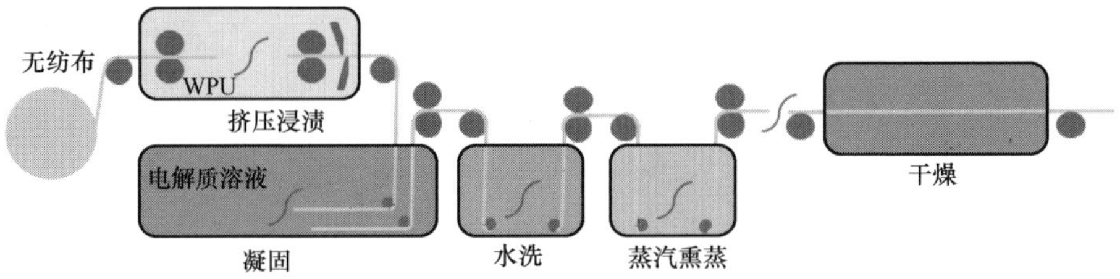

图 3-26　湿法凝固工艺流程示意图

脂：在 10%（质量分数）NaOH 溶液中，辅助机械作用，浸泡 1h，树脂减重率≤1%。硬度、弹性等其他要求根据产品需求进行选择。

WPU 浆料可以直接对无纺布浸渍，也可机械发泡后对无纺布浸渍。

凝固液所用电解质多选用钙、镁等水溶性无机盐，或者无机盐与乙酸、草酸、柠檬酸或氨水、碳酸氢铵等弱酸、弱碱进行复配。利用电解质的浓度、种类控制凝固速度及泡孔结构。阳离子 WPU 浆料对 PA6/CO-PET 型纤维无纺布浸渍，10%（质量分数）的氯化钠和 10%（质量分数）的碳酸钠水溶液中凝固，制备的超细纤维基布的不同放大倍率截面如图 3-27 所示。

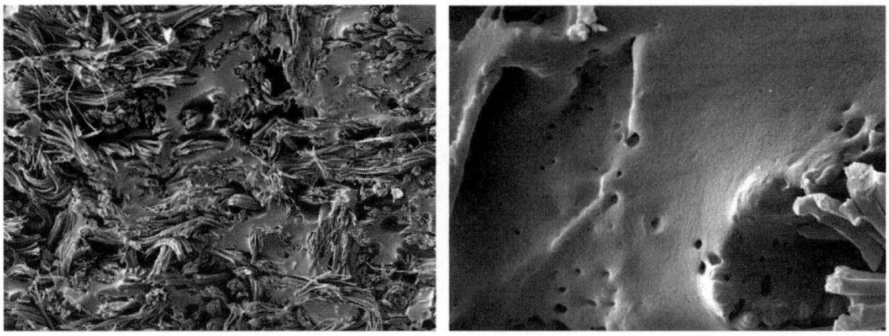

(a) 100倍　　(b) 1500倍

图 3-27　湿法凝固超纤基布截面图

湿法凝固技术具有聚氨酯膜泡孔可调的优点，但是会产生新的含电解质废水，并且对比传统湿法凝固技术能耗增加。随着树脂材料和工艺技术的发展，湿法凝固技术有望通过减少凝固后的烘干步骤来降低能耗。

在湿法凝固过程中产生的含盐废水，可采用反渗透技术进行处理，工艺原理如图 3-28 所示。

反渗透技术原理是在高于溶液渗透压的作用下，依据其他物质不能透过半透膜而将这些物质和水分离开来。反渗透膜的膜孔径非常小，因此能够有效地去除水中的溶解盐类、胶体、微生物、有机物等。反渗透膜是实现反渗透的核心元件，是一种模拟生物半透膜制成的具有一定特性的人工半透膜。一般用高分子材料制成，如醋酸纤维素膜、芳香族聚酰肼膜、芳香族聚酰胺膜。表面微孔的直径一般在 0.5～10.0nm，透过性的大小与膜本身的化学结构有关；有的高分子材料对盐的排斥性好，而水的透过速度并不好；有的高分子材料化学结构具有较多亲水基团，因而水的透过速度相对较快。因此一种满意的反渗透膜应具有适当的渗透量或脱盐率。

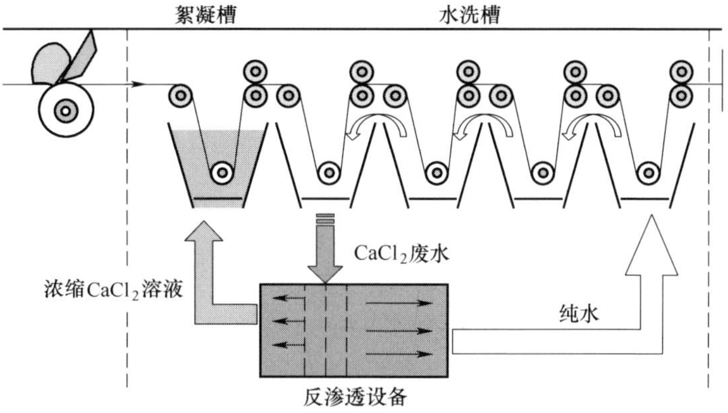

图 3-28　反渗透技术处理含盐废水工艺流程示意图

反渗透膜应具有以下特征：在高流速下应具有高脱盐效率；具有较高力学强度和使用寿命；能在较低操作压力下发挥功能；能耐受化学或生化作用的影响；受 pH、温度等因素影响较小；制膜原料来源容易，加工简便，成本低廉。含盐废水经反渗透技术处理后，浓缩的盐溶液返回凝固槽使用，纯化的水返回水洗槽使用，但该技术成本较高，目前未见大规模化使用。

（二）节水凝固技术

节水凝固技术是将无纺布浸渍 WPU 浆料后，直接烘干凝固，适用甲苯减量及碱减量两种工艺。成膜过程分为 3 个阶段，其原理与 WPU 干法成膜基本一致。工艺流程如图 3-29 所示。

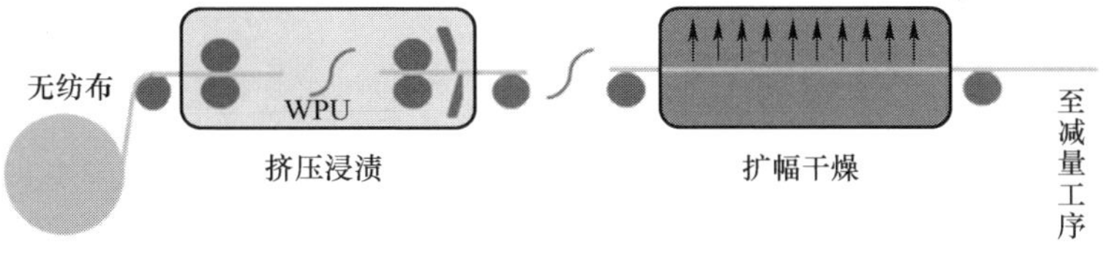

图 3-29　节水凝固工艺流程示意图

节水凝固的树脂选择及浸渍方式与湿法凝固基本一致。WPU 浆料中可适当添加碳酸氢铵、碳酸氢钠等进行泡孔调整。

干燥条件要针对所用无纺布材质等进行选择。因为 PA6 熔融温度约为 220℃，PET 熔融温度约为 258℃，PE 熔融温度约为 112℃，所以 PA6/CO-PET 类纤维可以在 80～150℃的温度下干燥，PA6/PE 类纤维可以在 80～110℃的温度下干燥。图 3-30 分别为 PA6/PE 型纤维（260 倍、1000 倍）、PA6/CO-PET 型纤维（100 倍、1000 倍）采用节水凝固技术制备的超细纤维基布截面的电镜图。

节水凝固技术泡孔调整手段不多，但工艺简短，并且不会产生新的污染，是发展较快的一种凝固技术，使用此技术的已经有 PA6/CO-PET 型纤维的超细纤维合成革成品上市，其悬垂性、柔软度、物理力学性能、染色性能等均与溶剂型同类型产品相当。

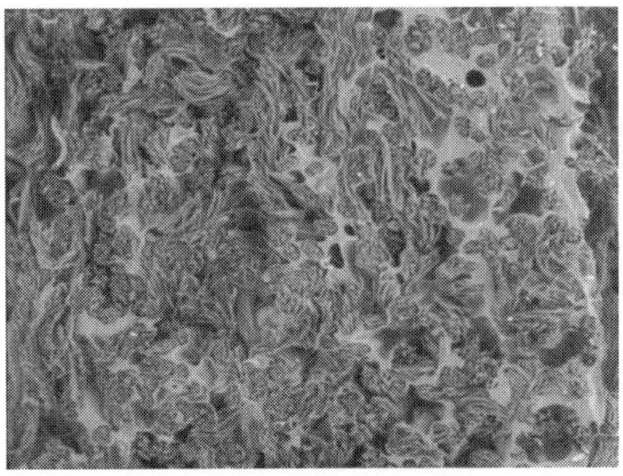

(a) PA6/PE型纤维(260倍)

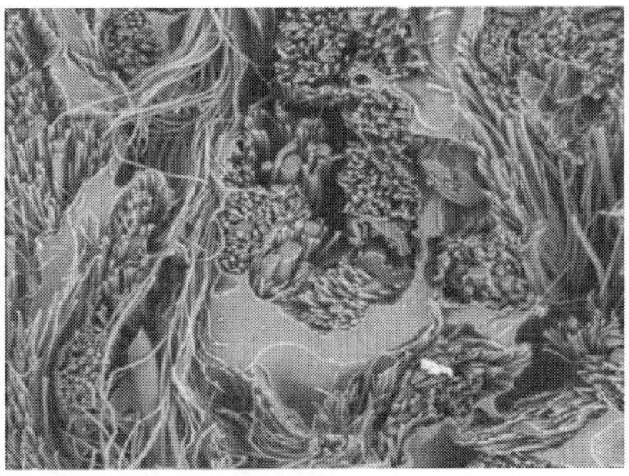

(b) PA6/CO-PET型纤维(100倍)

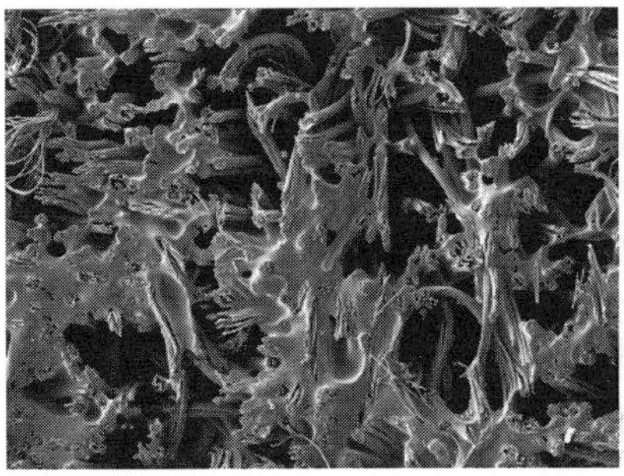

(c) PA6/PE型纤维(1000倍)

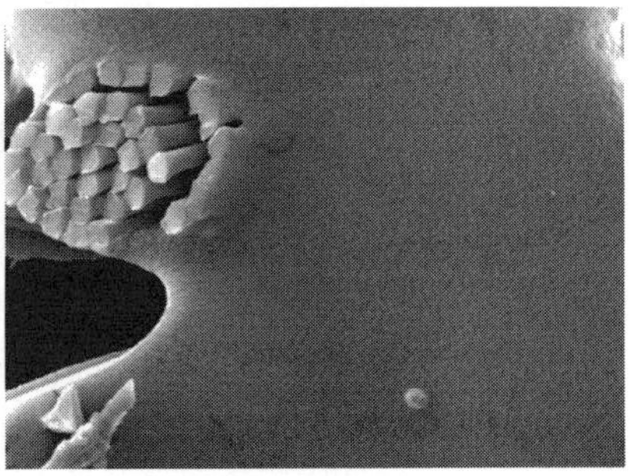

(d) PA6/CO-PET型纤维(1000倍)

图 3-30 节水凝固超纤基布截面示意图

（三）节能节水凝固技术

节水型凝固技术对比湿法凝固技术不会产生新的污染，但因为烘干同样会产生能耗，所以在此基础上又发展了节能节水凝固技术。节能节水凝固技术是采用阳离子型 WPU 聚氨酯浆料浸渍 PA6/CO-PET 类纤维无纺布，然后直接送入 NaOH 水溶液中进行凝固，凝固槽中补充新的 NaOH 溶液，溢出液送至减量工序使用。过程中不会增加能耗，也不会产生新的污染，实现了水耗、能耗和工艺的减量化，适用碱减量工艺。工艺流程如图 3-31 所示。

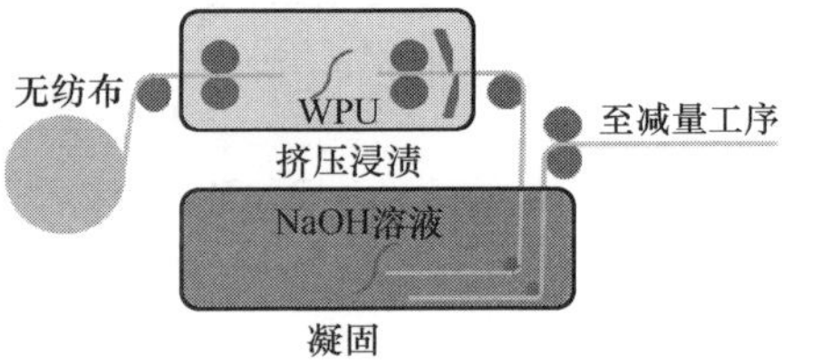

图 3-31 节能节水凝固工艺流程示意图

节能节水凝固要选择耐碱水解的树脂，并根据产品需求选择树脂的硬度、弹性等其他性能；浸渍方式与湿法凝固基本一致。可通过改变 NaOH 浓度及温度进行泡孔调整。图 3-32 为节能节水凝固工艺制备的超细纤维基布截面电镜图。

（四）三种工艺对比

使用同种树脂，分别采用三种工艺制备超细纤维合成革基布，对工艺过程及基布性能进行对比。

三种工艺凝固工艺及条件分别为：①湿法凝固方式，10%（质量分数）的氯化钠和10%（质量分数）的碳酸钠水溶液中凝固 10min；②节水凝固方式，120℃烘干凝固；③节能节水凝固方式，10%（质量分数）的 NaOH 水溶液中凝固 10min。

不同凝固工艺每生产 1kg 超细纤维合成革基布所产生的废水量及能耗结果见表 3-5。

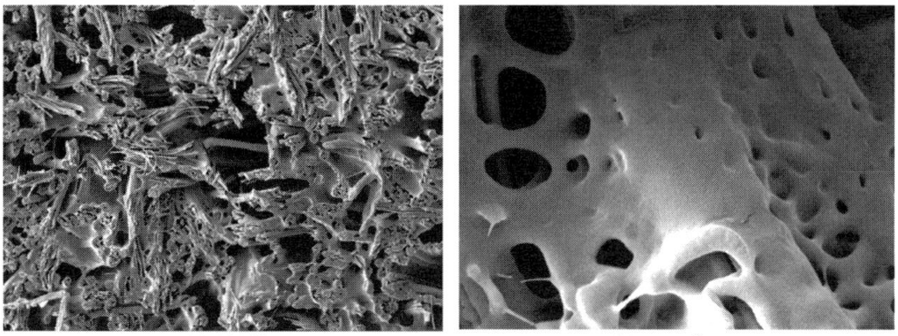

(a) 100倍　　(b) 1500倍

图 3-32　节能节水凝固超纤基布截面图

表 3-5　凝固工艺产生的废水量及能耗

凝固工艺种类	废水量/kg	能耗/kJ
节水凝固	0	641.12
湿法凝固	25.06	0
节能节水凝固	0	0

由表 3-5 可知，在凝固阶段，节水凝固工艺与节能节水凝固工艺不会产生废水，盐（碱）浴凝固工艺与节能节水凝固工艺不增加能耗。由此可以看出，节能节水凝固工艺既不会产生废水，也不会耗能，相比于另外两种凝固工艺具有了节水节能的优点。

图 3-27（b）、图 3-30（d）、图 3-32（b）分别是不同凝固工艺制备的超细纤维合成革基布的断面微观结构，由以上图可以看出，节水凝固工艺制备的超细纤维合成革基布树脂填充部分微孔很少［图 3-30（d）］，故泡感和丰满性不足，但很紧实；而湿法凝固工艺与节能节水凝固工艺制备的超细纤维合成革基布树脂填充部分有较多微孔［图 3-27（b）、图 3-32（b）］，树脂分布均匀，这与传统的溶剂型湿法凝固工艺制备的超细纤维合成革基布微观结构相似。特别地，碱液凝固工艺制备的超细纤维合成革基布含有更多的泡孔，说明树脂在碱液中的凝固速率大于在盐浴中的凝固速率，碱液凝固制备的超细纤维合成革基布泡感、丰满性更好。

不同凝固工艺制备的超细纤维合成革基布的物理力学性能对比见表 3-6。

表 3-6　物理机械性能

凝固工艺种类	拉伸强度/MPa	撕裂强度/N	柔软度/mm
节水凝固	11.03	60.95	5.81
湿法凝固	11.39	81.18	6.03
节能节水凝固	11.55	96.43	6.16

由表 3-6 可知，三种凝固工艺制备的超细纤维合成革基布的拉伸强度差异不大，说明凝固工艺对拉伸强度的影响较小，影响超细纤维合成革基布拉伸强度的主要因素是水性聚氨酯的种类；撕裂强度和柔软度都是节能节水凝固工艺的超细纤维合成革基布最大，湿法凝固次之，节水凝固最小。原因是湿法凝固与节能节水凝固工艺均借鉴传统湿法工艺，树脂在凝固时，树脂的填充部分会产生微小的泡孔，相比于节水凝固工艺，水性聚氨酯对纤

维的填充固定作用下降，纤维在受到撕裂应力时滑动性增加，在撕裂点的应力集中现象不明显，所以湿法凝固与节能节水凝固工艺制备的超细纤维合成革基布的撕裂强度比节水凝固的高；并且阳离子水性聚氨酯在碱液中的凝固速率比在盐浴中的凝固速率快，因此产生的泡孔大且多，使得节能节水凝固工艺制备的超细纤维合成革基布的撕裂强度最大，泡孔的差别同时造成了柔软度的差异。

不同凝固工艺制备的超细纤维合成革基布的干湿擦色牢度结果见表 3-7。

表 3-7　超细纤维合成革染色基布色牢度

凝固工艺种类	干擦色牢度/级	湿擦色牢度/级
节水凝固	4～5	4～5
湿法凝固	4～5	4～5
节能节水凝固	4～5	4

由表可知，三种工艺所得基布的干擦色牢度相似，但节能节水凝固的超细纤维合成革基布的湿擦色牢度略低，这是因为节能节水凝固工艺的凝固速率快，基布表面沉积的阳离子水性聚氨酯较多，而阳离子水性聚氨酯所含有的阳离子基团与染料分子具有较强亲和力，染色时染料上染速率高，表面吸附的染料分子较多，也导致了湿擦色牢度的下降。

综上所述，三种凝固技术各有优势，湿法凝固和节水凝固具有适用范围广的优势，湿法凝固和节能节水凝固具有可调整泡孔的优势，尤其是节水凝固技术已经有产业化产品上市，节能节水凝固更具有高效、绿色的优势。在研发和生产过程中可根据产品需求、已有设备情况选择适当的凝固技术。

三、超细纤维合成革染色技术

绒面革是超细纤维合成革中的一个重要品种，超细纤维合成革基布经过磨革、染色后直接成为成品，表面绒感、触感接近麂皮绒；一些高档非绒面革需要做颜色透心效果，也需要对超细纤维合成革基布进行染色，再经干法造面等工艺加工成成品，因此染色是超细纤维合成革制备的一个重要工序，尤其绒面革的制备对染色要求很高。超细纤维合成革的染色方法主要有原液染、染料染及原液染加染料染三种。

（1）原液染

原液染是在制备纤维、浸渍树脂的过程中添加颜料对纤维、树脂进行着色，具有色牢度高、不产生染色废水的优点。但存在颜色不丰富、不鲜艳、不适合小批量生产的缺点。

（2）染料染

使用适合超细纤维合成革基布的染料对超细纤维合成革进行染色，例如对聚酰胺/聚氨酯的基布使用酸性染料染色，对要求黄变色牢度高的 PET/聚氨酯基布使用分散染料染色，具有颜色丰富、颜色鲜艳、适合小批量生产的优点。但存在产生染色废水、色牢度不易提高的缺点。

（3）原液染加染料染

原液染加染料染是将上述两种方式进行组合，既使用颜料对纤维、树脂进行着色，又使用染料对基布进行染色，具有适当节省染料、适当提高色牢度的优点。例如加工黑色、深棕、藏青等深颜色产品时，可制备黑色纤维、浸渍加炭黑的聚氨酯树脂，再使用染料进行染色，可大幅节约染料并能适当提高色牢度。

超细纤维合成革的染色色牢度是成品的一个重要指标，可从以下几个方面提高色牢度：筛选适当的染料、优化染色工艺、使用改性聚氨酯树脂或纤维岛组分、选用适当的纤维岛组分等。

例如使用易染型树脂制备染色基布：在阳离子水性聚氨酯树脂的合成过程中引入聚醚链段（如 PEG600 或 PEG1000）制得主链含有非离子匀染亲水基的阳离子聚氨酯树脂，标记为 CPU-PEG600 与 CPU-PEG1000；在阳离子水性聚氨酯树脂的合成过程中引入 Ymer N120 制得侧链含有非离子匀染亲水基的阳离子聚氨酯树脂，标记为 CPU-N120。

将上述树脂与溶剂型聚氨酯及强阳离子水性聚氨酯制备尼龙超纤基布，不同超纤基布的干、湿擦色牢度的结果见表 3-8，染色深度与匀染性数据见表 3-9。

表 3-8　染色牢度

基布含浸树脂成分	耐干擦色牢度/级	耐湿擦色牢度/级
溶剂型超纤基布	5	4～5
强阳离子水性超纤基布	4～5	4～5
CPU-PEG600	4～5	4～5
CPU-PEG1000	5	4
CPU-Ymer N120	5	5

水性阳离子树脂中的阳离子与酸性染料中的阴离子基团产生离子结合，可很好地提高水性树脂超纤的色牢度，由表 3-9 中数据也可以看出，阳离子型水性聚氨酯制备的超纤基布色牢度均与溶剂型树脂制备的相当。

表 3-9　染色深度与匀染性

含浸聚氨酯类型	K/S	S_r
溶剂型聚氨酯	5.47	0.179
阳离子聚氨酯	8.61	0.422
CPU-PEG600	6.24	0.212
CPU-PEG1000	6.37	0.396
CPU-N120	5.74	0.151

基布表面 K/S 值的大小能表征基布表面的染色深度，反映纤维和树脂对染料的吸附力度。K/S 值越大，则染色越深，染料的上染率也越大。染色均匀性是衡量树脂应用后染色性能最直观的指标，以基布着色后颜色深度的标准偏差 S_r 来表征其匀染性。由于标准偏差 S_r 表示的是染色后织物表面颜色深度的不匀性，其值越小则表示染色越均匀。

溶剂型聚氨酯含浸基布染色后的 K/S 值为 5.47，S_r 值为 0.179，强阳离子水性聚氨酯树脂含浸基布染色后的 K/S 值为 8.61，S_r 值为 0.422。这表明溶剂型树脂含浸基布匀染性较好，但着色的深度和艳度较差；而强阳离子水性聚氨酯含浸基布染色时，着色深度及染料上染率高，但染色均匀性较差。

水性阳离子树脂中，以 Ymer N120 合成的树脂 CPU-N120 应用后基布的 K/S 值与 S_r 值最小，分别为 5.74 和 0.151，说明其染色深度相对较低，匀染性最好，染色均匀性甚至优于溶剂型聚氨酯含浸超纤基布。即在水性阳离子树脂中引入有匀染效果的 Ymer

N120，在同时提高色牢度和匀染性方面有很好的效果。

四、碱减量废液循环利用技术

在碱减量过程中，为了保证良好的减量效果，通常 NaOH 都是过量的，即便是采用碱液利用率较高的连续式减量工艺，仍有大量的 NaOH 进入废水中，而且使用的碱液通常是高浓度 NaOH 溶液，其废水 pH 高达 13～14，而进行后续的废水处理时，其 pH 一般呈中性或弱酸性，因此需加入大量的硫酸进行中和，就会导致废水中含有较高浓度的硫酸钠。碱减量过程水解产生的乙二醇和 TA 盐含量很高，同时废水中又存在一定量的聚酯低聚物和少量助剂，这些有机物将导致废水的化学需氧量（COD）高达数千至数万毫克每升不等，而碱液回用次数较多的间歇式碱减量工艺产生的废水 COD 甚至可达 100000mg/L 以上，远远高于常规工业废水的 COD 值。此外，乙二醇和 TA 的钠盐最终存在于废水中。所以碱减量废水具有产生量大、COD 含量高、pH 高、对苯二甲酸钠盐含量高的特点，因此需要循环利用部分减量水，并对剩余部分废水进行生化处理。

碱减量过程不同阶段废水中的污染物经测试，含量见表 3-10。

表 3-10　　不同阶段废水中的污染物含量

废水来源	对苯二甲酸含量/%	乙二醇含量/%
减量废水	4.3	2.3
前两次清洗废水	1.5	0.5
漂洗废水	0.18	0.06

由表 3-10 可以看出：废水中污染物的质量分数按减量工艺流程依次降低，废水中的对苯二甲酸质量分数由减量废水的 4.3%到前两次清洗的 1.5%再降低到漂洗阶段的 0.18%；乙二醇也由最初的 2.3%降低到漂洗阶段的 0.06%，说明废水中的有机物含量随洗涤次数的增加而降低。由于漂洗阶段废水的有机物含量已经极少，可将这个阶段的废水补充碱液后再次用于碱减量，当废水中的有机物质量分数提升到一定程度时再进行处理，实现占整个减量用水量 50%的漂洗水循环利用，从而节约用水 50%。减量后的废水和清洗 1～2 次的废水进行废水处理，如图 3-33 所示。

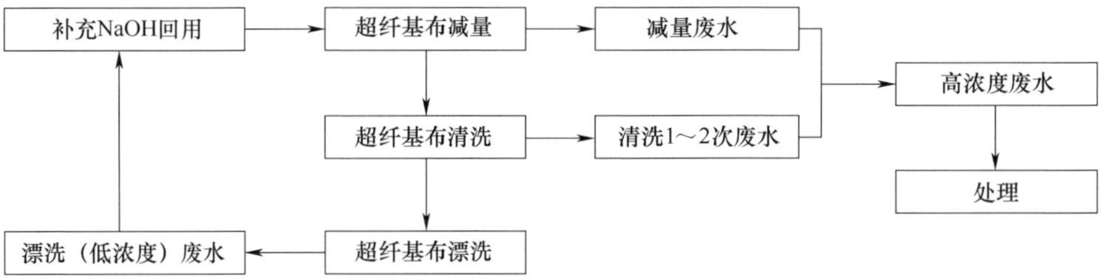

图 3-33　碱减量废水循环利用工艺流程

五、减量后海组分循环利用

甲苯减量方式通过甲苯及聚乙烯回收的甲苯蒸发工序，利用聚乙烯等残渣在系统中的不挥发性，分离粗甲苯中的聚乙烯，然后在甲苯残渣蒸发工序将聚乙烯等残渣彻底分离。

由于在整个超纤合成革生产过程，聚乙烯的分子结构及性能基本不发生变化，回收后可以直接应用于要求不高的场合。

目前碱减量废水中对苯二甲酸的回收方法主要有：①直接酸析法，即向废水中加入硫酸调节废水的pH至2～3，使得废水中的对苯二甲酸钠变为对苯二甲酸析出；②膜预处理酸析法，即先通过离子交换膜或超滤膜过滤杂质，然后加酸中和析出对苯二甲酸。

酸析法的回收率高，可达到90%以上，析出后废水中COD大幅降低，可以进行生化处理，但是酸析法得到的对苯二甲酸含有多种杂质。这些杂质包括PET水解产生的羟基磺酸盐、纤维上油用到的油剂、基布预处理过程中用到的聚乙烯醇（PVA），含浸聚氨酯中加入的有机助剂如有机硅、色浆等，碱减量过程中减量不完全而产生的纤维碎屑，酸析过程中酸碱中和生成的Na_2SO_4等。二聚乙烯醇、有机助剂、纤维碎屑、Na_2SO_4这些杂质在酸析过程中与对苯二甲酸共沉淀析出，使得酸析法得到的对苯二甲酸无法实现高附加值利用，焚烧也造成极大资源浪费和环境污染。

为了实现利用，需要对其进行分离提纯。利用离子膜或者超滤膜过滤除去杂质，可以得到纯度较高的对苯二甲酸，但是过滤时超滤膜的孔道容易堵塞，降低过滤效率，回收成本变高。

悬浮、络合、乳化和水洗相结合的方法分离纯化对苯二甲酸，具有投入小、引入其他杂质少、处理工序简单、产品的收率和纯度高的特点，可有效去除粗品中的纤维碎屑、大部分的金属离子、有机物和无机盐类，产品的收率达到92.4%，纯度达到99.6%。先将对苯二甲酸粗品烘干，放入球磨机球磨，然后用滤网筛分，使之粒径达到1～5μm，在50～60℃的温度下，浸渍于水中，搅拌充分后静置分层，除去表面悬浮的纤维碎屑，过滤；之后将其加入含金属离子螯合剂、表面活性剂、90～100℃的水中，浸渍、搅拌，脱色和去除有机杂质，过滤；再用50℃左右的水浸渍、搅拌，去除金属离子，过滤，重复4次，每次水洗的对苯二甲酸粗品固体质量与水的质量的比值是1∶5；最后过滤、烘干得到对苯二甲酸。

六、海组分温和减量技术

为了克服超细纤维合成革生产过程尤其是减量过程造成的环境污染及资源浪费，可以制备特殊的海组分及采用温和的减量技术。首先，制备以水可溶/水不溶可控的聚氨酯（WSCPU）作为海组分的海岛复合纤维，然后制备无纺布，再对无纺布浸渍阴离子水性聚氨酯树脂浆料、烘干固化、在温和条件下减量开纤、水洗及干燥定型，得到超细纤维合成革基布，对基布进行后续加工制得超细纤维合成革，并对减量海组分进行清洁回收利用。以烘干方式使水性聚氨酯固化，能有效节约水资源；使用水可溶/水不溶可控型聚氨酯作为海岛型超细纤维的海组分在减量及减量物回收过程中不产生有机物排放；在浸渍及后续加工过程中全部采用水性材料作为原料也不产生有机物排放，从而有望达到整个制备过程环境友好。

海组分温和减量的超纤合成革的制造工艺流程图如图3-34所示。

首先将含潜在亲水侧基—COOH的耐酸、碱水解型聚氨酯（其中—COOH质量分数为2.1%～4.0%的WSCPU）与PA6熔融复合纺制定岛型海岛超细纤维短纤维，再将上述纤维制备成针刺无纺布，然后将超细纤维无纺布浸渍黏度为3000～5000mPa·s的耐酸、

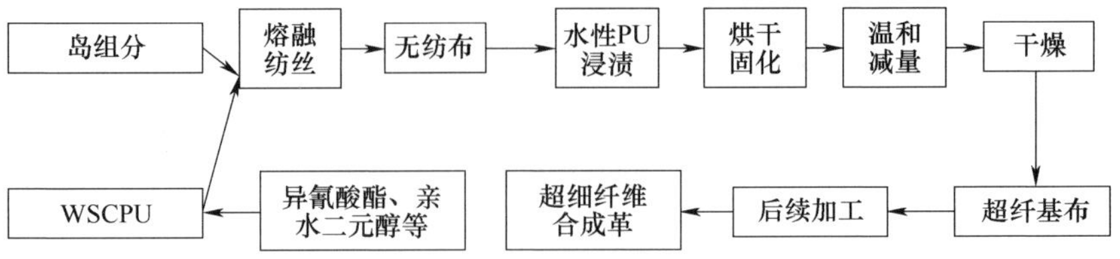

图 3-34　环境友好超细纤维合成革制造流程示意图

碱水解型的阴离子型水性聚氨酯树脂浆料，将浸渍后的无纺布在 100～150℃的条件下烘干；将烘干后的基布，置于 2%～5%（质量分数）的 NaOH 水溶液中进行海组分减量，并收集减量后浴液，减量浴液的温度为 30～80℃，减量时间为 40～50min；减量后的基布用水洗至中性，并在 110～150℃的条件下烘干，制得弹力超细纤维合成革基布；超细纤维合成革基布经磨面、印刷、喷涂、辊涂、干法移膜、压花、揉纹中至少一种工艺加工后，制得环境友好的超细纤维合成革；将减量后的浴液 pH 用 H_2SO_4 调至为 3～5，沉淀出海组分（WSCPU），过滤后回用。

此工艺以烘干方式使水性聚氨酯固化，能有效节约水资源；使用水可溶/水不溶可控型聚氨酯作为海岛型超细纤维的海组分，在减量及减量物回收过程不产生有机物排放；在浸渍及后续加工过程中全部采用水性材料作为原料也不产生有机物排放，从而达到含浸-减量过程环境友好。

参 考 文 献

[1] 颜俊，范浩军，陈意，等. 一种基于 RIM 技术制备的水可溶、可纺聚氨酯弹性体：201510783576.4 [P]. 2017-11-24.

[2] 颜俊，范浩军，陈意，等. 一种以水可溶聚氨酯弹性体为海的海岛纤维及其在温和条件下的减量方法：201510604060.9 [P]. 2015-09-22.

[3] 张家发，白玲，范浩军，等. 超细纤维合成革碱减量废水中对苯二甲酸的分离提纯 [J]. 中国皮革，2016，45 (9)：29-34.

[4] Liu R W，Chen Y，Fan H J，et al. Application of cationic waterborne polyurethane as impregnation material for microfiber synthetic leather base [J]. Journal of Donghua University (Eng. Ed.)，2017，34 (2)：298-303.

[5] 郭学方，张家发，颜俊，等. 超纤革含浸用水性聚氨酯的制备及性能研究 [J]. 中国皮革，2017，46 (9)：34-41.

[6] 郭学方，张家发，颜俊，等. 水基阳离子含浸聚氨酿对超纤合成革染色的影响 [J]. 印染，2017 (9)：8-13.

[7] 白玲，范浩军，田永强，等. 可降解超纤革碱减量废水中乙二醇菌株的筛选及降解特性 [J]. 环境工程增刊，2017，(35)：156-161.

[8] 蔡鲁江，王春林，吴发庆，等. 超细纤维革生产中的废水回用系统：201210501738.7 [P]. 2016-04-20.

[9] 张大省，王锐. 超细纤维生产技术及应用 [M]. 北京：中国纺织出版社，2007.

[10] Taylor G I. The viscosity of a fluid containing small drops of another fluid [J]. Proceedings of the

Royal Society of London. Series A, Containing Papers of a Mathematical and Physical Character, 1932, 138 (834): 41-48.

[11] Cox R G. The deformation of a drop in a general time-dependent fluid flow [J]. Journal of Fluid Mechanics, 1969, 37 (37): 601-623.

[12] Grace H P. Dispersion phenomena in high viscosity immiscible fluid systems and application of static mixers as dispersion devices in such systems [J]. Chemical Engineering Communications, 1982, 14 (3-6): 225-277.

[13] 董纪震，罗鸿烈，王庆瑞，等. 合成纤维生产工艺学：上 [M]. 2版. 北京：中国纺织出版社，1981：167-229.

[14] 马德柱，何平笙，徐种德，等. 高聚物的结构与性能 [M]. 2版. 北京：科学出版社，2006.

[15] 吴其晔，巫静安. 高分子材料流变学 [M]. 北京：高等教育出版社，2002：200-234.

[16] Jozsef K K K, Kallo A, Kuleznev V N. Phase structure of impact-modified polypropylene blends [J]. Polymer, 1984, 25 (2): 279-286.

[17] 李蕾，景政红，赵志杰. LDPE熔体黏度对PA6/LDPE超细纤维形貌的影响 [J]. 胶体与聚合物，2013，31 (2)：80-82.

[18] 靳高岭，张秀芹，王锐，等. PA6/LDPE/PE-g-MAH共混纳米纤维的制备及结构研究 [J]. 合成纤维工业，2013，36 (1)：1-5.

[19] 李健，高曙光，付中玉，等. 共混纤维相形态的扫描电镜观察 [J]. 电子显微学报，2002，21 (1)：86-89.

[20] 王锐，张大省，朱志国. 高组成比组分构成共混纤维分散相的控制 [J]. 纺织学报，2002，23 (5)：9-11.

[21] Wu S H. Formation of dispersed phase in incompatible polymer blends: Interfacial and rheological effects [J]. Polymer Engineering and Science, 1987, 27 (5): 335-343.

[22] 张伟，魏发云，王彤辉，等. 纺丝速度对PA6/LDPE共混纤维中分散相梯度分布的影响 [J]. 产业用纺织品，2012，30 (5)：23-27.

[23] 王锐，朱志国，张大省，等. 相容剂对PA6/PE基体-微纤型共混纤维形态结构的调控 [J]. 高分子材料科学与工程，2002，18 (5)：96-99.

[24] 郑学晶，杨鸣波，李忠明，等. 共混方式对高密度聚乙烯/聚碳酸酯共混体系形态与性能的影响 [J]. 塑料工业，1999，27 (01)：9-10.

[25] 蔡致中. 丙纶短纤维大型环吹风纺丝头浅析 [J]. 合成纤维工业，1991，14 (1)：53-57.

[26] 任佩君，来可华. 涤纶短纤维纺丝组件的使用与异常丝控制 [J]. 合成纤维，2015，44 (7)：22-25.

[27] 王志雄. 丙纶短纤维卷曲机的故障分析与处理 [J]. 合成纤维，2010，39 (7)：34-36.

[28] 谢昕，巩红光，陈发光. 丙纶超短纤维的生产技术及应用 [J]. 合成纤维，2011，40 (11)：8-11.

[29] 汪乐江，李玉林. 裂片型复合超细纤维生产技术及纺织产品的开发 [J]. 合成纤维工业，1994，17 (4)：22-27.

[30] Miani M, Fermi V E. Extrusion head for producing synthetic and the like textile yarns: US4259048A [P]. 1981-03-31.

[31] William H H, West M. Method of making pluralcomponent fibers: US005162074A [P]. 1992-11-10.

[32] Liu R W, Chen Y, Fan H J. Design, characterization, dyeing properties, and application of acid-dyeable polyurethane in the manufacture of microfiber synthetic leather [J]. Fibers and Polymers,

2015，16（9）：1970-1980.

[33] Pan Z J，Zhu M F，Chen Y M. The non-uniform phase structure in blend fiber. I. Non-uniform deformation of the dispersed phase in melt spinning [J]. Fibers and Polymers，2010，11（2）：249-257.

[34] Zhijian Pan，Yanmo Chen，Meifang Zhu，et al. The non-uniform phase structure in blend fiber. II. The migration phenomenon in melt spinning [J]. Fibers and Polymers，2010，11（4）：625-631.

[35] 彭多昌，唐瑞喜，成枫，等. COPET/PA6海岛复合超细短纤维生产工艺 [J]. 合成纤维工业，2004，27（6）：54-56.

[36] 董振峰，王锐，李革，等. LDPE/PA6海岛复合超细纤维的可纺性及性能研究 [J]. 合成纤维工业，2014，37（4）：15-18.

[37] Dong W，Gang S，Bor-Sen C. A high-throughput，controllable，and environmentally benign fabrication process of thermoplastic nanofibers [J]. Macromolecular Materials Engineering，2007，292：407-414.

[38] 杨长辉. 不定岛超细纤维高档合成革基布的针刺技术初探 [J]. 产业用纺织品，2005（1）：16-19.

[39] Jing-peir Y，张胜一. 复合纤维喷丝板的设计 [J]. 国外纺织技术，1998（11）：12-15.

[40] 侯庆华，戴玲. 海岛短纤维设备及工艺技术的研究 [J]. 合成纤维，2005（12）：33-36.

[41] Mie Kamiyama，Tsuyoshi Soeda，Suguru Nagajima，et al. Development and application of high-strengthpolyester nanofibers [J]. Polymer Journal，2012，44：987-994.

[42] 邓清文. 海岛纤维生产工艺探讨 [J]. 山东纺织科技，1999（05）：27-29.

[43] 付丽玮，魏宇晓，郜永. 气压棉箱喂棉机的研制开发 [J]. 非织造布，2007，15（4）：45-47.

[44] 侯庆华，戴玲. 海岛型超细短纤维的生产及在高仿真超纤皮革中的应用 [J]. 产业用纺织品，2005（07）：1-7.

[45] 黄毅，韩建，于斌，等. 碱处理开纤工艺对海岛型超细纤维革材料性能的影响 [J]. 浙江理工大学学报，2015，33（05）：316-320.

[46] 许志，顾建慧，范幼华，等. PA6/LDPE不定岛纤维PA6岛相分布的研究 [J]. 皮革科学与工程，2008，18（5）：18-21.

[47] 冈本. 超细纤维的纺丝 [J]. 三宜，施祖培，译. 国外纺织技术，1997（06）：15-24.

[48] 杨友红. 海岛纤维聚氨酯合成革基布碱减量新技术的研究 [J]. 产业用纺织品，2009，27（2）：23-27.

[49] 李光亮. 有机硅高分子化学 [M]. 北京：科学出版社，1999.

[50] 黄世强. 新型有机硅高分子材料 [M]. 北京：化学工业出版社，2004.

[51] 庄宝璐. 亲水性氨基硅油的合成及其应用 [J]. 印染助剂，2006，23（4）：40-42.

[52] 毛传艳，朱泉. 线性有机硅柔软剂的合成与应用研究 [J]. 印染助剂，2013，30（9）：32-35.

[53] E G Shafrin，W A Zisman. Constitutive relations in the wetting of low energy surfaces and the theory of the reaction method of preparing monolayers [J]. Journal of Physical Chemistry，1960，64：519-524.

[54] W A Zisman. Relationship of the equilibrium contact angle to liquid and solid construction [J]. Advances in Chemistry Series，1964，43：1-51.

[55] 刘遥，殷映婷，孙庆诚，等. 亲水型聚氨酯软链段对其乳液及胶膜性能的影响 [J]. 印染，2017（23）：41-43.

[56] C Muriel. EC proposes laws to restrict PFOS [N]. European Chemical News，2005，83（2175）：22.

[57] Norio Yoshino，Akihiro Sasaki，Tsuyoshi Seto. Synthesis of a silane coupling agent containing a 4-(perfluoroalkyl) phenyl group and its application to the surface modification of glass [J]. Journal of Fluorine Chemistry，1995，71 (1)：21-29.

[58] 曾毓华. 氟碳表面活性剂 [M]. 北京：化学工业出版社，2001：372.

[59] Ning L，Qiufeng A，Jiaojiao N. Synthesis and application of new carboxyl modified silicone oil [J]. Advanced Materials Research，2013，631-632：437-441.

[60] Anand M V，Srivastava V C，Singh S，et al. Electrochemical treatment of alkali decrement wastewater containing terephthalic acid using iron electrodes [J]. Journal of the Taiwan Institute of Chemical Engineers，2014，45 (3)：908-913.

[61] 张冉冉. 强化循环厌氧反应器（SCAR）处理碱减量废水的研究 [D]. 上海：东华大学，2015.

[62] Nagarajan V，Chandiramouli R. Adsorption studies of alcohol molecules on monolayer MoS_2，nanosheet-A first-principles insights [J]. Applied Surface Science，2017，413：109-117.

[63] 邓振邦，吴春华，赵海燕，等. TiO_2 研究进展及其在水处理技术中的应用 [J]. 华东电力，2014，42 (12)：2624-2630.

[64] Regula C，Carretier E，Wyart Y，et al. Chemical cleaning/disinfection and ageing of organic UF membranes：A review [J]. Water Research，2014，56 (6)：325-365.

[65] 周慧婷. 集成膜工艺处理碱减量废水及处理水回用对涤纶减量影响的研究 [D]. 杭州：浙江工商大学，2015.

[66] 郭瑞丽. 新型渗透蒸发膜分离乙二醇水溶液 [D]. 天津：天津大学，2007.

[67] Gupta V K，Ali I，Saleh T A，et al. Chemical treatment technologies for waste-water recycling-an overview [J]. RSC Advances，2012，2：6380-6388.

[68] 李冰冰，屈撑囤，薛东圆，等. 高级氧化法处理有机废水的研究 [J]. 辽宁化工，2013，42 (12)：1419-1422.

[69] 张睿，梅凯，孙国亮，等. 微电解+UASB+生物接触氧化工艺处理聚乙二醇生产废水 [J]. 西南给排水，2001，33 (6)：33-35.

[70] Joseph J. Pignatello，Esther Oliveros，et al. Advanced oxidation processes for organic contaminant destruction based on the fenton reaction and related chemistry [J]. Critical Reviews in Environmental Science & Technology，2006，36 (1)：1-84.

[71] Joseph J. Pignatello，Esther Oliveros. Advanced oxidation processes for organic contaminant destruction based on the fenton reaction and related chemistry [J]. Critical Reviews in Environmental Science & Technology，2006，36 (1)：1-84.

[72] Fu J，Kyzas G Z. Wet air oxidation for the decolorization of dye wastewater：an overview of the last two decades [J]. Chinese Journal of Catalysis，2014，35 (1)：1-7.

[73] 钱仁渊，钱俊峰，云志，等. 湿式氧化技术处理化工废水的研究 [J]. 水资源保护，2007，23 (1)：84-86.

[74] 席建，张庆鸿. 吹扫捕集-GC/MS 法测定南宁市竹排冲黑臭河道水体嗅味物质 [J]. 天然气工业，1994 (2)：73-76.

[75] 丁洪雷，张晔，李冬菊，等. 生物法处理气田含乙二醇污水试验研究 [J]. 中国化工贸易，2014，6 (30)：135-135.

[76] 范景福，张建成，刘献玲，等. 生物流化床处理乙二醇废水试验研究 [J]. 工业用水与废水，2013，44 (3)：26-28.

[77] 尹洪忠. 兼氧-好氧法处理乙二醇生产废水 [J]. 金山油化纤，2003，22 (4)：23-26.

[78] Jianfang W，Qingliang Z，Jikan L，et al. Bioaugmentation technology and its application in biolog-

ical wastewater treatment [J]. Chinese Journal of Environmental Engineering，2007，9：40-45.
[79] 张希衡. 水污染控制工程 [M]. 2 版. 北京：冶金工业出版社，2002.
[80] Kang Y W，Hwang K Y. Effects of reaction conditions on the oxidation efficiency in the Fenton process [J]. Water research，2000，34 (10)：2786-2790.
[81] Neyens E，Baeyens J. A review of classic Fenton’ s peroxidation as an advanced oxidation technique [J]. Journal of Hazardous Materials，2003，98 (1)：33-50.
[82] Walling C，Kato S. Oxidation of alcohols by Fenton’ s reagent. Effect of copper ion [J]. Journal of the American Chemical Society，1971，93 (17)：4275-4281.

第四章　功能人造革/合成革的制造原理与技术

国内的合成革制造技术于 20 世纪 80 年代从日本、韩国和中国台湾等地引进，在很长一段时期里，尽管产能和产量很大，但没有大的创新和改进。与国外先进国家的同类产品相比，国内的合成革制品一直以来品种单一，长期以中低档产品为主，高档品种还大量依赖进口，特别是在高端功能型合成革制造技术方面与国外存在一定差距。然而，在过去的 10 余年间，我国轻工行业面临的外部条件、政策环境发生了较大改变，包括人造革、合成革产业在内的各行业都在积极思变，寻求转型升级之路。随着国家的相关投入不断加大，无论是设置科研机构情况、研发经费投入情况还是研发人员队伍建设方面，人造革、合成革行业都取得了长足进步，产品质量不断提升，制造技术不断更新，涌现出了一大批高端功能型产品，显著提升了我国在世界仿革领域的竞争力。在本书的第四章将重点介绍高端功能型合成革制造技术研究现状及发展趋势。值得注意的是，本章介绍的很多新产品和新技术都是由国内研发人员或科研机构首创。

第一节　阻燃抑烟合成革

用来制造人造革、合成革的高分子材料，目前主要有两种：一种是聚氯乙烯树脂（简称 PVC 树脂)；一种是聚氨酯树脂（简称 PU 树脂)。PVC 树脂含氯量达 56.8%，本身具备良好的阻燃性，其极限氧指数（LOI）高达 45%，但 PVC 燃烧过程中会释放出大量有害气体（氯化氢、苯、甲苯等芳烃化合物)；而 PU 树脂则是一种易燃材料（LOI 值约为 18%)。与此同时，在合成革制造过程中使用了大量的可燃性基布、增塑剂及其他有机化合物，因而，制得的合成革成品极限氧指数一般在 21%以下，为可燃性材料。近年来，合成革在服装、鞋帽、箱包以及飞机、汽车内装饰和办公家具制造等领域的应用日益广泛，人们对合成革的阻燃要求也越来越高。同时，各国政府陆续颁布相关法令和法规，明确规定某些场合下，使用的合成革制品要达到一定的阻燃标准。因此，合成革的阻燃抑烟处理已成为一个重要课题。

一、阻燃剂及阻燃机理

阻燃剂（Flame Retardant，FR）是用来提高材料抗燃性，即阻止材料被引燃和抑制火焰传播的助剂。阻燃剂大多数是元素周期表中第Ⅲ、Ⅴ、Ⅶ族中的元素化合物。如第ⅢA 族中的 B、Al 化合物，第ⅤA 族中 N、P、As、Sb、Bi 的化合物，第ⅦA 族中 Cl、Br 的化合物，此外，Si、Mg、Mo 等化合物也能起到阻燃作用。目前市场上的阻燃剂主要以 Cl、Br、P、N、Al、Mg 等的化合物为主体。

阻燃合成革的目的在于通过延缓或终止合成革材料的燃烧过程而降低其自身的可燃性，即让合成革材料在高温下仅产生炭化而不着火、不发焰或者虽炭化、着火和发焰，但当火焰移去后有焰燃烧和阴燃（无焰燃烧）时间短。从燃烧过程分析可知，要达到阻燃目的，就必须切断由可燃物、热源和氧气三要素构成的燃烧反应循环（图 4-1）。由于燃烧和阻燃都是十分复杂的过程，而且与聚合物基材及燃烧条件有关，阻燃起作用的过程同样非常复杂。高分子材料的阻燃大体可分为三种方式：气相阻燃、凝聚相阻燃和吸热作用。

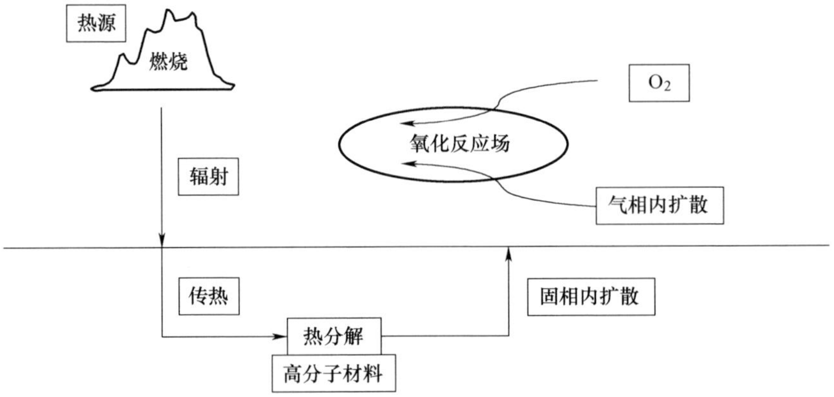

图 4-1　正常燃烧过程的要素状态模型示意图

（1）气相阻燃

在气相中，起到燃烧中断或者延缓链式氧化反应的阻燃作用。其作用机理是在受热状态下，阻燃剂释放出 CO_2、NH_3、HCl、H_2O 和 SO_2 等不燃性气体，这些气体稀释了燃烧区氧气的浓度而达到阻燃的效果。此外，高分子材料燃烧时，在气相中的反应大多是复杂的自由基反应，阻燃剂受热分解释放出不具燃烧活性的自由基捕获剂（如卤素自由基），在火焰区捕捉大量高能量的羟基自由基和氢自由基，从而切断自由基连锁反应，发挥阻燃作用。如卤系、氮系阻燃剂。

（2）凝聚相阻燃——覆盖作用

该方式又称固相阻燃，即高温下阻燃剂在聚合物表面形成稳定的覆盖层，延缓或阻止可燃性气体逸出，同时也对制品起到隔热和隔绝空气的作用。形成凝聚相隔离膜的方法主要有两种：一是阻燃剂在高温下分解生成稳定的玻璃态、陶瓷状物质或炭层包覆在聚合物表面，这种致密的保护层阻隔了气相和凝聚相间的物质与能量交换，从而产生阻燃效应，如硼系、磷-卤类阻燃剂、碳纳米管和可膨胀石墨等；二是利用阻燃剂的热解产物促进聚合物表面迅速脱水成炭，生成难燃、隔热、隔氧的多孔炭层，导致燃烧中断，代表性的如有机磷系、磷-氮膨胀型阻燃剂等。

（3）物理作用机理——稀释和吸热作用

阻燃剂在高温下发生吸热脱水、相变、分解或其他吸热反应，降低材料表面和火焰区的温度，减慢热降解反应的速度，抑制可燃性气体的生成；同时阻燃剂受热过程产生大量水蒸气，可降低气相中氧气和可燃性挥发物的浓度。这类阻燃剂包括氢氧化镁、氢氧化铝和水合硼酸锌等。

对于同一种阻燃剂，阻燃的实现往往是几种阻燃模式同时作用的结果，很难将其归咎于某个单一阻燃机理的功效。例如，氢氧化镁阻燃剂发挥气相阻燃和吸热作用两种方式，在燃烧过程中分解吸收大量的热量，降低了燃烧区域的温度；同时释放水蒸气，稀释了燃烧区的氧气浓度，破坏维持燃烧继续发生的条件，达到阻燃目的。另外还应指出，阻燃剂中通常含有C、P、Cl、Br、N、B和各种变价金属元素，阻燃剂的阻燃机理还取决于其所含阻燃元素的性质、被阻燃基材的化学结构及系统受热的条件等。因而，阻燃剂在合成革材料中发挥阻燃作用事实上是一个在气相、凝聚相及热、质交换界面共同作用的复杂物理、化学过程。

二、抑烟剂及抑烟机理

一般来说，凡是能捕捉或抑制热分解产物和燃烧产物的物质都可以作为抑烟剂来使用。对PVC抑烟的途径主要有两种：一是使烟尘微粒氧化为CO和CO_2气体；二是抑制其热分解产生的苯及其衍生物，从而促进残炭的形成。针对上述途径，Lawson和Kroenke分别提出了各自的PVC阻燃抑烟机理，即路易斯酸机理和还原偶合机理。

（1）路易斯酸机理

该机理认为，在PVC燃烧过程中，阻燃抑烟剂作为路易斯酸，可促使PVC脱去HCl，脱出的HCl具有很好的阻燃性；同时促使PVC脱去HCl后生成反式多烯结构，反式结构不能环化生成苯；此外，PVC脱去HCl产生的碳正离子与双键作用，进行分子间交联和炭化反应，促进了PVC成炭，最终使PVC燃烧时产生的烟量减少。

（2）还原偶合机理

还原偶合机理指出，阻燃抑烟的作用在于促使PVC链在热降解过程中更早地脱去HCl，催化PVC相邻链间更早地交联，形成大量的残炭，使热降解产物中芳香烃（特别是苯）生成量降低以减缓PVC的降解，从而达到抑烟目的。

实际上，在很多情况下，抑烟的实现往往是几种机理同时作用的结果，而非某个单一机理的功效。

三、阻燃合成革

总体来说，合成革的阻燃主要通过以下两个途径实现：一是对基布进行阻燃处理；二是对PVC和PU树脂进行阻燃化处理。

（一）基布的阻燃

合成革是在基布上涂覆或浸渍聚氨酯树脂再经过后整理而制成，基布在合成革原料中约占材料总量的50%，因此基布的阻燃性能直接影响了合成革的阻燃性能。基布的阻燃功能可以通过以下两种方法获得：一是在基布制造过程中直接将阻燃官能团引入，获得阻燃纤维；二是采用阻燃剂对基布进行阻燃处理。前者可以使基布具有永久的阻燃性能，但生产成本高；后者简单易行、成本低，实际生产中应用较多，但阻燃剂与基布作用力弱、且可能对基布使用性能有较大影响。

（1）化学法改性

将反应型阻燃剂接枝到聚酰胺（PA）纤维可赋予PA纤维一定的阻燃性，如在PA的分子链上引入三芳基氧化磷和卤化物。刘薇采用光接枝技术将2-羟基乙基甲基丙烯酸酯磷酸酯接枝到PA66织物表面，当单体的质量分数为50%，引发剂质量分数为2.5%，含磷质量分数为11%时，织物的LOI值可达到31.2%。Liu Wei等通过光接枝法用丙烯酰胺对PA66织物进行改性，当光接枝率为32.5%时，LOI值为26.2%，并且在水溶液中有良好的耐洗性。

(2) 物理改性

采用共混的方式使基布具有一定的阻燃性能。李道鹏等将液态的磷酸酯阻燃剂直接加入到基布浸渍液中，使基布在浸渍的同时可以吸附一定量的阻燃剂，从而达到基布阻燃的目的。李令尧采用二浸二轧工艺，利用膨胀型复配阻燃体系处理PA66织物，经处理后织物的LOI可达27.9%。Yang等人利用二羟甲基二羟基乙烯脲和三羟甲基三聚氰胺两种交联剂，用有机膦类阻燃剂处理PA66纤维，经改性处理后的PA66织物具有良好的阻燃效果。李雪艳等人通过有机磷酸酯和含氮阻燃剂复配阻燃体系对PA66纤维进行了阻燃整理，有机磷酸酯和含氮阻燃剂的质量比为1∶3，烘焙温度为160℃时，织物的LOI可达到35.0%，续燃时间为1.04s。

(二) 聚氯乙烯树脂的阻燃抑烟

纯聚氯乙烯是一种自熄性聚合物，但把它制成软制品时，需加入大量的增塑剂，这就使得制品的含氯量下降至30%，此时制品的LOI仅为20%左右，属易燃材料，所以必须对其进行阻燃处理。另外，PVC中含有大量的氯原子，燃烧时会产生大量毒性烟雾及腐蚀性HCl气体，严重危害人们的生命和财产安全。因而，与PVC的阻燃性相比，其燃烧过程中的抑烟抑毒问题同样重要。目前，应用于聚氯乙烯的阻燃剂主要包括阻燃增塑剂和一般类阻燃剂；抑烟剂多为过渡金属氧化物，常用的有钼系化合物和含铁化合物。

1. 阻燃增塑剂

(1) 磷酸酯类

常用的磷酸酯类增塑剂有磷酸三甲苯酯（TCP）和磷酸三苯酯（TPP）等。TCP对机械性能要求高的制品有良好的阻燃性、耐水性和耐久性，但它的邻位异构体有毒性，其使用受到限制。TPP挥发性小，有较好的阻燃性，但易从PVC中结晶，用量不能过多。四川大学范浩军等人合成了一种蓖麻油基磷酸酯类增塑剂（PFRP），当用其替代50%的邻苯二甲酸二辛酯（DOP）时，PVC的LOI可由21.5%提升到25.2%，且增塑效率仅有少量下降。

(2) 氯化石蜡

在阻燃领域中，氯化石蜡、溴-氯化石蜡均被广泛地应用。含氯质量分数在40%以下的氯化石蜡主要用作增塑剂，含氯质量分数为50%～70%的氯化石蜡，特别是氯化石蜡-70，是一种阻燃性能良好的添加型阻燃剂，兼具较大的抗压强度、润滑、增韧、抗辐射和抗氧化的作用。但是就阻燃效率而言，氯系阻燃剂远比溴系阻燃剂逊色（如以阻燃元素质量计，氯系阻燃剂仅为溴系阻燃剂的50%），所以近20年来，部分氯系阻燃剂已为溴系阻燃剂所取代，如近年新开发的一类阻燃增塑剂——溴-氯化石蜡。溴-氯化石蜡的总卤含量高（50%～70%），具有优异的阻燃性、增塑性及适当的黏度，与很多高聚物相容，且价格低廉，有着良好的发展前景。

(3) 其他阻燃增塑剂

如含乙烯、锑、磷酸酯的聚合物阻燃增塑剂、多溴化的高分子质量烷基苯阻燃增塑剂和二烷基四取代邻苯二甲酸盐（酯）阻燃增塑剂等。总的来说，阻燃增塑剂虽然可同时起到阻燃和增塑作用，但增塑效率不高，还引起其他性能的恶化，其用量应控制在一定范围。

2. 一般类阻燃剂

（1）金属化合物

由于含锑 PVC 在燃烧时生成的 $SbCl_3$ 可以起到捕捉自由基、隔绝空气的作用，在 PVC 中仅加入 Sb_2O_3 即可产生较好的阻燃作用。在软质 PVC 中用硼酸锌（ZB）取代一部分 Sb_2O_3 能起到协同作用，提高阻燃性并降低生烟量。虽然 Sb_2O_3 是一种高效的助阻燃剂，但本身的毒性大，燃烧时放出大量的有毒烟气，且价格较高。因此，常用 SnO_2 作为 Sb_2O_3 的替代品，用廉价的 SiO_2 作 SnO_2 的增效剂和协同剂，不仅有良好的阻燃抑烟效果，而且进一步降低产品的成本。

（2）含硼阻燃剂

硼类化合物主要是作为阻燃体系的协效剂使用。其中，硼酸锌（ZB）是最常用的含硼阻燃剂。ZB 与 Sb_2O_3 和 $Al(OH)_3$ 均有协同作用，可部分或全部取代 Sb_2O_3，不仅降低成本，有较好的阻燃作用，还能显著降低生烟量。ZB、$Al(OH)_3$ 及其混合物对 PVC 的阻燃和抑烟有很好的协同作用，能明显提高 PVC 的 LOI（由 47%提升至 77%），并降低燃烧过程中的烟密度。

（3）微胶囊红磷阻燃剂

红磷是一种性能优良的阻燃剂，具有高效、抑烟、低毒的阻燃效果，但易吸潮、氧化，其粉尘易爆炸。因此，其使用受到很大限制。对红磷进行微胶囊化可以解决上述缺点。随着微胶囊红磷颗粒粒径减小，材料的 LOI 增大，阻燃性能提高。

（4）无机填料

$Al(OH)_3$ 和 $Mg(OH)_2$ 都是阻燃填充剂，并具有以下特点：燃烧时不产生有毒气体及腐蚀性气体，且抑烟、本身无毒、不挥发、不被水影响、价廉。其缺点是：所需添加量高，故严重影响材料的力学性能及加工性能；$Al(OH)_3$ 的起始分解温度较低（约 205℃），故难适用于加工温度高的高聚物。$Mg(OH)_2$ 则在这方面具有优势，起始分解温度可达 320℃。针对上述缺点，有文献采用锡酸锌（ZS）或羟基锡酸锌（ZHS）包覆 $Al(OH)_3$ 和 $Mg(OH)_2$，这样可显著提高 $Al(OH)_3$ 和 $Mg(OH)_2$ 的阻燃性和抑烟性，降低 $Al(OH)_3$ 和 $Mg(OH)_2$ 的用量，从而改善被阻燃材料的加工性能及力学性能。

表 4-1　PVC 树脂常用阻燃体系的比较

阻燃剂种类	常用化合物	阻燃机理	优缺点	改进方法
金属氢氧化物	氢氧化镁、氢氧化铝	吸热作用	价格低廉、抑烟，但填充量大、力学性能下降明显	多组分协效，表面改性，超细化处理，其他组分代替
锑系阻燃剂	三氧化二锑	凝聚相阻燃	填充量小，但发烟量大	协效体系，加入抑烟剂，SbOCl 或 Sb_4O_5Cl 代替
锡系阻燃剂	锡酸锌、羟基锡酸锌	凝聚相、气相阻燃	阻燃效率高，但不可单独使用	$ZnSnO_3$、ZHS 包覆 $Al(OH)_3$、$Mg(OH)_2$ 等
硼系阻燃剂	硼酸锌	气相、凝聚相阻燃	很好的消烟效果，但不可单独使用	与三氧化二锑等复配使用
磷系阻燃剂	红磷	凝聚相阻燃	含磷量高，阻燃效率高，但表面吸湿性强	微胶囊化处理
含锌化合物	氧化锌、硼酸锌、锡酸锌、铝酸锌等	凝聚相阻燃为主	添加量少，阻燃性能好，并且可提高其力学性能	

表 4-1 对 PVC 常用的阻燃体系进行了比较。从表中可以看出，任何单一体系均不能使阻燃效果达到最优。在使用时常需各阻燃体系进行复配，互相取长补短，共同发挥作用。另外，阻燃剂与基体的相容性严重影响着 PVC 基体的力学性能，对各种阻燃剂进行表面改性或者超细化处理，提高与基体的相容性，可以改善力学性能，同时提高阻燃效率。

3. 抑烟剂

一些阻燃体系兼具阻燃与抑烟的功能，如 $Al(OH)_3$、$Mg(OH)_2$、ZB、ZHS、$ZnSnO_3$ 和 ZnO 等。但单独的阻燃剂难以达到抑烟的标准，因此在一些体系中通常会加入抑烟剂。研究表明，许多过渡金属化合物，特别是钼、铜、铁类化合物都是 PVC 的有效抑烟剂，并具有一定的阻燃效果。常见抑烟剂的主要抑烟机理及添加量见表 4-2。

表 4-2　　PVC 树脂常用抑烟体系比较

抑烟体系	代表化合物	添加量	抑烟机理
钼系化合物	MoO_3、八钼酸铵等	0.5%～3.0%	脱 HCl 形成反式多烯，减少了芳烃的释放
二茂铁及含铁化合物	二茂铁、三氧化二铁	1.5%～2.0%	在凝聚相促进交联，增加成炭
其他过渡金属氧化物	CuO、Cu_2O、La_2O_3 等	1.0%～7.0%	促进 PVC 的交联，减少了芳烃的释放量

（1）钼系化合物

目前使用最广泛的钼系化合物有三氧化钼（MoO_3）和八钼酸铵，两者的抑烟效率相近，加入 0.5%～3.0%时，生烟量可降低 30%～80%。其他钼化合物如八钼蜜酸胺、钼酸胺、十钼酸胺、钼酸锌基复合物、钼酸钙基复合物等都具有很好的抑烟效果。MoO_3 也经常与其他抑烟剂协同抑烟，如 MoO_3 与 Cu_2O 的协效体系，在保持 100 份 PVC 基体中加入 4mol 抑烟剂，当 Cu/Mo 摩尔比为 3∶1 时，抑烟效率最高（80.8%）。同样，MoO_3-ZB-APP 三组分协效体系中，当三者质量比为 1∶3∶10 时，添加量为 14%，最大烟密度为 72.5，烟密度等级为 43，LOI 值为 58%，达到了阻燃抑烟的标准。

（2）有机二茂铁及含铁化合物

二茂铁对 PVC 有消烟和减少毒性的双重作用，在 100 份 PVC 中添加 1.5～2.0 份二茂铁就能有效地抑制 PVC 燃烧时的发烟量。这是因为 PVC 在 200～300℃燃烧脱 HCl 过程中，二茂铁能迅速转化为 α-Fe_2O_3 存在于炭化层中，有效地促进炭化层的灼烧，催化氧化成为 CO_2 和 CO，从而减少了炭黑的形成数量，同时二茂铁在 PVC 脱 HCl 过程中，还能大量消耗 HCl，使之生成 $FeCl_2$ 和 $FeCl_3$，减少 HCl 等有毒物质的释放。但由于二茂铁有颜色，并且与基体的相容性不好，限制了其使用。其他含铁化合物如 FeOOH、$FeCl_2$、$FeCl_3$ 和 Fe_2O_3 都具有良好的阻燃抑烟作用。它们原位生成的 FeOCl 和 $FeCl_2$ 或 $FeCl_3$，可按 Lewis 酸机理催化 PVC 的交联成炭而起到抑烟效果。

（3）其他抑烟剂

如镁-锌化合物、亚铜化物等。其中，ZnO-MgO 系固体溶液加入量为 2～4 份（100 份 PVC）时，就可使 PVC 生烟量降低 30%～50%。其他过渡金属氧化物，如 CuO、La_2O_3、TiO_2 等对 PVC 均具有良好的抑烟作用。另外，提高 PVC 阻燃抑烟性还可以采用阻燃性增塑剂部分或全部代替常规增塑剂，常用阻燃增塑剂有磷酸酯类、氯化石蜡、二烷基四卤代邻苯二甲酸盐等。

4. 聚氯乙烯树脂阻燃抑烟发展趋势

目前，任何一种阻燃抑烟剂自身都有一些缺陷。无机阻燃抑烟剂的缺点是添加量大、与基体材料相容性差、对基体材料的加工和物理性能影响大；有机阻燃抑烟剂在燃烧过程中会产生大量的有毒有害烟雾，对环境产生危害。综合这两类阻燃剂的缺点，研究阻燃抑烟剂的复配技术和协同体系，发挥阻燃抑烟剂的协同作用，不但可以增强阻燃抑烟效果，提高加工性能和物理性能，而且还可以减小用量、降低成本及对环境的危害。未来 PVC 阻燃抑烟的研究与发展趋势主要在于：①加强对多种阻燃抑烟剂复配使用协同效应的应用研究，特别是其协同阻燃抑烟的机理；②如何在提高阻燃抑烟效率的同时又降低其用量，并且尽可能降低对材料其他性能的影响；③寻找其他具有低添加量、无毒、超细化、活性化等优点的新型有效协同阻燃抑烟添加剂。

（三）聚氨酯树脂的阻燃

未经阻燃处理的聚氨酯是可燃物，遇火会燃烧并分解，产生大量 CO、NO、NO_2、HCN 等有毒烟雾；在高温缺氧状态下，聚氨酯裂解还会产生二氨基甲苯、丙烯腈、乙氰、吡啶和苯氰等有毒物质。

目前，赋予聚氨酯树脂阻燃性能的方法主要有两种：一是在聚氨酯材料中加入添加型阻燃剂，二是在合成聚氨酯时引入反应型阻燃剂。

1. 添加型阻燃剂

添加型阻燃剂是通过将阻燃剂分散于聚氨酯树脂中，赋予树脂阻燃性能，特点是阻燃剂与聚氨酯中的其他组分不发生化学反应，加工工艺简单，应用普遍。添加型阻燃剂是目前使用量最大的阻燃剂，占阻燃剂总量的 90%以上。添加型阻燃剂可分为有机添加型阻燃剂和无机添加型阻燃剂。有机添加型阻燃剂主要有磷酸酯、氯化石蜡等，无机添加型阻燃剂主要有氧化锑、氢氧化铝、磷酸铵、硼酸盐等。研究表明，磷、卤素与锑的阻燃效果为 P＞Br＞Cl。这些阻燃剂虽然能够赋予聚氨酯良好的阻燃性能，但是，阻燃剂与聚氨酯的相容性特别差，导致聚氨酯材料及最终成革的力学性能急剧恶化，且阻燃剂在储存和使用过程中易于迁出。

2. 反应型阻燃剂

为了有效地解决阻燃剂与聚氨酯间的相容性问题，提高阻燃聚氨酯材料的力学性能，避免阻燃剂迁出，越来越多的研究集中在合成本质阻燃、耐热聚氨酯领域。本质阻燃聚氨酯的制备方法是通过化学反应，将含有磷、氯、溴、硼、氮等阻燃元素的单体（即在多元醇或异氰酸酯分子中引入阻燃元素）引入到聚氨酯分子链上，最终获得具有阻燃性能的聚氨酯。该类阻燃剂分子能够牢牢结合在高分子链上，具有阻燃稳定性好、不迁移析出、不渗透、对材料性能影响较小等特点，且阻燃效果持久。目前，反应型阻燃剂以卤系、磷系、氮系、磷-氮系列和硅系阻燃剂为主。

（1）卤系反应型阻燃剂

常见的如卤代聚醚多元醇 Ixol M125、二溴新戊二醇、四溴二季戊四醇、四溴双酚 A 双羟乙基醚等。Solvay 公司的阻燃聚醚 Ixol B251，其含有的溴的质量分数为 32%、氯的质量分数为 6.8%，由它制得的聚氨酯的氧指数可达 30%。陈鹤等人以二溴新戊二醇（DBNPG）作为阻燃剂，采用硬段改性的方式，将二溴新戊二醇作为扩链剂引入到水性聚氨酯中，当 DBNPG 引入量为 15%时，改性的水性聚氨酯氧指数可达 29.6%。然而，卤系阻燃剂燃烧时会释放大量的浓烟，并产生卤化氢等腐蚀性气体和有毒物质，因而正逐渐被世界各国禁用。

（2）磷系反应型阻燃剂

磷系反应型阻燃剂主要是含磷的阻燃多元醇，如三（一缩二丙二醇）亚磷酸酯（俗称P430），三（聚氧化烯烃）磷酸酯，三（聚氧化烯烃）亚磷酸酯、Exolit OP550 等，其主要由三种原材料合成：磷化物、多羟基化合物和环氧化物。通常以磷酸酯、三氯氧磷、四羟基氯化磷或五氧化二磷等为原料，和乙二醇、甘油等反应，合成的产物作为起始剂，再和环氧丙烷、环氧乙烷或环氧氯丙烷发生开环聚合反应，合成得到含磷元素的多元醇。例如，韦玮等以甲醛、三聚氰胺、三氯氧磷、三羟甲基丙烷、二缩水甘油醚和聚乙二醇等为主要原料，经过四步化学反应，制得了含环状磷酸酯和三嗪环结构的新型阻燃聚醚多元醇。然而，目前已有或已报道的含磷阻燃多元醇大多数为磷酸酯类，且磷酸酯基团位于多元醇主链，当将其应用于水性聚氨酯合成时，由于磷酸酯在水中易水解改性的水性聚氨酯在储存和使用过程中分子链断裂，进而影响聚氨酯的储存稳定性和最终产品的力学、阻燃性能。针对这一问题，四川大学的范浩军等人合成了一种螺环结构的侧链含磷酸酯扩链剂，结构式如图 4-2 所示，并用其改性水性聚氨酯，将磷酸酯基团“悬挂”在水性聚氨酯的侧链中，得到的水性聚氨酯具有良好的阻燃效果和耐水解性能。

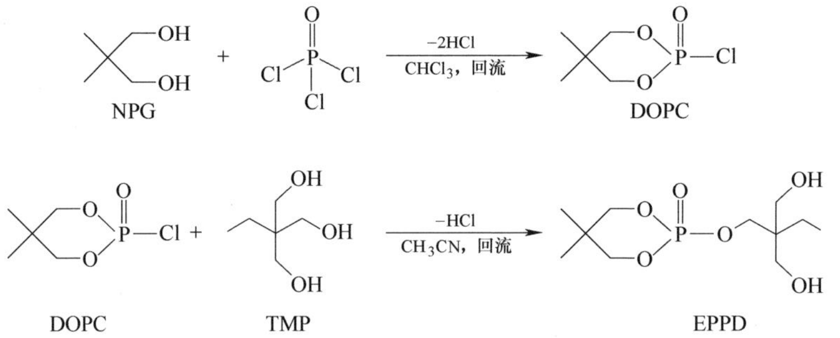

图 4-2　侧链含磷酸酯二元醇的合成路线示意图

（3）氮系反应型阻燃剂

氮系阻燃剂主要由含氮的阻燃多元醇组成，如三聚氰胺衍生物聚醚多元醇。江阴友邦化工有限公司研发了难燃聚醚多元醇，通过在高活性聚醚中接枝氮杂环结构单元，合成不含卤素、磷、锑等元素的聚醚多元醇，由其制得的泡沫制品中，LOI 最高可达 30%以上，可应用于有阻燃需求的合成革座椅、家具等。

（4）磷-氮系反应型阻燃剂

将磷元素和氮元素同时引入聚氨酯中能够综合两种阻燃元素的优点，从而达到更好的阻燃效果。Yuan C. Y. 等人利用六氯环三磷腈合成的含有端羟基的阻燃剂用于阻燃聚氨酯弹性体，在磷元素和氮元素含量分别为 3.6% 和 6.3% 时，聚氨酯的 LOI 可以达到 34%。Huang W K 等人合成了一种高磷、氮含量的氮丙啶聚磷腈阻燃剂，制备的水性聚氨酯具有良好的阻燃性能。四川大学范浩军等人合成了一种具有双螺环结构的含双氨基磷-氮膨胀型阻燃剂，并将其嵌入到水基聚氨酯主链中，制得的阻燃聚氨酯阻燃效果明显，LOI 值可达 27.3%，且具有优良的成炭和抗熔滴性能（图 4-3），而且在一定程度上提升了聚氨酯的力学性能。然而，目前已有的磷-氮反应型阻燃剂大多含有易水解的磷酸酯键，这种位于多元醇主链的磷酸酯基团水解会导致聚氨酯分子链的断裂。为了解决这一问题，范浩军等人进一步合成了新戊二醇环磷酰二元醇（PNMPD），将含有螺环结构的磷酰胺“悬挂”在二元醇侧链上。当该二元醇引入量为12%时，制备的水性聚氨酯的LOI值为27.2%（图4-4），UL-94垂直燃烧测试为V-0级别，聚氨酯的最大热释放速率、总热释放量和最大烟生成速率分别下降了44.7%、39.0%和42.9%，且聚氨酯具有优异的耐水解特性。

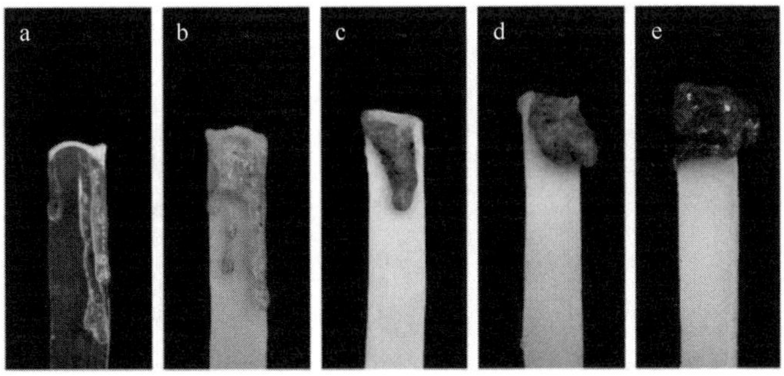

图4-3　阻燃聚氨酯样条燃烧后炭层图（由a至e阻燃剂含量逐渐增加）

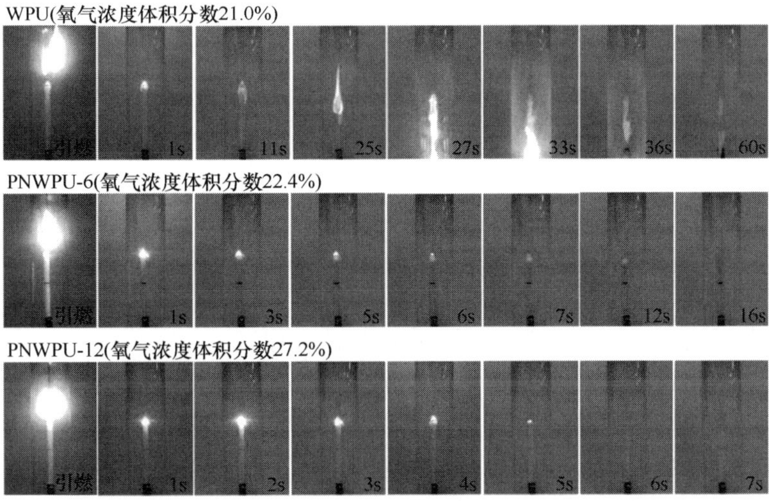

图4-4　阻燃水性聚氨酯在不同氧气浓度下的燃烧数码照片图

（5）硅系反应型阻燃剂

硅系阻燃剂在阻燃聚氨酯弹性体时，不但可以改善材料的阻燃性能，而且可以提高其热稳定性，因此近年来逐渐受到研究者重视。Benrashid等将端羟基聚二甲基硅氧烷（PDMS）作为一种反应型阻燃剂应用到聚氨酯，结果表明阻燃型聚氨酯的LOI随着PDMS含量的增加而升高。四川大学范浩军等人将新戊二醇环磷酰二元醇（PNMPD）和γ-氨丙基三乙氧基硅烷（KH-602）分别以扩链剂和后扩链剂的形式引入到水性聚氨酯中，由于磷、氮和硅三种元素发挥协效作用（图4-5），制得的聚氨酯具有优异的阻燃效果。

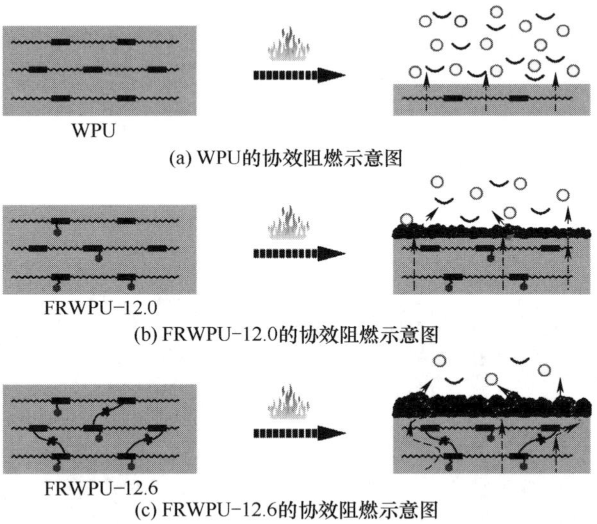

图 4-5　磷氮硅三种元素对水性聚氨酯的协效阻燃示意图

3. 聚氨酯树脂阻燃发展趋势

目前，在聚氨酯树脂的工业化生产中，反应型阻燃剂的使用仍很少。这是由于，一方面，在多元醇或异氰酸酯中引入阻燃元素的反应需在专门的设备中进行，生产过程较复杂；另一方面，接枝阻燃功能性基团后，聚氨酯原有的化学结构被打破，其物理化学性能都发生较大变化，如：成肌性较差，强度和手感都不能满足合成革的使用要求，甚至在加工过程中因耐高温性和耐溶剂性不佳而根本无法生产。因而，添加型阻燃剂仍是聚氨酯材料中用量最多最广泛的一类阻燃剂。

虽然国内外对聚氨酯的阻燃研究非常活跃，并已取得了大量研究成果，但仍存在许多技术难题需要更加深入的研究和解决，例如：阻燃剂在聚氨酯中分散性和相容性较差、易析出、对环境影响较严重。针对当前阻燃剂的优缺点，阻燃聚氨酯的发展方向应集中于以下几点：①对现有的无机添加型阻燃剂进行结构改性以提升阻燃效果，探索研究新的阻燃剂的表面处理工艺和超细化纳米技术，提高微胶囊化和表面改性后的阻燃剂微粒的产率，进一步改善其在聚氨酯中的分散效果。②开发高效、无卤、低毒和低烟雾反应型阻燃剂以及纳米复合材料，在聚氨酯材料阻燃方面的发展具有很大潜力。③单一阻燃剂的阻燃效果有限，难以满足愈加严格的聚氨酯阻燃标准，而将多种阻燃剂复配使用，使阻燃体系达到最优化是最为经济的提高阻燃性能的途径。因此，对各种类型阻燃剂间协同效应的研究也势在必行。

（四）合成革实际生产中常用的阻燃剂

由上述可知，阻燃合成革的实现途径有很多，且阻燃剂的种类众多。但在合成革实际生产中，合成革的阻燃主要还是通过在 PVC 或 PU 树脂中添加阻燃剂来实现。具体地，合成革实际生产中常用的阻燃剂有以下几种：

（1）三氧化二锑

Sb_2O_3 单独使用时，阻燃效率低，但与磷酸酯、含氯化合物（如氯化石蜡等）、含溴化合物（如六溴苯、六溴联苯等）复配时有良好的协同效应，阻燃效果显著提高。这是因

为 Sb_2O_3 和氯化物及溴化物并用时，生成氯化锑或溴化锑，它们在固相中可以促进卤素的移动和碳化物生成，在气相中可以捕捉活泼自由基，这些反应都有利于阻燃。

（2）氢氧化铝或氧化铝的三水合物

该阻燃剂稳定性好、不产生有毒气体、燃烧时抑烟、价格低廉，是无卤阻燃体系的主要成分，其主要通过分解吸热和释放水分以达到阻燃效果。但其阻燃效率不高，添加量需达 40～60 份，这既损害了合成革的力学性能，又增加了成本。为了改善氢氧化铝与树脂的分散性、亲和性和加工性，常用硅烷类或钛酸酯类偶联剂对氢氧化铝进行表面处理，使之具有阻燃和填充的双重功能，赋予制品良好的综合性能。

（3）硼酸锑

它是一种价格低廉的阻燃剂，可作为氧化锑的代用品，是卤化聚合物的良好阻燃剂，与含卤阻燃剂有着良好的协同效应，但效果不及氧化锑。

（4）氯化石蜡-70

它可作为添加型阻燃剂。通常和等量的氧化锑并用，用量为 10%～20%。

（5）聚磷酸铵

它具有无毒无味、不产生腐蚀气体、吸湿性小、热稳定性高等优点，是一种性能优良的非卤阻燃剂。但其与树脂相容性较差，不耐水解，对树脂的力学性能影响很大。因而，常对其进行微胶囊化或者改性处理。如赵魁敏和倪健雄制备了聚氨酯微胶囊化聚磷酸铵，以改善其耐水性，增强其在聚氨酯中的热稳定性和相容性，同时改善力学和阻燃性能。四川大学范浩军等人对聚磷酸铵进行表面羟基化修饰（HAPP），得到的 HAPP 在双组分聚氨酯中具有良好的分散性（图 4-6），且由于 HAPP 参与固化形成交联结构，可同时提高聚氨酯的力学强度和阻燃性能。

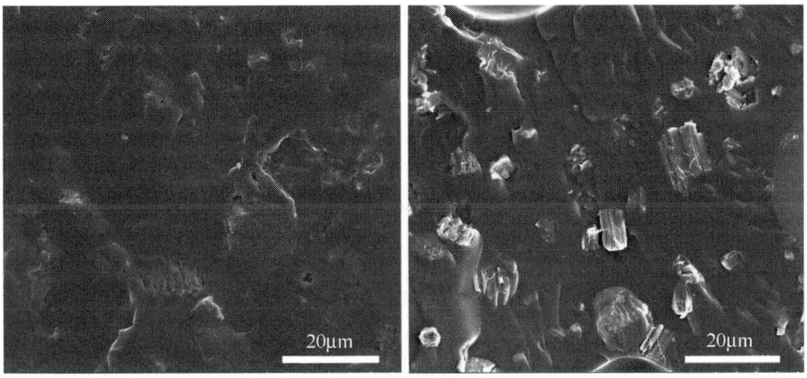

(a) 羟基化改性聚磷酸铵　　(b) 未改性聚磷酸铵

图 4-6　两种聚磷酸铵在聚氨酯中的分散情况

（五）合成革用阻燃剂的发展趋势

随着各国环保标准的提高和合成革应用范围的扩大，对其制品阻燃性能的要求越来越高。在阻燃剂制造技术上，无机阻燃剂超细化，有机阻燃剂高分子量化、多功能化、复合化等将是发展趋势；在阻燃剂品种上，正朝着高效、无卤、无锑、低烟、低毒等方向发展，其中，磷系、硅系、硼系、磷-氮膨胀型等新型阻燃剂备受关注。值得一提的是硅系阻燃剂，它是一种非卤、低烟、低毒的阻燃剂，符合“绿色”阻燃的发展趋势，并且硅是地球上最丰富的资源之一，非常有发展前途。硼系阻燃剂以其优良的阻燃、低毒、抑烟等特性成为阻燃剂发展中引人注目的品种。含磷阻燃剂由于其低毒、持久、热稳定性好等特点受到广泛关注，在各个研究领域占据越来越重的分量。此外，磷-氮膨胀型阻燃剂因阻燃效果好、热稳定性高、低毒、耐久性好而成为近年来发展较快的一类新型阻燃剂。

但也应看到，到目前为止，几种常见的阻燃剂都存在各自的缺点，如添加量大、不耐水洗、成本高、影响合成革其他性能等，这些都需要通过努力加以解决。这是一个曲折的过程，但阻燃合成革的广阔发展前景是不容置疑的。合成革用阻燃剂的开发、阻燃技术的完善将赋予合成革更优异的阻燃性能，提升合成革档次，拓展其应用领域，促进合成革产业向一个新的功能化方向发展。

第二节　发光变色合成革

合成革具有色彩丰富、花纹繁多等优点，但随着人们对高性能、高品质合成革的需求持续上升，广大消费者越来越追求商品的新颖与美观，单一花色的合成革产品已经不能满足人们的需求。因此，将发光材料与合成革涂层结合，可以赋予合成革制品新的花色品种，将其用于环卫工人服、消防员服、野外工作者、登山运动员服装等的制造，可减少特殊工作环境中潜在的危险；用于儿童服装，可提高儿童在夜间行走的安全性，同时可增加儿童服装的趣味性；用于夜间作业的工作服装，比如矿井工人的工作服，可为夜间工作人员的工作提供便利条件，且在危险事故发生时，其自发光功能也便于搜救工作的展开，为救援工作提供帮助。发光合成革可用于各类日常生活、休闲娱乐及交通运输等方面，为人类提供更加便利、丰富的生活条件。

一、发光小分子的分类及其发光原理

发光是一种常见的物质释放能量的方式，当物质受到外力（如光的照射、外加电场或电子束轰击等）的作用时，会因吸收能量而被激发，导致内部的平衡状态被破坏，在该物质从激发状态恢复到原来平衡状态的过程中，所吸收的能量以光辐射的形式发射出来，当该光辐射表现为可见光或近可见光时，产生的这种现象称为发光。能产生发光现象的物质称为发光材料，按照激发能量方式不同，发光材料可被分为光致发光材料、电致发光材料、射线致发光材料、化学发光材料、等离子发光材料等。在众多发光材料中，光致发光材料应用最广，也是研究最多的一个领域，根据发光延迟时间，光致发光可分为荧光和长余辉发光两类。

（一）荧光化合物的发光原理及其结构特点

当某种常温物质经某种波长的入射光照射，吸收光能后进入激发态，并且立即退激发并发出比入射光的波长长的出射光；很多荧光物质一旦停止入射光，发光现象也随之立即消失。具有这种性质的出射光称为荧光。

图 4-7 是荧光产生的过程，不同化学结构的分子具有不同的能态。能量最低状态（S_0）称为基态，当吸收可见光或紫外光照射在荧光物质上时，电子跃迁至能量高的轨道，分子处于激发态（S_1、S_2）。分子可有多个激发态，激发态是物质的不稳定状态，每一个激发态分为不同的振动能级。处于激发态的分子可以发生振动弛豫，在短暂的时间内

转换到该激发态最低的振动能级，或通过内部能量转换和损失过程而消耗剩余能量，回到基态。在通过振动弛豫、分子内能量转换等过程后，有些激发态的分子不能直接迁移到基态，而是跃迁到最低激发态（S_1）的最低振动能级，随后发生辐射跃迁，回到基态。若此时最低激发态分子中电子的自旋成对，即单重态，则产生荧光。其中 S_0 为基态，S_1、S_2 为第一及第二激发单重态，A 为吸收激发，V_R 为振动弛豫，I_C 为内部转换，F 为荧光效率。

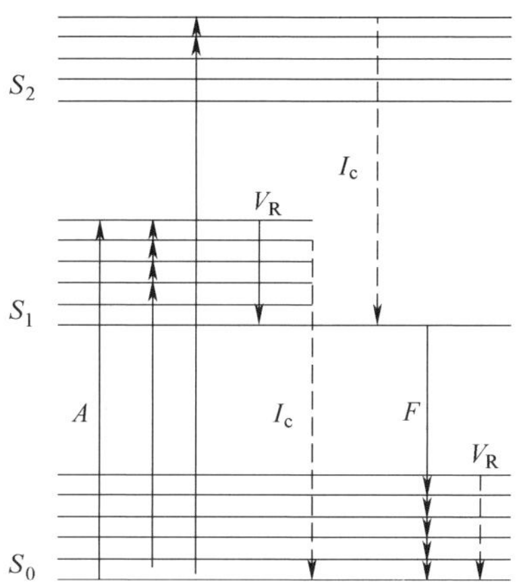

图 4-7　荧光产生过程示意图

有机荧光化合物的结构中都含有共轭双键（π 体系），而且共轭体系越大，离域 π 电子越容易激发，荧光越容易产生。大部分荧光物质都有芳环或杂环，芳环越大，荧光强度越强。苯、萘仅在紫外区有荧光，随着芳环的增加，其荧光光谱逐渐进入可见光区，如蒽可发出蓝色的荧光，并四苯可发出绿色的荧光。荧光通常发生在具有刚性结构和平面结构的 π 电子共轭体系中，随着分子 π 电子共轭度和平面度的增大，荧光效率也将增大，空间位阻效应的存在能破坏分子的共平面性和共轭程度，从而使荧光减弱，立体异构和顺反异构现象对于荧光也有显著的影响。取代基的性质对物质荧光特性和荧光强度都有很大的影响。大部分有机荧光物质分子中含有芳基，芳基上引入取代基可改变荧光的量子产率和荧光波长。供电子基如—OH、—NHR、—OCH_3，以及共轭取代基可以加强荧光，吸电子基如—COOH、—CN、—SH 等使荧光减弱，硝基、偶氮基能阻止荧光的产生，重原子（Br、I）一般使荧光量子效率降低。

（二）蓄能发光材料的发光原理、种类及特性

蓄能发光材料，即长余辉发光材料，能够储存外界光辐照能量，在光线充足时吸收光，在黑暗条件下缓慢地以可见光的形式释放这些储存能量。长余辉现象俗称夜光现象，在古代已被人们发现，例如“夜明珠”就是由萤石类发光矿物组成。目前研制的夜光材料所采用的发光材料均以碱土铝酸盐为发光基质，在制备过程中掺入稀土元素 Eu^{2+} 作为激活剂，并添加稀土（如 Dy^{3+}）为辅助激活剂。对于此类发光材料的发光机理存在多种解释，归纳起来主要为空穴转移模型和位移坐标模型。

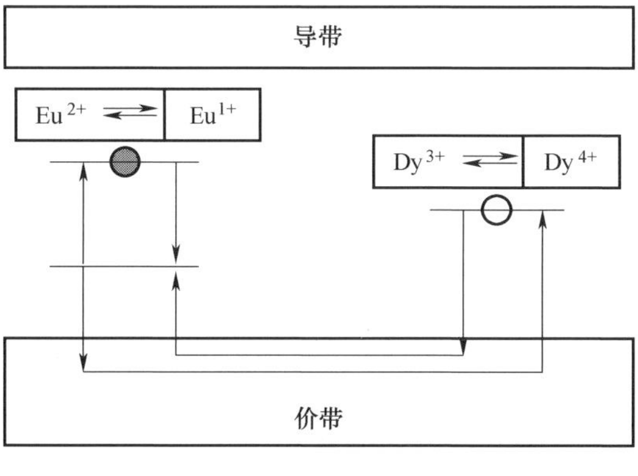

图 4-8　空穴传输模型示意图

最早的模型是由 Matsuzawa 等人在 $SrAl_2O_4$：Eu^{2+}，Dy^{3+} 体系中提出的空穴传输模型，如图 4-8 所示。Matsuzawa 认为，在长余辉材料 $SrAl_2O_4$：Eu^{2+}，Dy^{3+} 中，Eu 为电子俘获中心，Dy 是空穴俘获中心。当材料受光激发时，Eu^{2+} 可俘获电子变为 Eu^{1+}，由此产生的空穴经价带被 Dy^{3+} 俘获生成 Dy^{4+}，停止激发后，由于热运动，空穴发生逃逸，经过与上述过程相反的过程导致 Eu 的特征发光。该模型在各种 Eu 和 Dy 共掺的长余辉材料机理解释中被广泛引用，成为 Eu 和 Dy 共掺的长余辉材料机理最为通用的解释。

空穴转移模型中出现了 Eu^{1+} 和 Dy^{4+}，然而至今没有试验证实在激发后的发光材料中存在 Eu^{1+} 和 Dy^{4+} 等异常价态的离子。Qiu 等人的试验证明，X 射线和激光辐照前后，掺杂离子的吸收光谱并没有差别，价态也没有发生变化，因此该模型受到了质疑。

Qiu 和张天之等人提出了长余辉发光的位移坐标模型，如图 4-9 所示。A 是 Eu^{2+} 的基态，B 是 Eu^{2+} 的激发态，C 是掺入的杂质离子或者基质中的一些其他缺陷所产生的陷阱能级。在外部光源的激发下，电子从基态跃迁到激发态（过程 1），一部分电子跃迁回低能级产生 Eu^{2+} 的特征发光（过程 2），另一部分电子则通过弛豫过程被陷阱能级捕获（过程 3）。当存储在陷阱中的电子吸收能量后，重新受激发回到激发态，然后跃迁回基态而产生发光。

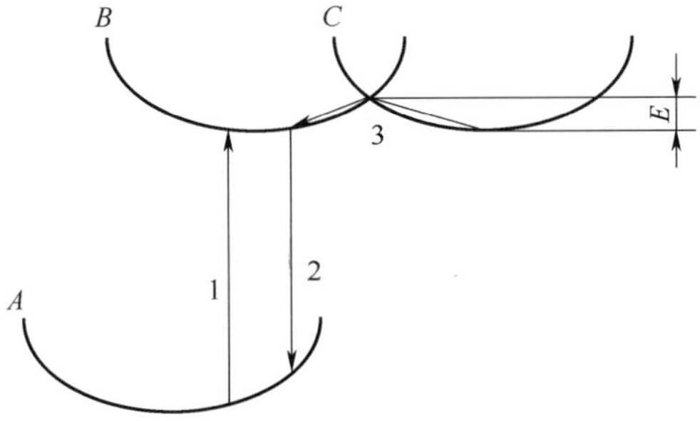

图 4-9　位移坐标模型示意图

按照基质的不同，长余辉发光材料主要分为硫化物、硫氧化物、碱土铝酸盐、碱土硅酸盐、钛酸盐等几大类。表 4-3 是各类长余辉发光材料的特点、代表品种组成及发光特性。

表 4-3　　各类长余辉发光材料的特性比较

种类	代表品种组成	发光颜色	发射峰/nm	余辉时间/min	特点
硫化物	CaS:Eu,TM	红色	650	45	发光颜色丰富,化学稳定性差,余辉时间较短
	CaSrS:Bi	蓝色	450	90	
	ZnS:Cu,Co	黄绿色	530	500	
硫氧化物	Y_2O_2S:Eu,In	红色	625	300	红色余辉时间长,但化学稳定性差,发光颜色单一
碱土铝酸盐	$SrAl_2O_4$:Eu,Dy	黄绿色	520	2000	发光亮度高,余辉时间长,化学稳定性和耐候性好,耐水性差,缺乏红色发光品种
	$Sr4Al_{14}O_{25}$:Eu,Dy	蓝绿色	490	2000	
碱土硅酸盐	$SrMgSi_2O_7$:Eu,Dy	蓝色	469	300	发光亮度高,化学稳定性、耐候性、耐水性好,余辉时间段,发光颜色不丰富
	$CaMgSi_2O_7$:Eu,Dy	蓝绿色	535	200	
钛酸盐	$CaTiO_3$:Pr^{3+}	红色	613	60	发光颜色纯度高,化学稳定性高,余辉时间短,发光颜色单一

二、发光/变色聚氨酯研究进展

（一）荧光聚氨酯

荧光聚氨酯的研究始于对彩色聚氨酯的研究，最初，人们通过加入无机或有机小分子与聚氨酯进行共混，得到彩色改性的聚氨酯。但在使用过程中，彩色组分会从体系中迁移析出，使得体系颜色变浅，且对环境造成污染。随后，研究者们意识到共混所带来的缺陷，开始尝试将小分子物质通过化学键合的方法引入到聚氨酯链段中，得到反应型彩色聚氨酯，其中，又分别制得了反应型荧光聚氨酯。胡先海课题组将荧光基团引入到聚氨酯链中，得到荧光基团含量可以调控的聚氨酯，并探索了其荧光性能。

（二）蓄能发光聚氨酯

在制备蓄能发光聚氨酯时，最为简便的方法是将长余辉发光材料通过均匀分散的方式直接添加进聚氨酯溶液中。由于无机材料的密度大，与有机物相容性差，发光粉与有机相或高分子材料之间容易发生相分离，使用时发光材料在有机相或高分子材料中分散困难，很快沉淀，严重影响材料性能，给无机发光材料在有机相和高分子材料中的使用造成了难以克服的困难。为解决这些问题，许多报道采用包覆的方法来提高其应用性能。喻胜飞等人采用不同的有机物作为配位体与 $SrAl_2O_4$：Eu^{2+}，Dy^{3+} 发光粉进行了配位包覆，形成有机-无机杂化发光材料，很好地解决了无机发光粉与有机相之间的相容性问题。Wu 等人以乙酰丙酮和烯丙基氯为原料，合成了双功能配体，并且分别用溶液-本体法和沉淀法制备苯乙烯和甲基丙烯酸甲酯或丁酯的共聚物接枝的 $SrAl_2O_4$：Eu^{2+}，Dy^{3+}，有机包覆层的引入大大提高了产品与高分子材料的相容性。针对这一存在的问题，四川大学范浩军课题组采用 3-氨基丙基三乙氧基硅烷对长余辉发光材料的表面进行包覆和修饰，引入可与异氰酸根反应的氨基，将其通过化学键合的作用与聚氨酯结合，提高其与聚氨酯的相容性，赋予聚氨酯膜以蓄能发光效果。

（三）变色聚氨酯及其研究现状

随着社会经济水平的迅猛发展，人民生活水平的不断提高，智能手机、智能家电已经悄无声息地改变了人们的生活方式。传统的聚氨酯制品颜色都是静态而且是单一不变的，为了满足消费者更加多变、前卫、个性、时尚的消费心理，聚氨酯产品也走上了探索智能化的道路。

变色材料是一类新型的功能材料，在受到光、热、力等外界刺激作用后而发生颜色改变。根据刺激方式不同，可将此类材料分为光致变色材料、热致变色材料、力致变色材料、电致变色材料等。比如，焦明明等人在聚氨酯分子链中引入热致变色材料，使改性后聚氨酯的颜色随温度变化而改变，提高了聚氨酯产品的生活艺术性和多样性。Wang 将含有活性 H 原子的罗丹明衍生物引入到聚氨酯链中，当对其施加力的作用时，聚氨酯的链段会使罗丹明发生开环作用，从宏观上可观测到聚氨酯膜颜色的改变，其荧光颜色也随压力做出相应的改变，呈现一种力致变色效果，如图 4-10 所示。

三、发光/变色合成革研究进展

（一）荧光合成革

将荧光材料应用于合成革，在紫外光照射下，其制品可发出明亮的光，赋予其制品新的花色品种。其中，荧光增白剂作为一种色彩调理剂，将其使用于合成革制品，可得到较好的亮白增艳的效果。黎兵将荧光增白剂 KSN 以共混的形式加入水性聚氨酯，所得乳液及其胶膜都相对稳定且增白效果较好，可改善水性聚氨酯特别是芳香族易黄变等问题。四川大学范浩军等人选取具有端羟基的荧光剂作为一种新型的扩链剂，合成了一种荧光嵌段聚合型的聚氨酯材料，赋予聚氨酯良好的荧光特性，由于荧光基团的含量甚微，故使其保持聚氨酯原有的各项性能不受影响，为荧光水性聚氨酯的研发提出了一种新的设想。

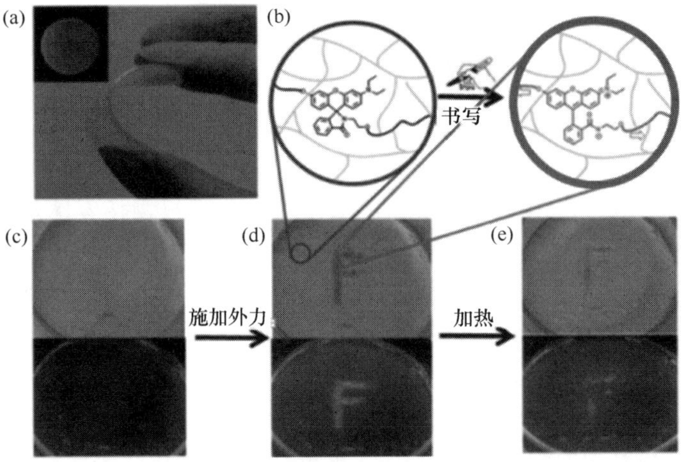

（a）PU-Rh-1 膜在弯曲时的照片，小图为膜在紫外灯下的照片；（b）Rh—OH 在力的作用后的化学结构转变；
（c）膜在阳光下和紫外灯下的照片；（d）施加力的作用后的膜在阳光和紫外灯下的照片；
（e）施加力的作用后并在 100℃下加热 10min 的膜在阳光和紫外灯下的照片。

图 4-10　力致变色效果图

（二）长余辉发光合成革

长余辉发光合成革通常是将合适的发光材料均匀混合于聚氨酯涂层内，其物理化学性能与普通合成革相似，同时还具有自发光的功能性，不但可以满足普通合成革性能的各种需求，还可以起到提醒和装饰的作用。刘卫龙等人将不同质量分数的长余辉发光材料分别掺杂在聚氨酯浆料中，制备出复合浆料，然后利用涂覆法对合成革进行夜光涂层处理。四川大学范浩军等人结合现有的长余辉发光材料的研究方法，使用硅烷偶联剂作为包覆层，引入可以与异氰酸根发生反应的基团，制备出光致发光型长余辉发光聚氨酯，可以在黑暗中发出绿色的光（图 4-11），长余辉发光材料与聚氨酯的相容性得以提升，呈现出比共混型聚氨酯更加优异的力学性能、储存稳定性。

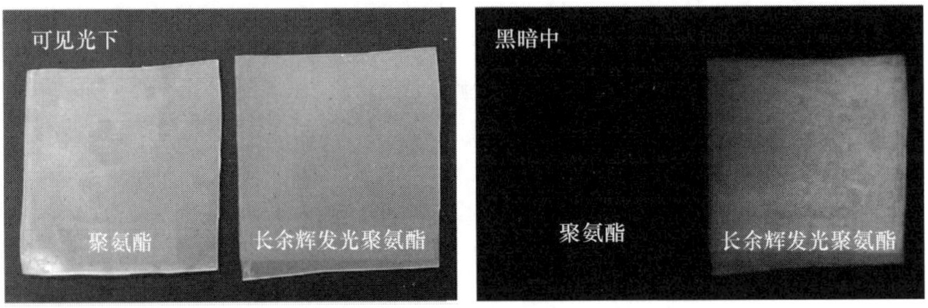

图 4-11　聚氨酯和长余辉发光聚氨酯示意图

（三）变色发光合成革

为增加合成革制品的新颖性，变色合成革产品也逐渐出现。柴春鹏等向传统的水基聚氨酯中添加市售的光敏变色材料，制备了一种光敏变色水基聚氨酯涂饰剂。顾津等人采用新型的变色聚氨酯树脂及其相关原料，制备了应力变色聚氨酯合成革。为了更好地提高合成革的档次，除赋予合成革发光效果外，多功能的发光合成革也成为目前的研究热点。例如，四川大学范浩军等人利用光转换过程，在聚氨酯内同时引入了长余辉发光材料和光转换剂，制备了光致变色型长余辉发光聚氨酯，随着光转换剂添加量的不同，此类聚氨酯在白天呈现不同深度的红色，黑暗中发出的光则从绿色逐渐过渡到黄色（图 4-12）。随后，范浩军、田赛琦将改性后的 $SrAl_2O_4$：Eu^{2+}，Dy^{3+} 和感温变色材料同时引入聚氨酯中，制备了一种在白天和黑夜颜色随温度而改变的热致变色蓄能发光无溶剂聚氨酯，该聚氨酯白天时颜色可随温度发生白色—红色的可逆变化，夜晚时也可随温度改变光的颜色，通过改变温度可实现对聚氨酯颜色的调控（图 4-13）。为进一步赋予其光刺激响应变色特性，该课题组将含有羟基的螺吡喃衍生物与氨基化改性后的 $SrAl_2O_4$：Eu^{2+}，Dy^{3+} 同时引入聚氨酯中，通过光刺激实现对聚氨酯颜色的调控，白天时在紫外光照前后颜色发生无色—紫色的可逆变化，黑暗中，发光颜色也可随光刺激发生绿色—黄色的转变。

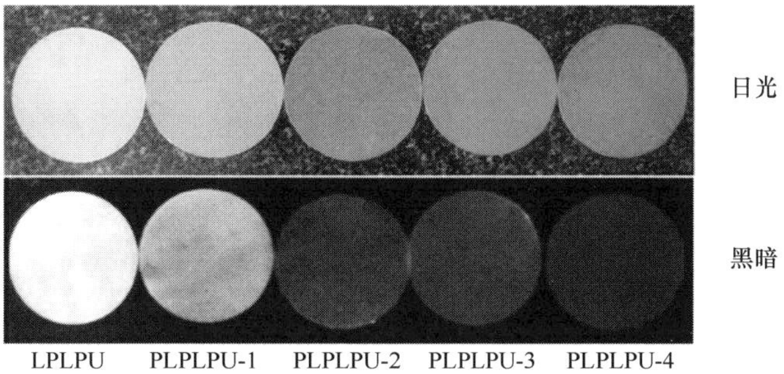

图 4-12　可见光下和黑暗中光致变色型长余辉发光聚氨酯的变色发光效果

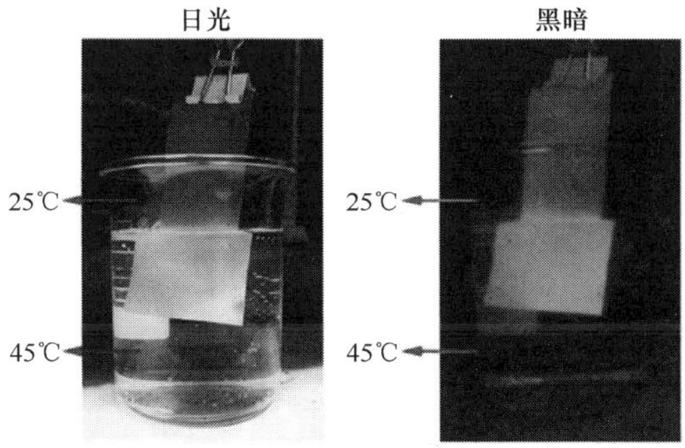

图 4-13　热致变色发光聚氨酯在不同温度下的变色发光效果

第三节　负离子合成革

在很长的历史时期中，地球大气中的正负离子自动保持着平衡状态。近百年来，由于工业废弃物排放、垃圾焚烧，有毒化学成分、电磁辐射污染等已经成为空气正离子剧增、负离子锐减的元凶。空气负离子被喻为空气维生素或生长素，它既可以净化空气、消除空气中的异味和有害气体；也可以刺激人体的大脑皮层，消除疲劳，促进人体的新陈代谢。正因为空气负离子存在这些益处，人们正在利用负离子粉开发各种对人体有益的产品。目前市场上已出现的负离子产品有负离子水杯、负离子空气净化仪、负离子纺织品及负离子地板等。正是由于负离子具有这些优点，研究者们也希望能够开发可以释放负氧离子的合成革，主要用于飞机、汽车、潜艇等狭小密闭空间，有利于改善狭小空间的环境，提高驾乘人员工作效率。同时，此类产品也可用于服装、家居、汽车装饰等，符合当前合成革市场向高端化转型的潮流，成为了目前功能型合成革研究的重要方向。

一、空气负离子的产生及作用

正常大气中的分子大部分是相互结合在一起，每个分子从整体上来看是电中性。当外界某种因素作用于气体分子，则其外层电子摆脱原子核的束缚从轨道中跃出，此时气体分子呈正电性，变为正离子；所跃出的自由电子自由程极短（约 1nm），它很快就附着在某些气体分子或原子上（特别容易附着在氧或水分子上），成为空气负离子。空气负离子的产生，主要是催离素作用的结果。在自然界中，瀑布、喷泉、激流以及雷电、阳光中紫外线、冬天降雪等都可以引起空气负离子的产生，这也是雨后或者瀑布旁的空气特别清新的原因。根据国际大地测量和地球物理学联盟国际地碳和高层大气学协会采用的理论，空气负离子的主要分子式是 O_2^- 或 $O_2^-(H_2O)_n$ 或 $CO_4^-(H_2O)_n$，其产生的原理可用如下的方程式表示：

$$O_2+e\longrightarrow O_2^-$$

$$O_2^-+nH_2O\longrightarrow O_2^-(H_2O)_n$$

$$O_2^-+CO_2+nH_2O\longrightarrow CO_4^-(H_2O)_n$$

空气负离子对人体的生命活动和寿命有着非常重要的影响，对人体健康十分有利，是人类生活不可缺少的一部分。据相关资料显示，空气中负离子的浓度低于 20 个/cm^3 时，人体就会感到困乏和头昏；当空气中负离子含量为 1000～10000 个/cm^3 时，人就会感到舒服，心情也非常安宁；当空气中的负离子浓度高达 10 万个/cm^3 以上时，不仅让人感到舒服，还能起到消除疲劳、止喘、镇静、调解神经等强体健身和治病的效果。因此，空气中的负离子浓度不仅体现空气质量的优劣，还对人体的身体健康尤为重要。

二、负离子合成革

负离子合成革的制备通常是将能释放负离子的天然矿石或低辐照剂量的放射性矿石设法粉碎成超细微粉（负离子粉体），一般要求 50%微粒粒径在 1μm 以下，最大颗粒粒径不超过 5μm，引入到合成革涂层中即可生产制造具有负离子释放功能的合成革。

（一）负离子源

在负离子合成革中，负离子粉体是释放负离子的源头。负离子粉体通常是一种矿物粉体，具有远红外辐射效应、表层负离子效应、矿物质营养元素效应等，因其独特的健康、环保功能而广泛应用于建筑装潢内墙涂料、纺织品、水质净化等方面。这些矿物材料包括天然的和人工合成的。

1. 硅藻土

硅藻土是由单细胞水生植物硅藻的遗骸沉积所形成。这种硅藻土的独特性能在于能吸收水中游离硅形成其骨骼，当其生命结束后沉积，在一定的地质条件下形成硅藻土矿床。

硅藻土属非金属矿，主要化学成分为非晶体二氧化硅（或称无定形蛋白石），伴有少量蒙脱石、高岭石等黏土杂质和有机质。有研究结果显示，硅藻土对水分的吸收和释放能够产生瀑布效果，将水分子分解成正负离子。由于水分子被包裹，形成正负离子群，然后以水分子为载体，在空气中四处浮游，拥有杀菌能力。在空气中到处浮游的正负离子群遇到了过敏物质以及其他细菌、霉菌等有害物质，就能立即将其进行包围和隔离。然后，正负离子群中性能最活跃的氢氧根离子与这些有害物质进行剧烈的化学反应，最后将它们彻底分解成水分子等无害物。

2. 电气石

电气石又叫奇冰石，是由镁、铁、锡、锰、钠、钴、硅、氟、铜、钛、硒等微量元素及矿物质组成，具有热电效应的永久性电极晶体材料。电气石纳米材料具有卓越的光、力、热、电吸收、催化分解的作用，能产生神奇无比的表面效应，其吸附力和扩散力是其他材料的几百倍。此外，由于电气石具有类似于磁铁磁极的自然电极，被广泛应用于环境保护、日常生活等许多领域。电气石的电场特性像磁铁矿石一样也是天然的，电气石的电场强弱可用电极化强度来评价，电极化强度越大，产生负离子的能力就越强。电气石的天然电场对空气中的水分子产生微弱的电解作用，生成所谓的“羟基”为碱性的负离子，其反应式为：

$$4H_2O+2e \longrightarrow 2H_3O_2^- + H_2$$

在许多应用领域中，电气石往往都是以粉体形态出现的。实践证明，粉体越细、比表面积越大，其压电性、热电性发挥的效果越好。将电气石矿物超细粉体加入合成革中，因为该粉体具有正、负电极，该合成革和人体接触后，能在皮肤表面产生无数微弱电流，刺激血液循环，调整自律神经，并形成空气中的负离子效应。然而，由于电气石超细粉体本身的强极性和颗粒的细微化，它们不易在非极性物质中分散，需要对电气石粉体进行非极性修饰，以解决其凝聚、分散以及与非极性物质的相容性问题。

3. 人工合成负离子源

人工合成负离子源材料是采用两种或两种以上的天然矿物质，通过一定的加工而合成的一种具有释放负离子和远红外功能的材料。在前期的研究中，金宗哲将 ZnO、$CaCO_3$ 和 $Al(OH)_3$ 相混合，合成负离子粉体，其负离子的产生量约 100 个/cm^3；陈荣坤采用电气石、纳米二氧化钛、纳米组装的无机抗菌剂、氧化铝，并通过适当的配比混合后，得到超细负离子空气净化材料，其负离子的发生率为 2000 个/cm^3。

（二）负离子合成革研究进展

现如今，负离子合成革仍处于研发阶段，但已有相关企业及高校取得可喜的进展。

福建隆上超纤有限公司公布了一种能够释放负离子的合成革制备方法，该发明以电气石作为释放负离子的载体，将纳米电气石粉分别应用于合成革的基体层、聚氨酯内涂层和聚氨酯表层，所制备的合成革可有效去除氨、甲醛、苯等有害气体和车内的人体汗味、烟味等异味，同时也可有效消除室内飘尘、杀灭细菌。

安徽安利材料科技股份有限公司公开了一种负离子高释放量聚氨酯合成革及其制造方法。该负离子合成革是由含负离子基布层与聚氨酯树脂层进行贴合而成：所述含负离子基布层是由基布经过含负离子粉聚氨酯浆料浸渍而成，所述含负离子粉聚氨酯浆料是由 *N*,*N*-二甲基甲酰胺、聚酯型聚氨酯树脂、促进剂、色浆、改进负离子粉浆料制备而成；

所述聚氨酯树脂层是由聚氨酯浆料、*N*,*N*-二甲基甲酰胺、改进负离子粉浆料、促进剂和色浆制成。该发明通过将基布浸渍成具有负离子释放性能的合成革半成品，再通过干法工艺离型纸转移法涂覆聚氨酯浆料，最终成品的负离子的释放量达到 2000 个/cm^3，且该释放量可持续 1 年以上。

深圳智卫宾生物科技有限公司公开了一种能提供释放负氧离子和远红外线的负氧离子粉，并采用该负氧离子粉制备慢回弹记忆棉和 PU 合成革的制备方法。该公开发明的所用负氧离子粉中，Al_2O_3 的含量为 33%～38%，SiO_2 的含量为 32%～36%，B_2O_3 的含量为 9%～13%，MgO 的含量为 2%～6.5%，Fe_2O_3 的含量为 8%～12%，Na_2O 的含量为 0.7%～1.1%，K_2O 的含量为 0.01%～0.08%，CaO 的含量为 0.5%～1.0%，P_2O_5 的含量为 0.1%～0.3%，TiO_2 的含量为 0.1%～0.3%，FeO 的含量为 0.9%～1.5%。将该负氧离子粉应用于现有的生产线上即可制备生成负离子 PU 合成革，成本低廉。

福建宝利特集团有限公司公布了一种新型的负离子聚氯乙烯合成革，包括面层、发泡层和粘接层、起毛布，所述面层中加入了负离子粉，负离子粉添加的重量份数为 5～20，改变以往把负离子粉添加在发泡层的做法，这样生产出的聚氯乙烯合成革负氧离子释放量更大，且添加的负氧离子并不明显影响聚氯乙烯合成革的物性。

孟宪鸿等在负离子合成革制备方面做了大量的研究，以奇冰石（电气石）超细粉末作为释放负离子的基体，将其添加到聚氨酯树脂中，再通过搅拌、刮涂面层、烘干、刮涂底料、贴基布、烘干、剥离等工艺流程制备 PU 合成革。实验结果表明：奇冰石超细粉末的引入能够提高合成革发射负离子的能力，并随着引入量的增加呈先增大后不变的趋势，在 PU 溶液中奇冰石粉末混入比例为 10%时，负离子发射浓度为 1.49 万个/cm^3，说明奇冰石超细粉末可以作为功能型无机填料添加到聚氨酯树脂中制成负离子聚氨酯合成革；但是，该负离子粉末在树脂中的分散性问题亟待解决。

陕西科技大学冯见艳等人通过负氧离子/聚氨酯共混方法，将负氧离子粉（释放量 7000 个/cm^3）以填料的形式加入，采用湿法凝固工艺制备出可释放负氧离子的聚氨酯湿法合成革（半成品，称为贝斯），并分析测试贝斯的负氧离子释放量、力学性能以及复合材料成膜微孔结构等。实验结果表明：复合填料用量为 20%，木质粉与负氧离子质量比为 5∶15 时，聚氨酯成肌性为 54.1%，贝斯拉伸强度为 7.06MPa，撕裂强度为 45.28N/mm，负氧离子释放量达到 2000 个/cm^3 以上。

（三）理想型负离子合成革

目前，虽然相关企业及高校已取得可喜的进展，但市场上还未出现有关负离子合成革的产品，负离子合成革仍处于研发阶段。因此，能够开发出理想型的负离子合成革一直是目前功能型合成革研究的重要方向，而理想型负离子合成革主要体现在以下几点：

① 能够持续释放大量有益于人体健康的负离子，提高空气中负离子浓度；

② 能够高效去除游离在室内空气中的甲醛、氨、苯等有害污染物质，净化空气，使新装修的居室能够尽快安全入住；

③ 具有抗菌抑菌功能，有效抑制细菌分裂滋生，使之失去增生与繁殖的条件；

④ 辐射与人体吸收波长相匹配的远红外线。负离子涂层剂集多项功能于一体，通过对空气的净化，改善空气质量，达到增强人体免疫力、预防多种疾病的辅助作用。

第四节　疏水防污合成革

合成革具有多孔结构，此外面层使用的聚氨酯树脂含有大量的极性氨基甲酸酯键，容易和水分子形成氢键。因此，用高性能疏水材料对合成革进行疏水防污处理，克服以上不足，对于推动合成革产业的发展和扩大合成革的应用前景有着重要意义。

防污性广义上包括两种：超疏水疏油防污及疏水疏油防污。前者具有纳米或微米级别的形貌结构，材料表面具有一定的粗糙度，水油接触角能达到 150°以上，可以在接触液体的条件下保持材料表面的干燥和清洁，对于水、酒精和其他液体如咖啡、可乐有良好的抵抗作用。后者具有较低的表面能但不具备微纳粗糙结构，可以抵抗水和油性污迹。对于防污合成革而言，其应具备以下要求：油性、水性画笔不能书写或书写墨迹易于清除，并且对可乐、咖啡（含咖啡碱、植物单宁）等没有亲和力。

1. 疏水防污合成革的制备

聚氨酯合成革是将聚氨酯树脂形成的涂层与基布结合获得的一种外观、性能与天然皮革接近的塑料制品。而疏水防污合成革的疏水防污性主要取决于聚氨酯涂层的性能。聚氨酯树脂的疏水防污改性根据添加的低表面能基团不同，可分为以下两类：

（1）有机氟改性聚氨酯

氟原子半径小，电负性极强，C—F 键键长短，键能高，含有 C—F 键的聚合物的分子间作用力较弱，且由于表面能较低的氟元素有向材料表面迁移的趋势，使得含氟聚合物的表面自由能较低。根据聚氨酯的结构特征，可分别从聚氨酯硬段和软段结构引入氟元素。

① 聚氨酯硬段引入氟：氟化小分子一元醇和二元醇可以作为封端剂和扩链剂引入到聚氨酯链段中，降低聚氨酯的表面能。Tan 等人合成了 3-(2,2,3,3,4,4,5,5,6,6,7,7,8,8,8-十五氟-辛氧基)-丙烷-1,2-二醇（PFOPDOL）小分子二元醇，并以 PFOPDOL 为扩链剂进一步合成了含氟聚氨酯，该聚氨酯由于低表面能的氟链段向表面迁移，所得的聚氨酯膜表面能下降，水接触角达 110.5°。PFOPDOL 的制备流程如图 4-14 所示。

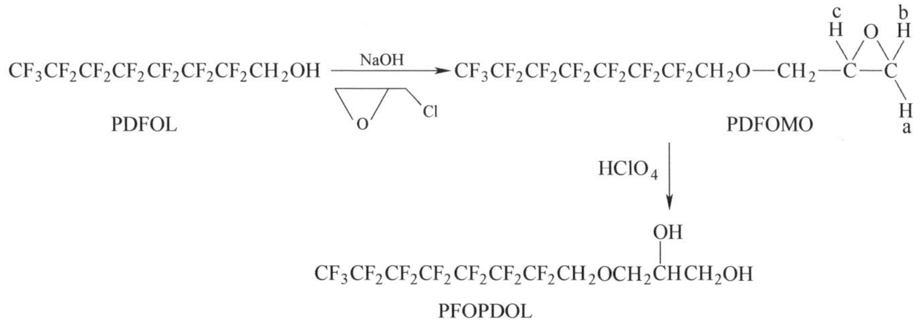

图 4-14　PFOPDOL 的制备流程图

② 聚氨酯软段引入氟：目前含氟聚氨酯的合成主要是以大分子的含氟多元醇作为软段引入到聚氨酯的链中。Zhao 等人利用含氟的二醇氟代聚氧亚烷基二醇（FPOA）和聚己二酸丁二酯二醇（PBA）共同作为软段合成含氟聚氨酯弹性体，实验结果表明，随着

FPOA/PBA 比例的增加，聚氨酯的拉伸硬度、断裂伸长率、储能模量等降低，同时由于氟的迁移，在聚氨酯表面氟元素富集，表面张力降低。

（2）有机硅改性聚氨酯

有机硅是指化学结构中含有硅元素的化合物，通常包括聚硅氧烷和小分子的硅烷单体。有机硅的主链是以—Si—O—为重复单元组成，侧链上含有有机基团，且有机基团直接与主链上的 Si 相连接。有机硅同时具备有机、无机化合物的特性，同时具有高温稳定性、低温柔顺性、优良的疏水性等优点。

目前有机硅改性聚氨酯主要是将聚硅氧烷接枝到聚氨酯链段上形成有机硅-聚氨酯嵌段共聚物。Rahman M M 等以聚二甲基硅氧烷（PDMS）和聚四氢呋喃醚二醇（PTMG）作为软段合成了硅烷改性的水性聚氨酯，并系统地研究了 PDMS 的添加量对聚氨酯的力学性能以及防污性能的影响。通过 XPS 和 AFM 测试发现当 PDMS 的含量达到质量分数 15.76%时，聚氨酯表面较光滑且富集较多的 PDMS，有效降低了表面自由能，涂层的海水防污性能明显改善。

2. 超疏水防污合成革

绒面合成革本身具有一定的多层级结构，为超疏水表面的构造提供了基础。基于此，四川大学的范浩军等人以多孔超纤合成革基布为基材，采用原位聚合的方式在超纤合成革基布上引入纳米二氧化硅粒子，并经过全氟十二烷基氯硅烷进行低表面处理后得到超疏水绒面合成革。所制备的超疏水合成革水接触角达 162.4°，并且具有优异的耐磨性能和温度稳定性，在经过 2100 次摩擦试验后，革的水接触角仍保持在 150°以上；所制备的超疏水合成革可以在 20～90℃的温度内保持其超疏水性，如图 4-15、图 4-16 所示。

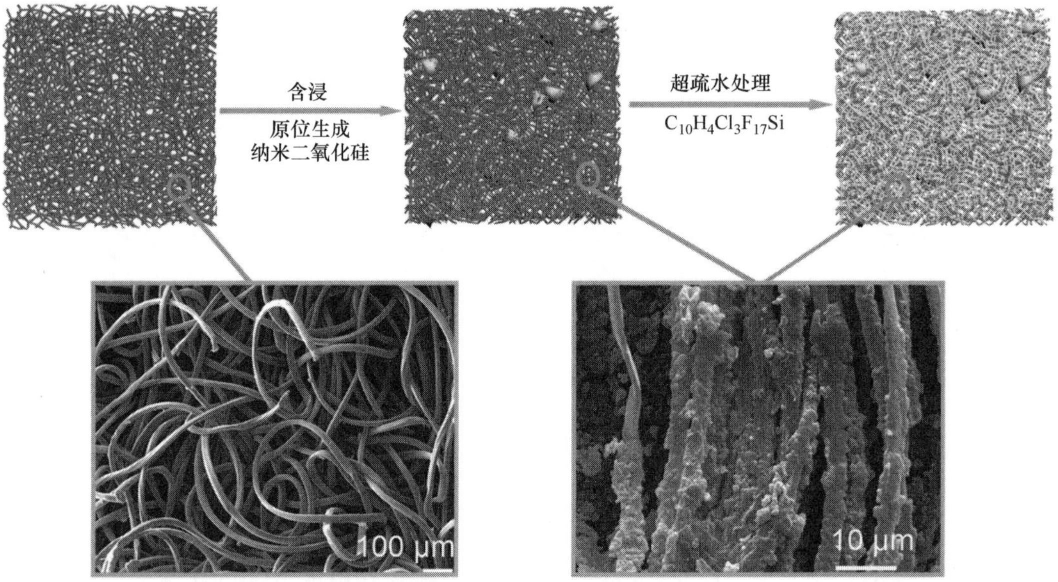

(a) 原超纤基布扫描电镜图　　(b) 超疏水绒面合成革扫描电镜图

图 4-15　超疏水绒面合成革的制备流程图

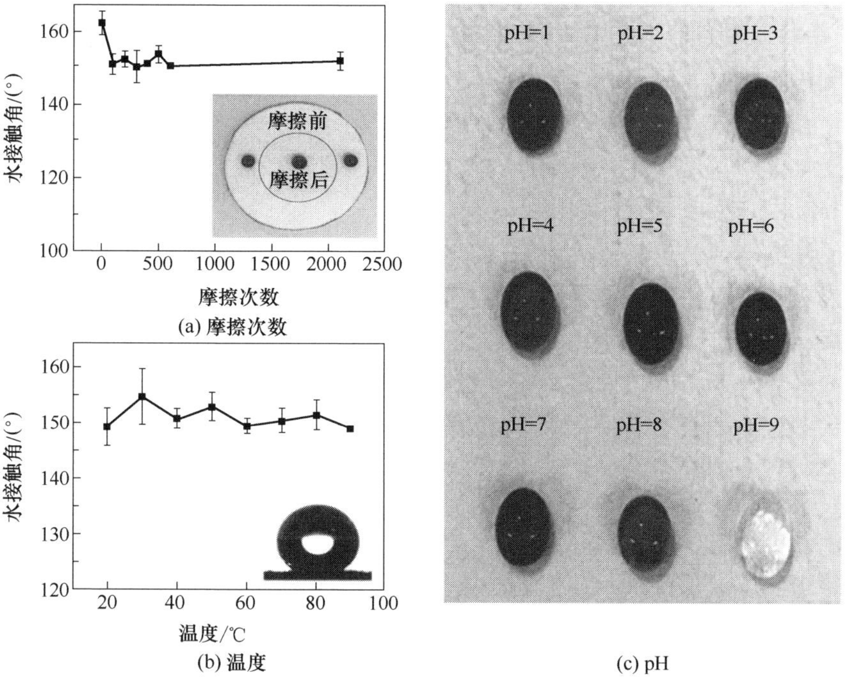

图 4-16　超疏水绒面合成革静态水接触角与各因素关系图

第五节　智能抗菌防霉合成革

聚氨酯合成革在穿戴使用过程中极易为微生物（细菌和霉菌）所侵蚀，这在温度和湿度较高的情况下尤其严重。这种微生物的破坏作用一般可以归咎于三方面的因素：第一，合成革基布中的天然纤维成分是微生物生长所需的营养源；第二，聚氨酯树脂（特别是聚酯型聚氨酯树脂）在微生物酶的催化作用下很容易水解；第三，添加于树脂浆料中的各种助剂，如光稳定剂、填料、蜡剂等，也可以被微生物利用和分解。当环境条件适宜时，细菌和霉菌会大量繁殖，使聚氨酯合成革发霉变质，这不仅会影响成革的外观（色泽度、光泽度等），而且还会降低其力学性能和电性能，缩短产品的使用寿命。

为了赋予聚氨酯合成革良好的抗菌防霉性，一般通过在涂层中外添加抗菌防霉剂的方法来抑制微生物的生长繁殖。合成革生产中常用的抗菌防霉剂多为有机化合物，如：富马酸二甲酯类、酚类、有机汞盐、有机锡盐、酰胺类、硫氰化合物、咪唑类等。这些有机抗菌防霉剂的短期杀菌效果优异，但它们都不同程度地存在毒性，生物选择性低，影响消费者健康。例如，2008 年，法国、波兰、芬兰、瑞典和英国等地的革制品消费者相继出现皮肤过敏、皮肤红疹、灼痛，且严重病例伴有急性呼吸困难等病症，后经研究发现，元凶是革制品涂层中添加的富马酸二甲酯防霉剂。为此，欧洲各国纷纷快速响应：法国于 2008 年 12 月 5 日发布法令，停止进口含有富马酸二甲酯的鞋类和沙发/扶手椅，并要求所有含富马酸二甲酯的产品下架；比利时立刻禁止销售并召回了含富马酸二甲酯的鞋和座椅；意大利则立刻对市场上含有富马酸二甲酯的革制品进行了没收。

为提升抗菌防霉剂的生物选择性，四川大学的常金明等人在国家发明专利ZL201510579948.1中，公开了一种水性生态合成革用高分子抗菌剂，该抗菌剂由乙烯基化氟喹诺酮与丙烯酸共聚而成，数均相对分子质量在15000～25000，不仅抗菌谱广、抗菌活性强，而且可溶解于水，与合成革用阴离子型水性树脂相容性好，兼具低毒（生物选择性高）、耐热性/耐迁移性好等优点，可赋予水性合成革涂层持久、高效、安全的抗菌防霉性能，显著提升合成革生态等级及质量等级。

实现传统抗菌剂的按需释放是间接提升其使用安全性的重要手段，为此，四川大学的陈意等人选取广谱抗生素磺胺（SA）为扩链剂，将其键合于聚氨酯分子主链中，制备了一种具有酶刺激响应释药性能的聚氨酯大分子抗菌剂（图4-17），采用紫外光谱、高效液相色谱、傅里叶红外光谱、核磁氢谱分析以及差示扫描量热分析等表征手段，较为系统地对磺胺偶联聚氨酯的相对分子质量、软硬段聚集态、微相分离程度等结构特征进行了表征，测定了脲酶对磺胺片段识别的灵敏度和专一性，对磺胺酶触释放行为的动力学模型参数进行了拟合计算。脲酶刺激试验表明，脲酶能快速响应水解聚氨酯脲键，释放出来的SA对金黄色葡萄球菌、大肠杆菌、绿脓杆菌和滕黄杆菌等显示出明显的杀灭和抑制作用。人体表皮呈纤细胞培养试验表明，酶刺激响应释药型聚氨酯抗菌剂对人体皮肤具有良好的生理安全性。当上述酶触释药型聚氨酯抗菌剂添加到合成革涂层中时，只有在出现细菌、霉菌污染时，抗菌剂才会按需释放，可降低抗菌剂毒性对消费者健康威胁。

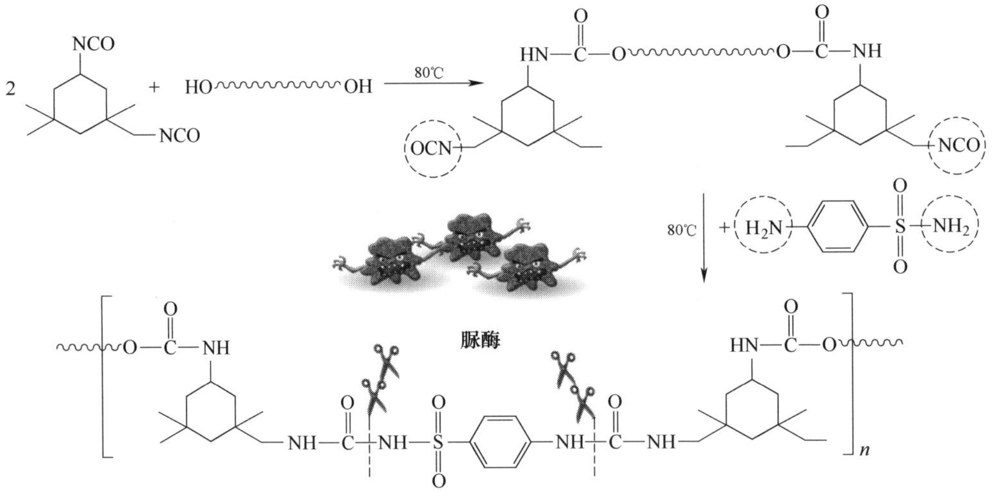

图4-17　酶刺激响应释药性能的聚氨酯大分子抗菌剂反应示意图

第六节　石墨烯基电磁屏蔽合成革

当代电子工业的飞速发展使得各种无线通信设备和高频电子元件的数量急剧增加。它们在给人们的生活带来便利的同时也产生了大量的电磁辐射，造成电磁环境的日趋恶化，导致电磁干扰（Electromagnetic Interference，简称EMI）和电磁信息泄露。例如飞机在起飞和降落阶段会因为受到地面附近较强的电磁波干扰而引发通信故障甚至飞行事故。此外，大剂量的电磁辐射也会影响人体的神经和淋巴系统，使人患上神经疾病和恶性肿瘤。对此，各国家和国际组织相继出台了一系列的法规和技术标准，如德国电气技术协会的 VDE 认证、美国联邦通信委员会的 FCC 规定、我国的 GB 8702—2014《电磁环境控制限值》、国际无线电干扰特别委员会的 CISPR 标准等。普通聚氨酯弹性体材料属于电绝缘材料，不具备电磁屏蔽效能，限制了合成革在电子元件领域的应用以及商业价值的提升。

电磁屏蔽（EMI shielding）是指人们为了保证各电子器件之间良好的电磁兼容性，通常会采用一些电磁屏蔽材料将电磁波能量限定在某一规定的空间内或将其剂量控制在某一规定的范围内，从而保证电子设备既具有一定的抵抗外来电磁干扰的能力，又不向外辐射过多的电磁波能量。常用电磁屏蔽材料包括金属材料、磁性材料、导电聚合物、碳基导电复合材料等，良好的电损耗与磁损耗赋予了它们优异的电磁屏蔽性能。石墨烯特殊的结构及性能，比传统的电磁屏蔽材料更容易达到“轻、薄、强、宽”的要求，有望突破局限，成为新型高效电磁屏蔽材料。

当电磁波进入材料内部，材料产生电磁损耗将电磁波转化成热和其他形式。因此，制备高性能吸波材料的核心就是提高材料的电磁损耗。材料的电磁损耗机理主要有电导型损耗、电介质损耗和磁损耗。因此，基于电磁屏蔽的主要损耗机制，设计石墨烯基电磁屏蔽材料时，可以合理利用石墨烯的较大有效反射面积、高电导率、柔韧性、轻质等突出特点，构造石墨烯基导电网络骨架，充分调控其反射损耗、吸收损耗与多重反射损耗，实现高效电磁屏蔽性能。

一、石　墨　烯

石墨烯是一种由碳原子以 sp^2 杂化轨道组成六角型晶格的新型二维碳材料（图 4-18）。单层石墨烯仅有一个原子层厚度，是目前世上已知的最薄最坚硬的材料。单层石墨烯近乎完全透明，吸收率仅为 2.3%，面内导热系数高达 5300W/(m·K)，高于世上已知的所有材料。常温下其电子迁移率超过 15000cm^2/(V·s)，而电阻率仅为 $10^{-8}\Omega\cdot m$，低于铜或银等高导电金属。由于具有 π 电子网络，石墨烯能够为电子提供良好的导电通道，具有良好的导电性。基于其独特的结构与性能，石墨烯在电磁屏蔽领域具有优异的应用前景，设计高效石墨烯基电磁屏蔽复合材料已逐渐成为电磁屏蔽技术领域的一个研究热点。

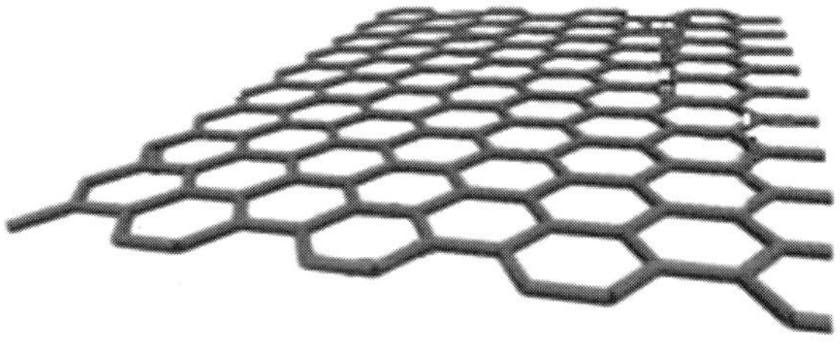

图 4-18　石墨烯的理论结构示意图

二、石墨烯的非共价/共价改性

石墨烯是由碳原子按六边形晶格整齐排布而成的二维晶体物质，在赋予其特殊功能的同时也为其应用带来了阻碍。由于石墨烯表面不含有亲油和亲水基团，化学性质非常稳定，因此结构完整的石墨烯几乎不溶于水或者其他有机溶剂，并且石墨烯片层间由于强烈的 π-π 相互作用和范德华力很容易发生团聚，这给石墨烯基复合材料的制备与应用带来极大不便。基于这一考虑，研究工作者对石墨烯进行功能化改性，提高其与聚合物基体（如合成革用溶剂型/水性聚氨酯）的相容性，为制备石墨烯复合材料奠定基础。

（一）石墨烯的非共价改性

非共价改性是指在不改变石墨烯本身结构的情况下通过π-π相互作用、离子键以及氢键等作用形式将修饰分子与石墨烯结合在一起，形成稳定的分散体系。

Dai课题组利用同样具有大π结构的聚苯乙炔类高分子（PmPV）与石墨烯之间形成π-π相互作用，制备了PmPV非共价修饰的石墨烯纳米带（图4-19），其在有机溶剂中具有良好的分散性。同时，通过对石墨烯纳米带的电子性质研究发现，由于石墨烯的能带结构与其宽度（*W*）密切相关，可以通过改变其宽度实现对能带的调控，这对于开发具有特殊电子性质的石墨烯材料具有重要意义。

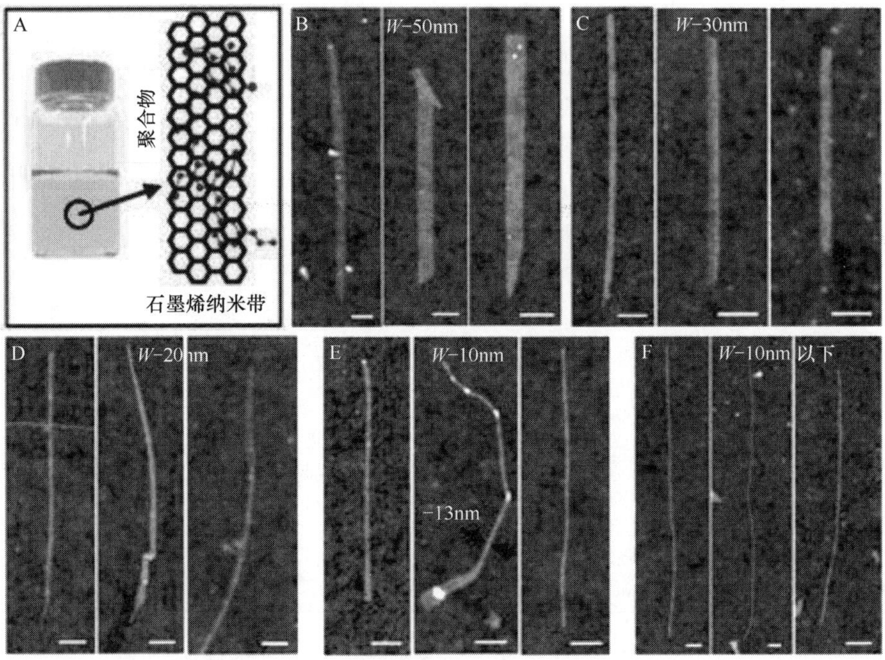

A—（左）聚合物PmPV/二氯乙烷溶液，（右）石墨烯纳米带示意图；B～F—石墨烯纳米带的原子力显微镜图像，宽度分别为50，30，20，10nm和小于10nm。

图4-19　PmPV非共价键功能化的石墨烯带

Penicaud等人制备了碱金属（钾盐）石墨烯层间化合物，利用钾离子与还原氧化石墨烯上羧基负离子之间的相互作用可使功能化石墨烯稳定分散在有机溶剂*N*-甲基吡咯烷酮（NMP）中，实现了利用离子静电作用制备可溶于有机溶剂的功能化石墨烯。

Mann等人利用氧化石墨烯与新解螺旋的单链DNA之间的氢键作用，先进行混合，后采用肼还原的方式制备了DNA修饰的石墨烯。这种非共价键功能化的石墨烯可以在水中稳定分散，浓度可达0.5～2.5mg/mL，作为对比，当移除DNA时，发现还原的石墨烯会重新聚集沉淀。

石墨烯的非共价改性不会破坏石墨烯结构，可以在很大程度上保留石墨烯本身特性，但因为对修饰分子结构要求较高，所以不能广泛应用在石墨烯基复合材料的开发当中。

（二）石墨烯共价键改性

作为石墨烯的衍生物，氧化石墨烯（Graphene Oxide，GO）因表面含有羧基、羟基、羰基和环氧键等含氧官能团，一直是研究石墨烯共价改性的热点。这些含氧官能团可以通过常见的化学反应将其他分子以化学键合的方式接枝在石墨烯表面，实现石墨烯的共价改性。氧化石墨烯的结构如图 4-20 所示。

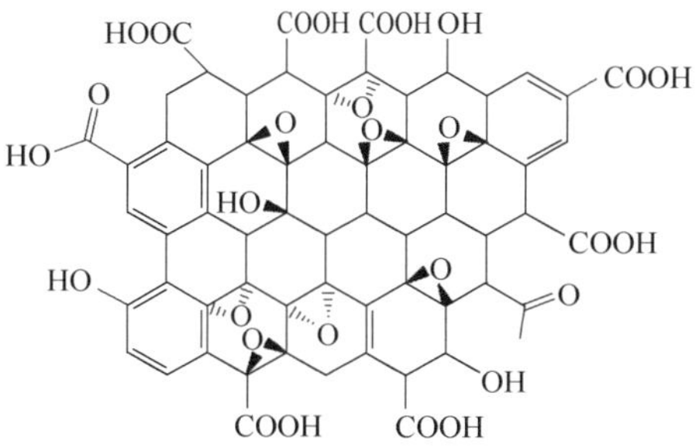

图 4-20　氧化石墨烯的化学结构

Stankovich 等人利用异氰酸根与氧化石墨烯表面的羟基与羧基进行反应，首次实现了石墨烯的共价键改性（图 4-21）。该功能化石墨烯由于含有氨基甲酸酯键、酰胺键等亲水、亲油基团，在水以及 *N*,*N*-二甲基甲酰胺（DMF）等极性溶剂中具有良好的分散稳定性，同时含有异氰酸根的分子分布在石墨烯片层间，同样起到阻止石墨烯片层聚集的作用。

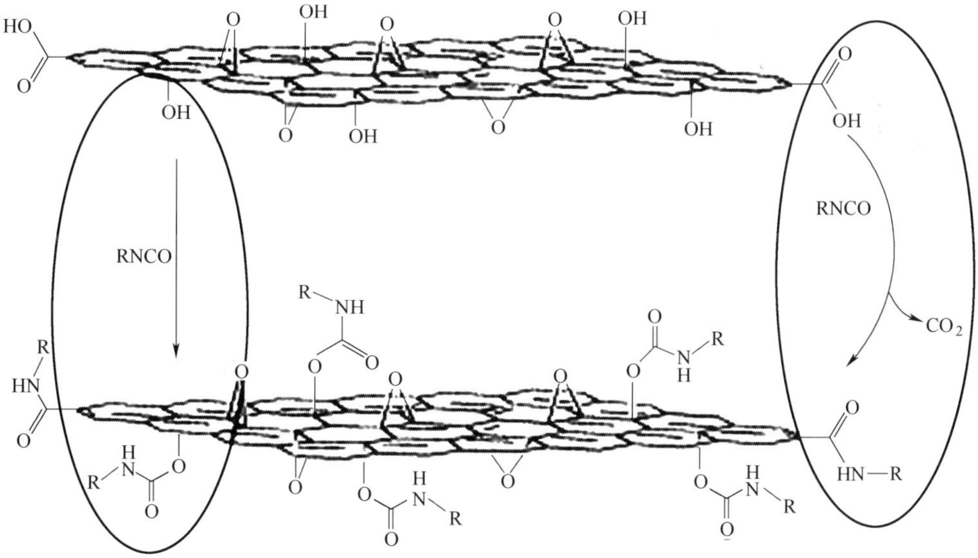

图 4-21　氧化石墨烯的异氰酸酯功能化示意图

Haddon 等人则是利用酰胺化反应成功制备了功能化石墨烯。该反应通过十八胺（ODA）上的氨基与氧化石墨烯表面的羧基发生酰胺化反应，将长链小分子十八胺接枝在氧化石墨烯表面，制得的功能化石墨烯在四氢呋喃、四氯化碳等有机溶剂中可以稳定分散。

Ho等人同样利用十八胺与氧化石墨烯反应，但是通过控制反应条件，实现了氨基与环氧键的开环反应，并且经过进一步表征，详细计算出石墨烯功能化程度为每12个六边形晶胞中接枝1个十八胺分子。此方式制得的功能化石墨烯同样在四氢呋喃、甲苯、氯苯等有机溶剂中具有良好的分散性。

Dai课题组则利用聚合物对石墨烯进行功能化，通过胺基与氧化石墨烯羧基的缩合反应，将含有超亲水基团的聚乙二醇胺接枝到氧化石墨烯表面，制备出的功能化石墨烯可以在水中稳定分散。进一步研究后，将该石墨烯的水溶液与一种不溶于水的芳香药物（SN-38）的二甲基亚砜溶液混合，成功将药物负载于石墨烯表面。

通过共价键改性可以制备出在水中或其他有机溶剂中稳定分散的功能化石墨烯，这对于开发石墨烯基电磁屏蔽合成革具有重要指导意义。一方面石墨烯在水相或溶剂相中均匀分散，为与其他聚合物材料反应提供了合适的环境，另一方面通过共价改性的方式，可以制备出含有不同官能团的功能化石墨烯，比如含有氨基、羟基等活性基团的改性石墨烯可以参与到聚氨酯的化学合成中。因此，石墨烯的共价改性为石墨烯基电磁屏蔽合成革的开发打开了新思路。

三、石墨烯改性水性聚氨酯

在合成革的制造工艺中，聚氨酯作为主要含浸树脂以及表面处理剂的主要组成部分，对最终产品性能起着重要作用，对其进行功能化改性是提升合成革附加值的有效举措。作为新型二维纳米材料，石墨烯本身优异的性能使其成为理想的改性剂。目前石墨烯改性水性聚氨酯的制备主要分为溶液共混法和原位聚合法两种方式。

（一）溶液共混

溶液共混法是将石墨烯粉末或处理后的石墨烯分散液通过超声分散或者机械搅拌的方式加入水性聚氨酯乳液中，此方法操作简便，反应条件温和，因此是制备石墨烯改性水性聚氨酯的常用手段之一。例如，四川大学范浩军课题组通过超声分散的形式将氧化石墨烯粉末添加入水性聚氨酯乳液中，研究发现石墨烯的引入可以提高聚氨酯本身的力学强度、耐热稳定性以及涂层耐磨性能；Sheng-Tsung Hsiao等人将阳离子表面活性剂十八烷基三甲基氯化铵（STAC）接枝到氧化石墨烯表面后采用水合肼还原，制备了可在水溶液中稳定分散的功能化石墨烯（S-GNS），之后将石墨烯分散液与水性聚氨酯乳液采用溶液共混的方式制备了石墨烯改性水性聚氨酯，研究发现复合材料的导电性能以及电磁屏蔽效能有了明显提高。

（二）原位聚合

为了增强石墨烯与聚合物之间的界面相互作用及应力传递，采用原位聚合的方式将功能化石墨烯与聚合物之间通过共价键结合在一起是一种更为直接有效的方式。利用功能化石墨烯上的活性基团参与有机小分子的聚合反应，将石墨烯直接固定在聚合物分子链上，一方面阻止了石墨烯片层之间由于π-π相互作用引起的团聚，另一方面可以得到石墨烯均匀分散的石墨烯/聚合物复合材料。Santosh Kumar Yadav等人将对氨基苯乙醇接枝到氧化石墨烯表面，接着将含有氨基的石墨烯与聚氨酯预聚体反应制备了共价接枝的石墨烯改性水性聚氨酯，如图4-22所示。

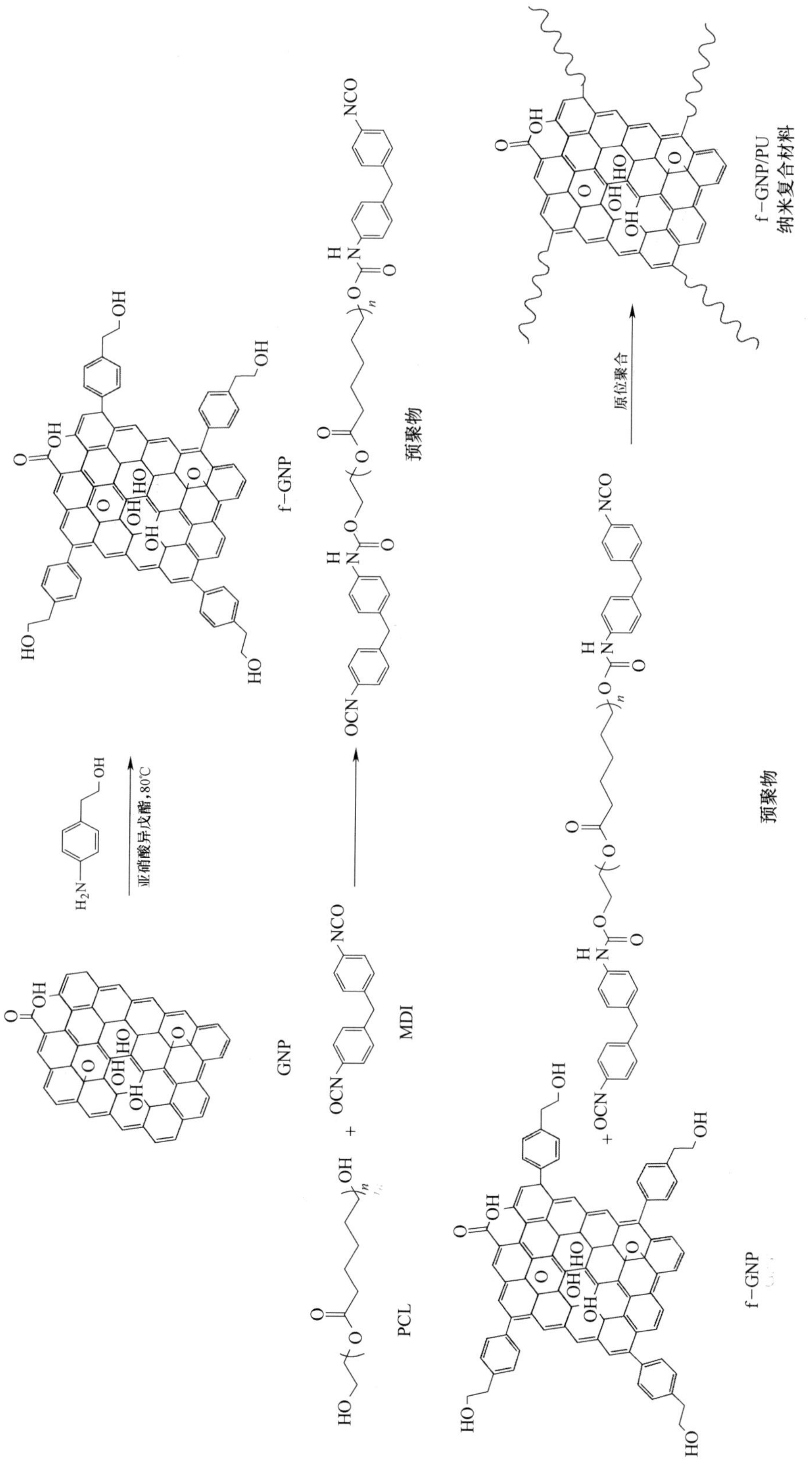

图 4-22　原位聚合法制备石墨烯改性水性聚氨酯示意图

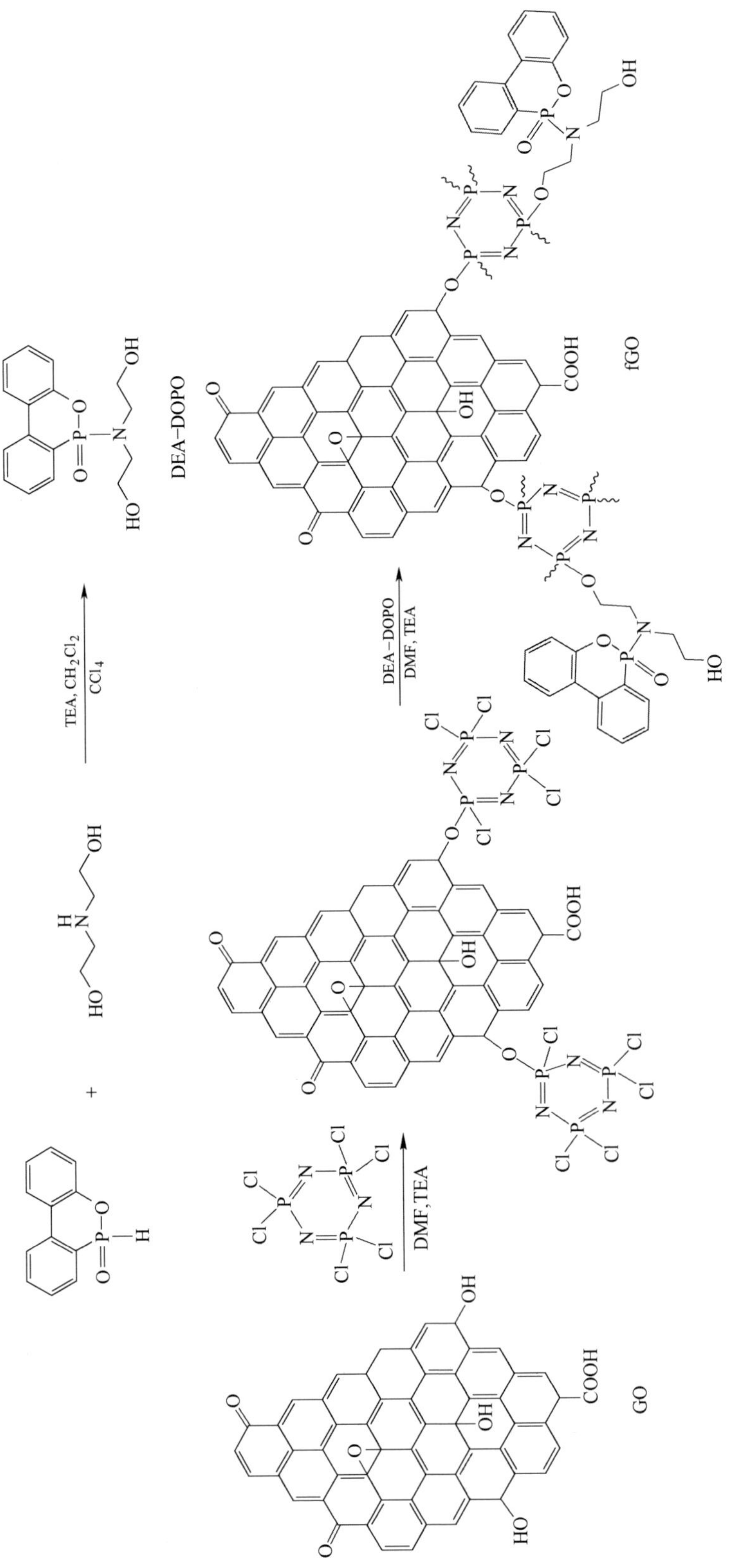

图 4-23　含多羟基的功能化石墨烯单体（fGO）制备示意图

为了进一步提高石墨烯与聚氨酯分子的接枝率，四川大学范浩军课题组采用六氯环三磷腈对氧化石墨烯进行改性，引入活性高的磷氯键，再与阻燃剂 DEA-DOPO 的羟基进行取代，制备了含有多羟基官能团的功能石墨烯单体（fGO）（图 4-23），之后将 fGO 通过共价接枝的方式引入到聚氨酯分子链中，合成的石墨烯改性聚氨酯在力学性能以及阻燃性能方面均有着明显的提升。

与溶液共混法相比，原位聚合法制备的石墨烯/聚合物复合材料中石墨烯分散性更好，与聚合物之间的界面粘接作用更加强烈。因此，功能化石墨烯原位聚合法将是研究石墨烯基聚合物复合材料的主要发展方向之一。

四、石墨烯基电磁屏蔽合成革

Sheng-Tsung Hsiao 等人利用阳离子表面活性剂双十二烷基二甲基溴化铵（DDAB）对 GO 表面进行电荷改性，采用层层组装方式将石墨烯片层与聚氨酯基质插层复合，之后采用氢碘酸还原 GO，制备的石墨烯改性聚氨酯复合材料具有优良的电导率，当石墨烯片层与聚氨酯片层组装层数达到 15 时，电导率可达 16.8S/m，在 8.2～12.4GHz 波段的电磁屏蔽效能可达 34dB（图 4-24）。此外，Shen Bin 等人采用简单的石墨烯溶液浸涂法，在具有高孔网结构的聚氨酯基质上制备了超轻、可压缩的石墨烯基聚合物泡沫塑料。由此得到的 PU/石墨烯（PUG）泡沫密度低至 0.027～0.030g/cm^3，具有良好的综合电磁屏蔽性能，单位体积和质量的 PUG 泡沫电磁屏蔽效能可达到 350$dB\cdot cm^2/g$。上述石墨烯基聚氨酯在合成革领域有着极大的应用前景与商业价值。

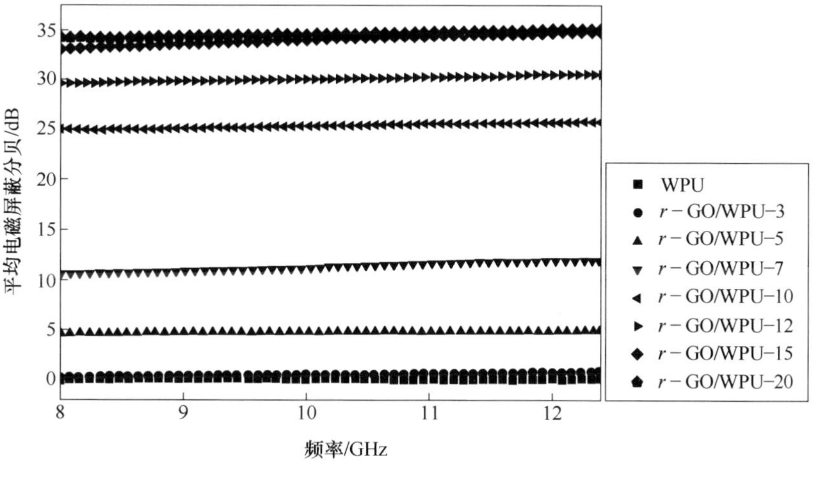

图 4-24　石墨烯改性聚氨酯复合材料在 8.2～12.4GHz 波段的电磁屏蔽效能示意图

从目前的研究工作可以看出，石墨烯改性水性聚氨酯复合材料的电磁屏蔽效能已经得到了理论证实，但若想应用于合成革实际生产，仍需克服一些不足，如成本高、质量稳定性差等，这些都需要不断地进行改进、创新来加以解决。石墨烯作为新型二维纳米材料，随着石墨烯改性水性聚氨酯技术的开发以及工艺的不断完善，将赋予合成革良好的电磁屏蔽性能、力学性能等，从而提升合成革附加值，拓展其应用领域，促进功能化合成革产品的开发及应用。

参考文献

［1］ 丁双山，王凤然，王中明. 人造革与合成革［M］. 北京：中国石化出版社. 1998.

［2］ 《清洁生产标准 合成革工业》编制课题组.《清洁生产标准合成革工业（征求意见稿）》编制说明［Z］. 中华人民共和国生态环境部，2007，9：1-13.

［3］ 蒋红. 生态合成革及其技术规范［J］. 合成皮革信息，2009（8）：63-65.

［4］ 张哲. 海岛超纤皮革的应用技术与发展［J］. 合成皮革信息，2009（2）：16-24.

［5］ 张建春. 高新技术在纺织工业中的应用和发展前景［J］. 棉纺织技术，2002，30（1）：13-16.

［6］ 山西省化工研究所. 聚氨酯弹性体手册［M］. 北京：化学工业出版社，2001：397-415.

［7］ 穆艳霞，陈英. 聚氨酯膜的结构与性能［J］. 北京服装学院学报，2000，20（2）：10-13.

［8］ 许戈文. 水性聚氨酯材料［M］. 北京：化学工业出版社，2006.

［9］ 单志华. 制革工艺学［M］. 北京：科学出版社，1999.

［10］ 李忠东，张生群. 热塑性聚氨酯膜防霉研究［J］. 化学建材，2003（5）：22-24.

［11］ 吕嘉枥. 轻化工产品防霉技术［M］. 北京：化学工业出版社，2003：265-266.

［12］ 牛建民，俞从正. 聚氨酯合成革防霉［J］. 中国皮革，2003，32（11）：35-37.

［13］ 陈意，范浩军，袁继新，等. 纳米 TiO_2 原位杂化聚氨酯及其抗菌防霉性能研究［J］. 皮革科学与工程，2008（3）：11-16.

［14］ 范浩军，陈意，刘若望，等. 湿法生产纳米合成革贝斯的纳米浆料及其工艺：200810162448.8［P］. 2008-11-14.

［15］ Jason A G，Stuart L C. Synthesis and characterization of non-leaching biocidal polyurethane［J］. Biomaterials，2001，22：2239-2246.

［16］ 罗建斌，王鹏，谭鸿，等. 具有多重抗菌性能的聚氨酯的合成及表征［J］. 四川大学学报，2005，37（6）：87-91.

［17］ 葛世成. 塑料阻燃实用技术［M］. 北京：化学工业出版社，2004.

［18］ 辛忠. 合成材料添加剂化学［M］. 北京：化学工业出版社，2005.

［19］ 赵红振，齐署华，周文英，等. PVC 阻燃抑烟的研究进展［J］. 合成树脂及塑料，2007，24（1）：77-80.

［20］ 李斌. 聚氯乙烯（PVC）的抑烟与阻燃［M］. 哈尔滨：东北林业大学出版社，2000.

［21］ 林龙，张军. 软质聚氯乙烯用阻燃剂［J］. 聚氯乙烯，2005（7）：4-10.

［22］ 苑会林，张立新. 软质 PVC 阻燃抑烟的研究［J］. 聚氯乙烯，2005（5）：21-25.

［23］ 赵哲，张鹏，夏祖西，等. 阻燃聚氨酯软泡的研究进展［J］. 应用化工，2008，37（5）：565-572.

［24］ 欧育湘. 国外无卤阻燃剂最新研究进展［J］. 精细与专用化工品，2000（9）：6-8.

［25］ 孟现燕，唐建华，叶玲，等. 聚氨酯泡沫塑料阻燃研究现状［J］. 化学工程与设备，2008（5）：63-66.

［26］ Zhang P，He Y，Tian S，et al. Flame retardancy，mechanical，and thermal properties of waterborne polyurethane conjugated with a novel phosphorous-nitrogen intumescent flame retardant［J］. Polymer Composites，2017，38（3）：452-462.

［27］ Levchik S V，Weil E D. Overview of the recent literature on flame retardancy and smoke suppression in PVC［J］. Polymers for Advanced Technologies，2005，16（10）：707-716.

［28］ Zhang P，Tian S，Fan H，et al. Flame retardancy and hydrolysis resistance of waterborne polyurethane bearing organophosphate moieties lateral chain ［J］. Progress in Organic Coatings，2015，89：170-180.
［29］ Edelson D，Kuck V J，Lum R M，et al. Anomalous behavior of molybdenum oxide as a fire retardant for polyvinyl chloride ［J］. Combustion and Flame，1980，38：271-283.
［30］ Lattimer R P，Kroenke W J. The functional role of molybdenum trioxide as a smoke retarder additive in rigid poly（vinyl chloride）［J］. Journal of Applied Polymer Science，1981，26（4）：1191-1210.
［31］ 刘微. 光接枝技术阻燃尼龙 66 织物的研究 ［D］. 北京：北京化工大学，2010.
［32］ Liu W，Zhang S，Chen X，et al. Thermal behavior and fire performance of nylon-6，6 fabric modified with acrylamide by photografting ［J］. Polymer Degradation and Stability，2010，95（9）：1842-1848.
［33］ 李道鹏，黄万里，姚和平，等. 环保型阻燃湿法合成革的研制 ［J］. 中国塑料，2009（8）：66-68.
［34］ 李令尧. 尼龙 66 织物阻燃后整理的研究 ［D］. 北京：北京化工大学，2009.
［35］ Yang C Q，He Q. Applications of micro-scale combustion calorimetry to the studies of cotton and nylon fabrics treated with organophosphorus flame retardants ［J］. Journal of analytical and applied pyrolysis，2011，91（1）：125-133.
［36］ 李雪艳，张胜，谷晓昱，等. 尼龙 66 织物的磷氮复合阻燃整理 ［J］. 印染，2012，38（3）：17-21.
［37］ 辛忠. 合成材料添加剂化学 ［M］. 北京：化学工业出版社，2005.
［38］ 张军，纪奎江，夏延致. 聚合物燃烧与阻燃技术 ［M］. 北京：化学工业出版社，2005.
［39］ 林龙，张军. 软质聚氯乙烯用阻燃剂 ［J］. 聚氯乙烯，2005（7）：4-10.
［40］ William Coaker A. Fire and flame retardants for PVC ［J］. Journal of Vinyl and Additive Technology，2003，9（3）：108-115.
［41］ 李斌. 聚氯乙烯（PVC）的抑烟与阻燃 ［M］. 哈尔滨：东北林业大学出版社，2000.
［42］ 欧育湘，赵毅，钟柳. 聚氯乙烯的抑烟 ［J］. 合成树脂及塑料，2009，26（2）：76-80.
［43］ Wang F，Pan S，Zhang P，et al. Synthesis and application of phosphorus-containing flame retardant plasticizer for polyvinyl chloride ［J］. Fibers and Polymers，2018，19：1057-1063.
［44］ 李斌，丁养兵. Cu_2O/MoO_3 体系对 PVC 阻燃和抑烟的协同作用 ［J］. 阻燃材料与技术，2000（5）：5-8.
［45］ 张忠厚，张征，阎春绵，等. 三氧化钼复合抑烟阻燃硬质 PVC 裂解性能研究 ［J］. 中国塑料，2006，20（7）：77-80.
［46］ 皮红，郭少云. 过渡金属氧化物对 PVC 抑烟机理的 ESCA 研究 ［J］. 高分子材料科学与工程，2005，21（3）：164-168.
［47］ Walch P. Halogenated Polyether Polyol IXOL for Rigid Cellular PUR Materials with Improved Flame Retardancy ［J］. Cellular Polymers，1986，6：33-45.
［48］ 陈鹤，罗运军，李杰. 硬段阻燃改性水性聚氨酯的合成与性能 ［J］. 高分子材料科学与工程，2008，6：79-87.
［49］ Sivriev C，Zabski L. Flame retarded rigid polyurethane foams by chemical modification with phosphorus-and nitrogen-containing polyols ［J］. European Polymer Journal，1994，30：509-514.
［50］ Wu W，Yang C Q. Comparison of different reactive organophosphorus flame retardant agents for cotton，Part Ⅱ：Fabric flame resistant performance and physical properties ［J］. Polymer Degra-

dation and Stability，2007，92：363-369.
[51] 章培昆，田赛琦，范浩军，等. 含磷二元醇改性水性聚氨酯及其阻燃性能研究 [J]. 皮革科学与工程，2014，24（6）：16-21.
[52] 益军. 聚氨酯原料及助剂手册 [M]. 北京：化学工业出版社，2005.
[53] 韦玮，王建民. 新型阻燃聚醚多元醇的合成研究 [J]. 西安交通大学学报，1998，32（1）：80-84.
[54] Zhang P，Tian S，Fan H，et al. Flame retardancy and hydrolysis resistance of waterborne polyurethane bearing organophosphate moieties lateral chain [J]. Progress in Organic Coatings，2015，89：170-180.
[55] 山西省化工研究所. 聚氨酯弹性体手册 [M]. 1版. 北京：化学工业出版社，2001.
[56] Costa L，Camino G. Thermal behavior of melamine [J]. Journal of Thermal Analysis and Calorimetry，1988，34：423-429.
[57] Lotsch BV，Schnick W. New light on an old story：formation of melam during thermal condensation of melamine [J]. European Journal of Chemistry，2007，13：4956-4968.
[58] Yuan C Y，Chen S Y，Tsai C H，et al. Thermally stable and flame-retardant aromatic phosphate and cyclotriphosphazene-containing polyurethanes：synthesis and properties [J]. Polymers for Advanced Technologies，2005，16：393-399.
[59] Huang W K，Yeh J T，Chen K J，et al. Flame retardation improvement of aqueous-based polyurethane with aziridinyl phosphazene curing system [J]. Journal of Applied Polymer Science，2001，79（4）：662-673.
[60] Zhang P，He Y，Tian S，et al. Flame retardancy，mechanical，and thermal properties of waterborne polyurethane conjugated with a novel phosphorous-nitrogen intumescent flame retardant [J]. Polymer Composites，2017，38（3）：452-462.
[61] Zhang P，Zhang Z，Fan H，et al. Waterborne polyurethane conjugated with novel diol chain-extender bearing cyclic phosphoramidate lateral group：synthesis，flammability and thermal degradation mechanism [J]. RSC Advances，2016，6（61）：56610-56622.
[62] Benrashid R，Nelson G L. Flammability Improvement of Polyurethanes by incorporation of a silicone moiety into the structure of block copolymers [M]. Washington：American Chemical Society，1995.
[63] Zhang P，Fan H，Tian S，et al. Synergistic effect of phosphorus-nitrogen and silicon-containing chain extenders on the mechanical properties，flame retardancy and thermal degradation behavior of waterborne polyurethane [J]. RSC Advances，2016，6（76）：72409-72422.
[64] 张静，吴清国，赵亚娟. 合成革用聚氨酯浆料阻燃性能的研究 [J]. 科技信息，2008，274（26）：337-338.
[65] 罗晓民，曹敏，魏照凡，等. 阻燃型合成革湿法贝斯的制备研究 [J]. 陕西科技大学学报：自然科学版，2016，34（4）：16-20.
[66] 杨小波. 一种环保阻燃聚氨酯合成革、制备方法及其制品：201310137637.0 [P]. 2013-4-19.
[67] 倪健雄. 核-壳型聚磷酸铵阻燃剂的制备及其阻燃聚氨酯性能和机理的研究 [D]. 合肥：中国科学技术大学，2009.
[68] 赵魁敏. 微胶囊化聚磷酸铵在聚氨酯弹性体中阻燃及协效性的研究 [D]. 合肥：中国科学技术大学，2011.
[69] Zhang P，Zhou Y，Su H，et al. Hydroxyl-decorated ammonium polyphosphate as flame retardant reinforcing agent in solvent-free two-component polyurethane [J]. Polymer International，2017，

66 (11): 1598-1609.

[70] Lower E S. Fluorescent paints and pigments [J]. Pigment & Resin Technology, 1996, 25 (3): 15-18.

[71] 周春隆，穆振义. 有机颜料化学及工艺学 [M]. 北京：中国石化出版社，1997：130-134.

[72] Wei C, Zhu Q, Liu W, et al. NBD-based colorimetric and fluorescent turn-on probes for hydrogen sulfide [J]. Organic & Biomolecular Chemistry, 2014, 12 (3): 479-485.

[73] Hirano T, Kubo H, Shiraishi T, et al. Fluorescent properties of coumarins with dual functions constructed by two sequential reactions [J]. Tetrahedron Letters, 2012, 53 (44): 5916-5919.

[74] Bag S S, Pradhan M K, Kundu R, et al. Highly solvatochromic fluorescent naphthalimides: Design, synthesis, photophysical properties and fluorescence switch-on sensing of ct-DNA [J]. Bioorganic & Medicinal Chemistry Letters, 2013, 23 (1): 96-101.

[75] Zhu X, Tsuji H, Navarrete J T, et al. Carbon-bridged oligo (phenylenevinylene) s: stable π-systems with high responsiveness to doping and excitation [J]. Journal of the American Chemical Society, 2012, 134 (46): 19254-19259.

[76] Babu S S, Hollamby M J, Aimi J, et al. Nonvolatile liquid anthracenes for facile full-colour luminescence tuning at single blue-light excitation [J]. Nature communications, 2013, 4: 1969.

[77] Kshatri D S, Khare A. Optical properties of rare earth doped strontium aluminate (SAO) phosphors: a review [J]. Optics and Spectroscopy. 2014, 117 (5): 769-783.

[78] Tang M, Wang X, Peng D, et al. Strong green and red up-conversion emission in Ho^{3+}, Yb^{3+} and Li^{+} co-or tri-doped $SrAl_2O_4$ ceramics [J]. Journal of Alloys and Compounds, 2012, 529: 49-51.

[79] Ji Z, Bao W, Mao Q, et al. Background illumination enhanced photo-stimulated up-conversion emission in persistent luminescent $SrAl_2O_4$: (Eu^{2+}, Dy^{3+}) [J]. Ceramics International, 2015, 41 (9): 11646-11650.

[80] Cong Y, He Y, Dong B, et al. Long afterglow properties of Zn_2GeO_4: Mn^{2+}, Cr^{3+} phosphor [J]. Optical Materials, 2015, 42: 506-510.

[81] Swati G, Chawla S, Mishra S, et al. Investigation on luminescence enhancement and decay characteristics of long afterglow nanophosphors for dark-vision display applications [J]. Applied Surface Science, 2015, 333: 178-185.

[82] 施加辛. 萤石夜明珠有关问题探讨 [J]. 云南地质，2002，21 (4)：391-402.

[83] 罗昔贤，于晶杰，林广旭，等. 长余辉发光材料研究进展 [J]. 发光学报，2002，23 (5)：497-502.

[84] Mao S, Liu Q, Gu M, et al. Long lasting phosphorescence of Gd_2O_2S: Eu, Ti, Mg nanorods via a hydrothermal routine [J]. Journal of Alloys and Compounds, 2008, 465 (1-2): 367-374.

[85] Mohd S, Neema R, Mittal M, et al. Mechanoluminescence of rare-earth doped aluminate phosphors-a review [J]. International Journal of Scientific Research In Physics and Applied Sciences, 2015, 3 (3): 4-10.

[86] Bol A A, Ferwerda J, Bergwerff J A, et al. Luminescence of nanocrystalline ZnS: Cu^{2+} [J]. Journal of Luminescence, 2002, 99 (4): 325-334.

[87] 柴颂刚. 稀土激活长余辉水性发光涂料 [D]. 广州：华南师范大学，2007.

[88] Matsuzawa T, Aoki Y, Takeuchi N, et al. A new long phosphorescent phosphor with high brightness, $SrAl_2O_4$: Eu^{2+}, Dy^{3+} [J]. Journal of the Electrochemical Society, 1996, 143 (8): 2670-2673.

[89] Palilla F C, Levine A K, Tomkus M R. Fluorescent properties of alkaline earth aluminates of the type MAl_2O_4 activated by divalent Europium [J]. Journal of the Electrochemical Society, 1968, 115 (6): 642-644.

[90] Lange H. Luminescent europium activated strontium aluminate: US3294699 A [P]. 1966-12-27.

[91] 宋庆梅，黄锦斐，吴茂钧，等. 铝酸锶铕的合成与发光的研究 [J]. 发光学报，1991，12 (2): 144-150.

[92] Yamamoto H, Matsuzawa T. Mechanism of long phosphorescence of $SrAl_2O_4$: Eu^{2+}, Dy^{3+} and $CaAl_2O_4$: Eu^{2+}, Nd^{3+} [J]. Journal of Luminescence, 1997, 72: 287-289.

[93] Jia W, Yuan H, Lu L, et al. Phosphorescent dynamics in $SrAl_2O_4$: Eu^{2+}, Dy^{3+} single crystal fibers [J]. Journal of Luminescence, 1998, 76: 424-428.

[94] Lin Y, Zhang Z, Tang Z, et al. The characterization and mechanism of long afterglow in alkaline earth aluminates phosphors co-doped by Eu_2O_3 and Dy_2O_3 [J]. Materials Chemistry and Physics, 2001, 70 (2): 156-159.

[95] Wang M Q, Wang D, Lv G L. Research on fluorescence spectra and structure of single-phase $4SrO \cdot 7Al_2O_3$: Eu^{2+} phosphor prepared by solid-state reaction method [J]. Materials Science and Engineering: B, 1998, 57 (1): 18-23.

[96] 林元华，张中太，唐子龙，等. 掺杂稀土 $CaAl_2O_4$ 基发光材料的制备及其发光机制 [J]. 材料工程，2001，8: 29-35.

[97] Jia D, Yen W M. Enhanced VK^{3+} center afterglow in $MgAl_2O_4$ by doping with Ce^{3+} [J]. Journal of Luminescence, 2003, 101 (1): 115-121.

[98] Jia D, Wang X J, Kolk E V D, et al. Site dependent thermoluminescence of long persistent phosphorescence of $BaAl_2O_4$: Ce^{3+} [J]. Optics Communications, 2002, 204 (1): 247-251.

[99] Wang X J, Jia D, Yen W M. Mn^{2+} activated green, yellow, and red long persistent phosphors [J]. Journal of Luminescence, 2003, 102: 34-37.

[100] 彭海东，邱克辉，邓春林，等. 稀土 Ce，Tb 在 $SrAl_2O_4$ 基质中发光性的初步试验研究 [J]. 矿物岩石，2002，22 (2): 22-24.

[101] 刘应亮，丁红. 长余辉发光材料研究进展 [J]. 无机化学学报，2001，17 (2): 181-187.

[102] 肖志国，罗昔贤. 蓄光型发光材料及其制品 [M]. 北京：化学工业出版社，2005.

[103] 陈国华. 硅酸盐长余辉发光材料的最新研究进展 [J]. 功能材料信息，2006，3 (3): 28-33.

[104] Barry TL. Equilibria and Eu^{2+} luminescence of subsolidus phases bounded by $Ba_3MgSi_2O_8$, $Sr_3MgSi_2O_8$, and $Ca_3MgSi_2O_8$ [J]. Journal of The Electrochemical Society, 1968, 115 (7): 733-738.

[105] 肖志国，肖志强. 硅酸盐长余辉发光材料及其制造方法: 98105078.6 [P]. 1998-3-20.

[106] 罗昔贤，段锦霞，林广旭，等. 新型硅酸盐长余辉发光材料 [J]. 发光学报，2003，24 (2): 165-170.

[107] Sripanyakorn S, Jugdaohsingh R, Elliott H, et al. The silicon content of beer and its bioavailability in healthy volunteers [J]. British Journal of Nutrition, 2004, 91 (3): 403-409.

[108] Zhang E, Yang L, Xu J, et al. Microstructure, mechanical properties and bio-corrosion properties of Mg-Si (-Ca, Zn) alloy for biomedical application [J]. Acta Biomaterialia, 2010, 6 (5): 1756-1762.

[109] Jia W, Yuan H, Lu L, et al. Crystal growth and characterization of Eu^{2+}, Dy^{3+}: $SrAl_2O_4$ and Eu^{2+}, Nd^{3+}: $CaAl_2O_4$ by the LHPG method [J]. Journal of Crystal Growth, 1999, 200 (1-2): 179-184.

[110] Sakai R，Katsumata T，Komuro S，et al. Effect of composition on the phosphorescence from $BaAl_2O_4$：Eu^{2+}，Dy^{3+} crystals [J]. Journal of Luminescence，1999，85 (1-3)：149-154.

[111] Kato K，Tsutai I，Kamimura T，et al. Thermoluminescence properties of $SrAl_2O_4$：Eu sputtered films with long phosphorescence [J]. Journal of Luminescence，1999，82 (3)：213-220.

[112] Katsumata T，Sakai R，Komuro S，et al. Growth and characteristics of long duration phosphor crystals [J]. Journal of Crystal Growth，1999，198：869-871.

[113] Qiua J，Kawasaki M，Tanaka K，et al. Phenomenon and mechanism of long-lasting phosphorescence in Eu^{2+}-doped aluminosilicate glasses [J]. Journal of Physics and Chemistry of Solids，1998，59 (9)：1521-1525.

[114] Qiu J，Hirao K. Long lasting phosphorescence in Eu^{2+}-doped calcium aluminoborate glasses [J]. Solid State Communications，1998，106 (12)：795-798.

[115] 张天之，苏锵. MAl_2O_4：Eu^{2+}，RE^{3+}，长余辉发光性质的研究 [J]. 发光学报，1999，20 (2)：170-175.

[116] Lin Y H，Dang Z，Deng Y，et al. Studies on mechanoluminescence from $SrAl_2O_4$：Eu，Dy phosphor [J]. Materials Chemistry and Physics，2003，80 (1)：20-22.

[117] Nag A，Kutty T R N. The mechanism of long phosphorescence of $SrAl_{2-x}B_xO_4$ ($0<x<0.2$) and $Sr_4Al_{14-x}B_xO_{25}$ ($0.1<x<0.4$) co-doped with Eu^{2+} and Dy^{3+} [J]. Materials Research Bulletin，2004，39 (3)：331-342.

[118] 郭崇峰，吕玉华，苏锵. 长余辉发光材料 $SrA1_2O_4$：Eu^{2+}，Dy^{3+}的稳定性研究 [J]. 中山大学学报：自然科学版，2003，42 (6)：47-50.

[119] 罗勇悦，彭蕾蕾，淡宜，等. 硅铝二元膜包覆稀土发光材料的结构及耐水性能的研究 [J]. 无机材料学报，2007，22 (3)：499-503.

[120] 彭蕾蕾，罗勇悦，淡宜，等. 聚甲基丙烯酸甲酯/稀土复合发光材料的结构及耐水性能 [J]. 高分子材料科学与工程，2006，22 (3)：152-154.

[121] Uejima K，Tachiki H，Tanaka H. Surface treated phosphor for stable storage and manufacture thereof：Japan Patent 09125056 [P]. 1997.

[122] 吕兴栋，舒万艮，谭爱东，等. 碱土铝酸盐长余辉发光颜料表面包膜的研究 [J]. 无机材料学报，2004，19 (6)：1373-1378.

[123] 张中太，张俊英，彭劲松. 在铝酸盐系长余辉荧光粉表面包覆二氧化硅薄膜的方法：CN02116328.6 [P]. 2002-3-26.

[124] 罗昔贤，郑孝全，段锦霞，等. 碱土铝酸盐蓄光型发光材料的后处理研究 [J]. 硅酸盐学报，2003，31 (11)：1058-1062.

[125] 孙中新，刘应亮，袁定胜，等. 长余辉发光材料 $CaAl_2O_4$：Eu^{2+}，Nd^{3+}的表面处理及其性能的研究 [J]. 功能材料，2005，36 (4)：593-594.

[126] 郭崇峰，初本莉，徐剑，等. 氧化物膜包覆碱土硫化物荧光粉的研究 [J]. 发光学报，2004，25 (4)：449-454.

[127] Lü X，Zhong M，Shu W，et al. Alumina encapsulated $SrAl_2O_4$：Eu^{2+}，Dy^{3+} phosphors [J]. Powder Technology，2007，177 (2)：83-86.

[128] Lü X. Silica encapsulation study on $SrAl_2O_4$：Eu^{2+}，Dy^{3+} phosphors [J]. Materials Chemistry and Physics，2005，93 (2-3)：526-530.

[129] Guo C，Luan L，Huang D，et al. Study on the stability of phosphor $SrAl_2O_4$：Eu^{2+}，Dy^{3+} in water and method to improve its moisture resistance [J]. Materials Chemistry and Physics，2007，106 (2-3)：268-272.

[130] Silver J, Withnall R, Ireland T, et al. Controlled Fabrication of Nanophosphor Structures Using Sonochemistry [J]. Meeting Abstracts: The Electrochemical Society, 2006, MA2005-01: 1371-1371.

[131] Kk MK. Hydrophobic phosphorescent material: JP09003449 [P]. 1997.

[132] 郭斌，李秀辉，沈理忠，等. 乙烯基硅烷偶联剂表面改性铝酸盐长余辉发光颜料的研究 [J]. 涂料工业，2007，37 (10): 21-24.

[133] 郭斌，刘福生，邓士翠，等. 铝锆偶联剂表面修饰稀土长余辉发光材料的研究 [J]. 稀有金属材料与工程，2008，37 (7): 1241-1244.

[134] 郭斌，王燕，高勇，等. 硬脂酸基铝-锆偶联剂的合成及对长余辉发光颜料的改性 [J]. 涂料工业，2009，39 (8): 4-7.

[135] 郭斌，范磊，高勇，等. 氨基硅烷偶联剂表面修饰稀土长余辉发光颜料的研究 [J]. 稀土，2011，32 (2): 6-10.

[136] 郭斌，徐杰，唐皞，等. 不同碳链长度饱和脂肪酸基铝锆偶联剂对夜光粉的表面修饰 [J]. 涂料工业，2011，41 (12): 9-13.

[137] 张淑芬，武素丽，杨锦宗. 配位络合型稀土激活的碱土铝酸盐长余辉发光材料: 200510046920.8 [P]. 2005-7-21.

[138] 喻胜飞，皮丕辉，文秀芳，等. 马来酸酐包覆 $SrAl_2O_4$: Eu^{2+}，Dy^{3+} 发光粉及光致发光性能 [J]. 硅酸盐学报，2008，36 (3): 358-362.

[139] 喻胜飞，皮丕辉，文秀芳，等. 长余辉发光材料 $SrAl_2O_4$: Eu^{2+}，Dy^{3+} 的配位包覆及其性能研究 [J]. 无机材料学报，2007，22 (4): 642-646.

[140] 喻胜飞. 基于配位键合的长余辉发光杂化材料的构筑及应用 [D]. 广州：华南理工大学，2008.

[141] Wu S, Zhang S, Liu Y, et al. The organic ligands coordinated long afterglow phosphor [J]. Materials Letters, 2007, 61 (14): 3185-3188.

[142] 崔洪涛，张耀文，洪广言. 荧光粉的表面包覆 [J]. 功能材料，2001，32 (6): 564-567，579.

[143] Okamoto Y, Ueba Y, Dzhanibekov N, et al. Rare earth metal containing polymers. 3. Characterization of ion-containing polymer structures using rare earth metal fluorescence probes [J]. Macromolecules, 1981, 14 (1): 17-22.

[144] Chen T, Luo Y, Zou J, et al. Preparation of phosphor coated with a polymer by emulsion polymerization and its application in low-density polyethylene [J]. Journal of Applied Polymer Science, 2008, 109 (6): 3811-3816.

[145] Chen T, Xu P, Luo Y, et al. Preparation of poly (butyl acrylate) -poly (methyl methacrylate) (core-shell) /phosphor composite particles and its application in PVC matrix [J]. Journal of Applied Polymer Science, 2009, 114 (1): 496-502.

[146] Peng L, Luo Y, Dan Y, et al. The study of preparation and luminescence of polymethyl methacrylate/rare earth composite luminescent materials [J]. Colloid and Polymer Science, 2006, 285 (2): 153-160.

[147] Wu S, Zhang S, Yang J. Highly water-resistant and organic miscible inorganic/polymer composite luminescent material [J]. Materials Letters, 2009, 63 (13): 1172-1174.

[148] Guo B, Yin P, Xu J, et al. Improved anti-sedimentation for acrylic resin containing long afterglow phosphors by in situ polymerization [J]. Pigment & Resin Technology, 2012, 41 (2): 91-94.

[149] Hu X H, Zhang X Y, Dai J B. Synthesis and characterization of a novel waterborne stilbene-based polyurethane fluorescent brightener [J]. Chinese Chemical Letters, 2011, 22 (8): 997-1000.

[150] Ma Y, Tang Q Y, Zhu J, et al. Fluorescent and thermal properties of siloxane-polyurethanes based on 1, 8-naphthalimide [J]. Chinese Chemical Letters, 2014, 25 (5): 680-686.

[151] Tian S, Zhang P, Fan H, et al. Synthesis, characterization, and optical performance of a novel fluorescent waterborne polyurethane [J]. Advances in Polymer Technology, 2017, 36 (2): 137-144.

[152] 安徽安利材料科技股份有限公司. 一种夜光、反光功能的聚氨酯合成革: CN201520581966.9 [P]. 2016-03-02.

[153] Tian S, Wen J, Fan H, et al. Sunlight-activated long persistent luminescent polyurethane incorporated with amino-functionalized $SrAl_2O_4$: Eu^{2+}, Dy^{3+} phosphor [J]. Polymer International, 2016, 65 (10): 1238-1244.

[154] Tian S, Fan H, Chen Y, et al. A photochromic long persistent luminescent polyurethane based on colour conversion process [J]. New Journal of Chemistry, 2017, 41 (24): 15405-15410.

[155] Wang Z, Ma Z, Wang Y, et al. A novel mechanochromic and photochromic polymer film: When rhodamine joins polyurethane [J]. Advanced Materials, 2015, 27 (41): 6469-6474.

[156] 江阴市华宏合成革材料厂有限公司. 有香味的荧光合成革: CN20150394471.X [P]. 2015-10-21.

[157] 江阴市华宏合成革材料厂有限公司. 防螨的荧光合成革: CN201510352504.4 [P]. 2015-09-30.

[158] Zongzhe J, Jinsheng L, Jing W. Air-purifying and antibiotic functional material for rare earth activated negative ion generation and its manufacturing method: CN1242943A [P]. 2000-02-02.

[159] 北京天之岩健康科技有限公司. 负离子空气净化材料及其制备方法: CN03137751.3 [P]. 2004-03-03.

[160] 昆山阿基里斯人造皮有限公司. 高效释放负离子的 PVC 人造革、PU 合成革制备方法: CN200410014042.7 [P]. 2005-08-17.

[161] 安徽安利材料科技股份有限公司. 一种负离子高释放量聚氨酯合成革及其制造方法: CN201610030617.7 [P]. 2016-05-04.

[162] 深圳智卫宾生物科技有限公司. 负氧离子粉及利用其制备慢弹回记忆棉和 PU 合成革的方法: CN201510702856.8 [P]. 2016-02-17.

[163] 福建宝利特集团有限公司. 一种负离子聚氯乙烯合成革及其制造方法: CN201310453127.4 [P]. 2014-01-01.

[164] 孟宪鸿, 陈跃华. 新型 PU 革: 负离子革的研制 [J]. 中国皮革, 2003, 32 (21): 15-17.

[165] 孟宪鸿, 陈跃华, 张艳. 负离子聚氨酯合成革的研制 [J]. 聚氨酯工业, 2003, 18 (3): 8-10.

[166] 冯见艳, 李溪, 王学川, 等. 可释放负氧离子聚氨酯合成革贝斯的制备及性能 [J]. 陕西科技大学学报, 2017, 35 (04): 11-15.

[167] Young T. An essay on the cohesion of fluids [J]. Philosophical Transactions of the Royal Society, 18 [60] 32, 95: 65-87.

[168] Wenzel R N. Resistance of solid surfaces to wetting by water [J]. Industrial & Engineering Chemistry, 1936, 28 (8): 988-994.

[169] Cassie A B D, Baxter S. Wettability of porous surfaces [J]. Transactions of the Faraday Society, 1944, 40: 546-551.

[170] Li X, Gong F, Liu D, et al. A lotus leaf based random laser [J]. Organic Electronics, 2019, 69: 216-219.

[171] Neinhuis C, Barthlott W. Characterization and distribution of water-repellent, self-cleaning plant surfaces [J]. Annals of Botany, 1997, 79 (6): 667-677.

[172] Cheng Y T, Rodak D E, Wong C A, et al. Effects of micro-and nano-structures on the self-cleaning behaviour of lotus leaves [J]. Nanotechnology, 2006, 17 (5): 1359.

[173] Hu D L, Chan B, Bush J W M. The hydrodynamics of water strider locomotion [J]. Nature, 2003, 424 (6949): 663.

[174] Tan H, Xie X, Li J, et al. Synthesis and surface mobility of segmented polyurethanes with fluorinated side chains attached to hard blocks [J]. Polymer, 2004, 45 (5): 1495-1502.

[175] Zhao X, Ding J, Ye L. Structure and solvent-resistant property of fluorinated polyurethane elastomer [J]. Journal of Fluorine Chemistry, 2014, 159: 38-47.

[176] Rahman M M, Chun H H, Park H. Waterborne polysiloxane-urethane-urea for potential marine coatings [J]. Journal of Coatings Technology and Research, 2011, 8 (3): 389-399.

[177] Jiang L, Zhao Y, Zhai J. A lotus-leaf-like superhydrophobic surface: a porous microsphere/nanofiber composite film prepared by electrohydrodynamics [J]. Angewandte Chemie International Edition, 2004, 43 (33): 4338-4341.

[178] Pan S, Kota A K, Mabry J M, et al. Superomniphobic surfaces for effective chemical shielding [J]. Journal of the American Chemical Society, 2012, 135 (2): 578-581.

[179] Xie Q, Xu J, Feng L, et al. Facile creation of a super-amphiphobic coating surface with bionic microstructure [J]. Advanced Materials, 2004, 16 (4): 302-305.

[180] Guo P, Zhai S, Xiao Z, et al. One-step fabrication of highly stable, superhydrophobic composites from controllable and low-cost PMHS/TEOS sols for efficient oil cleanup [J]. Journal of Colloid and Interface Science, 2015, 446: 155-162.

[181] Wong W S Y, Liu G, Nasiri N, et al. Omnidirectional self-assembly of transparent superoleophobic nanotextures [J]. Acs Nano, 2017, 11 (1): 587-596.

[182] Huang X, Kong X, Cui Y, et al. Durable superhydrophobic materials enabled by abrasion-triggered roughness regeneration [J]. Chemical Engineering Journal, 2018, 336: 633-639.

[183] Li Xiaolin, Wang Xinran, Zhang Li, et al. Chemically derived, ultrasmooth graphene nanoribbon semiconductors [J]. Science, 2008, 319 (5867): 1229-1232.

[184] Vallés C, Drummond C, Saadaoui H, et al. Solutions of negatively charged graphene sheets and ribbons [J]. Journal of the American Chemical Society, 2008, 130 (47): 15802-15804.

[185] Patil A J, Vickery J L, Scott T B, et al. Aqueous stabilization and self-assembly of graphene sheets into layered bio-nanocomposites using DNA [J]. Advanced Materials, 2009, 21 (31): 3159-3164.

[186] Stankovich S, Piner R D, Nguyen S B T, et al. Synthesis and exfoliation of isocyanate-treated graphene oxide nanoplatelets [J]. Carbon, 2006, 44 (15): 3342-3347.

[187] Niyogi S, Bekyarova E, Itkis M E, et al. Solution properties of graphite and graphene [J]. Journal of the American Chemical Society, 2006, 128 (24): 7720-7721.

[188] Wang S, Chia P J, Chua L L, et al. Band-like transport in surface-functionalized highly solution-processable graphene nanosheets [J]. Advanced Materials, 2008, 20 (18): 3440-3446.

[189] Liu Z, Robinson J T, Sun X, et al. PEGylated nanographene oxide for delivery of water-insoluble cancer drugs [J]. Journal of the American Chemical Society, 2008, 130 (33): 10876-10877.

[190] 孙哲，何亚州，范浩军，等. 石墨烯/聚氨酯复合涂饰剂的制备及性能研究 [J]. 皮革科学与工程，2016，26 (05)：10-15.

[191] Hsiao S T, Ma C C M, Tien H W, et al. Using a non-covalent modification to prepare a high electromagnetic interference shielding performance graphene nanosheet/water-borne polyurethane

composite [J]. Carbon, 2013, 60: 57-66.

[192] Yadav S K, Cho J W. Functionalized graphene nanoplatelets for enhanced mechanical and thermal properties of polyurethane nanocomposites [J]. Applied Surface Science, 2013, 266: 360-367.

[193] Zhang P, Xu P, Fan H, et al. Covalently functionalized graphene towards molecular-level dispersed waterborne polyurethane nanocomposite with balanced comprehensive performance [J]. Applied Surface Science, 2019, 471: 595-606.

[194] 廖恺宁. 轻质石墨烯基复合材料的制备及其吸波和电磁屏蔽性能研究 [D]. 北京：北京化工大学，2018.

[195] 李洋. 石墨烯基轻质电磁屏蔽材料的制备与研究 [D]. 宁波：中国科学院大学（中国科学院宁波材料技术与工程研究所），2017.

[196] Hsiao S T, Ma C C M, Liao W H, et al. Lightweight and flexible reduced graphene oxide/waterborne polyurethane composites with high electrical conductivity and excellent electromagnetic interference shielding performance [J]. ACS Applied Materials & Interfaces, 2014, 6 (13): 10667-10678.

[197] Shen B, Li Y, Zhai W, et al. Compressible graphene-coated polymer foams with ultralow density for adjustable electromagnetic interference (EMI) shielding [J]. ACS Applied Materials & Interfaces, 2016, 8 (12): 8050-8057.